全国高等农林院校“十二五”规划教材

农业推广学新编

唐永金 编著

中国农业出版社

内容简介

《农业推广学新编》以全新的结构和内容介绍了现代农业推广的理论与方法：以农业创新传播为主线，按照农业创新及其评价、农业创新传播、农业创新采用、农业创新扩散和农业推广心理的顺序，详细介绍了农业推广的基础理论；按照农业推广程序与方式、农业创新人际传播、农业创新集群传播、农业创新组织传播、农业创新大众传播和农业创新经营传播的顺序，详细介绍了相应的原理和方法；简要介绍了政府与农业推广及其相应的政策法规。本书对农业推广、农业推广学、农业推广程序等进行了新的界定，易于理解和掌握；每章有小结、补充材料与学习参考，适合于本科及其以上层次和农业推广人员提高学习参考之用。

[序]

农业推广是随着农业生产活动而产生、发展起来并为之服务的一项社会事业。中国农业生产活动发端很早，在公元前2100年（夏商西周时期）就有了传统农业的萌芽，其后，在2 000多年的封建社会得以巩固与发展，与之相应的农业推广活动也得以发展并打上深刻封建烙印，有活动的记载，但长期没有理论的总结。随着19世纪末洋务运动的兴起，西学渐进，20世纪三四十年代一些留学欧美的学者将西方的自然科学和社会科学知识引入我国，西方的农业推广理论也被介绍到中国，出现了农业推广理论著作。然而，由于长年的战乱，及新中国成立后长期的计划经济体制，我国农业推广活动一直缺少农业推广理论的有效指导。改革开放以后，我国的农业经济和生产方式发生了显著的变化，建立在计划经济基础上的行政主导推广方式方法受到严重挑战，迫使学者们不得不探讨以农民为主导，自下而上的农业推广理论基础、方式与方法。随之，农业推广学科又被重新认识。

1989年，原北京农业大学许无惧先生率领全国农业高校的一批教师编写出新中国第一本农业推广学教材。其后20多年里，各地相继出版了10多本适合不同层次和不同区域的教材，我和唐永金先生参与了多部教材和著作的编写。在我们的交往中，唐永金先生非常勤奋，善于思考和总结，在许多问题上有自己的独到见解，尤其是亲自做了许多农业推广试验、示范和推广工作，掌握了大量的第一手资料。20多年来，他发表了与农业推广学直接相关的文章20多篇。这些独特的研究和独到的见解催生了《农业推广学新编》这部著作，这部著作对传统农业推广学结构和内容进行了创新，在保留了农业推广基本理论和方法的基础上，又根据现代农业的发展开发出了一些新的理论和方法。

《农业推广学新编》这部著作不同于现有农业推广学教材：在结构上增强了内容的相互联系和逻辑关系，增加了扩展知识和延伸学习的内容；在理论上突出传播理论；在方法上重视人际传播、集群传播、组织传播、大众传播和经营传播。全书重视理论与推广方法的结合，思路清晰，结构新颖，内容充实，逻辑连贯。我认为，这部著作无论是对在校师生还是对在岗农业推广人员来说，都是一本不可多得的新型农业推广学教材。

原中国农业技术推广协会理论与方法委员会主任

河北省农林科学院院长、教授、博士生导师 王慧军

前 言

1989 年，许无惧先生主编的新中国第一本农业推广学教材面市，随后 20 多年里相继出版了 10 多本适合不同层次和不同地区的教材，包括几个版本的全国统编教材。这些教材为推动我国农业推广学教育的发展，培养大批的农业推广人才作出了巨大贡献。

我国农业推广的最大特点是重实践研究，包括体制、机制、方法等的创新，这与我国有大量专职和兼职的推广机构和人员有密切的关系。但我国又缺乏专职或兼职的研究人员，这使农业推广理论大大落后于实践。因此，我国初期的农业推广学教材，理论较少，且多引用国外的研究和实证。20 世纪 90 年代中期的教材，重视将相关理论引入农业推广学，但很少用这些理论来解释推广现象或指导推广工作。21 世纪初，全国几个版本的统编教材，重视了理论与实践的结合，也引入了我国本土的理论和方法的研究成果，有了很大的改进和提高。但综合来看，我国农业推广学教材是编写得多，研究得少；在教材结构、教材内容及农业推广学中的概念、原理等方面传承得多，创新得少，没有完全反映我国社会主义市场经济条件下的农业推广方法现状及所需理论。

笔者从事农业推广学教学 20 余年，主编过 2 本、副主编和参编过 4 本全国或地区统编农业推广学教材。在 10 多年里，笔者调查研究了四川农民采用创新的特点，研究了农业推广学的概念及理论体系、认知态度与农民采用行为的关系、农业推广中的主体行为、农业创新扩散机理、农业创新传播理论、作物种子市场推广的理论与现状，发表了 20 多篇论文。随着我国市场经济的发展，农业推广从原来纯公益性推广变成现在公益性推广和商业性推广并存的状况，推广理念、思路、理论、方法等也发生了很大的变化，农业推广学教材也应发生相应变化。为此，笔者在研究的基础上，结合国内外 10 多年研究成果，编著成这本《农业推广学新编》。之所以称新编，是因为本书主要体现出“新”字：一是思路新；二是结构新；三是概念新；四是理论新；五是方法新。

在思路上，以传播为主线，以创新选择理论、传播理论、采用理论、扩散理论、心理理论为基础，沿农业推广程序与方式、人际传播、集群传播、组织传播、大众传播和经营传播的方向进行编写。

在结构上，把沟通与人际传播结合、推广教育与集群传播结合、推广体系与组织传播结合、大众媒介与大众传播结合、市场营销与经营传播结合；把农业推广技能与相应的推广方法结合，如演讲与集会传播结合等；把试验和成果示范与推广程序结合、方法示范与培训教育结合等。这样避免了不同章节的内容重复。在编写安排上，每章有小结，有包括相关知识、案例和参考文献的扩展学习材料。

在概念上，从推广过程的角度定义了农业推广和农业推广学，避免了以往农业推广和农业推广学概念随时代而变化的不足。从选择创新、试验、示范、普及和总结 5 个步骤，重新定义了农业推广程序。

在理论上，突出传播理论，重视创新理论、扩散理论、心理和行为理论，把理论与解释推广现象和注意事项结合起来，把理论与推广方法结合起来。注意引入新的理论，如人际传播、组织传播、大众传播、市场推广理论等。

在方法上，引入大量近 10 年的新型方式方法，如科技示范场、农技 110、科教兴村、挂职推广、科普惠农新村、不同的商业性推广方法等。注重方法的顺序性和连贯性。例如，试验和示范是推广程序中的两个重要环节，本书将其放在农业推广程序之中。重视推广方法的理论基础和可操作性，将传统教材泛泛而谈的推广方法，即个别指导、集体指导和大众传播法，单独以人际传播、集群传播、组织传播、大众传播分章讨论，并将写作与演讲融入相应的章节之中，试验、示范、人际传播、培训、集会演讲、科普文章写作、经营传播等方法步骤详细、可操作性强。

因为是新编，本书的结构安排和内容体系与现有教材很不相同，但保持了农业推广的基本理论与方法。本书是农业推广学教材的新尝试，因水平所限，在提供新价值的同时，会有许多不足之处，望读者批评指正。

唐永金

2012 年 12 月　于西南科技大学（四川省绵阳市）

【目 录】

第一章 绪 论

农业推广学不同于其他农业基础学科和技术学科，它不是传授学生专业理论与技术，而更多地教育学生怎样有效地将农业创新传递给农业生产者。因此，掌握农业推广和农业推广学的概念，熟悉农业推广学的研究内容和理论体系，认识农业推广的作用和学习农业推广学的目的，了解农业推广学的研究方法，是本章的基本要求。

第一节 农业推广的概念

人们从事农业推广活动已有上千年的历史，但对农业推广还没有公认科学的定义。就是联合国粮农组织 1973 年版和 1984 年版《农业推广：参考手册》，对农业推广也作出了不同的解释。目前主要从两个方面定义农业推广。一是从推广内容和方法定义，这是国内外比较流行的定义方法。但不同国家推广内容和方法不同，因而不同国家有不同的定义；同一国家不同时期推广内容和方法不同，不同时期有不同的定义。这是农业推广概念多变的原因。唐永金（2002）提出从农业推广过程的角度定义农业推广，使农业推广概念具有简洁、科学和稳定不变的特点。

一、根据推广内容和方法的定义

1. 狭义农业推广 狭义农业推广就是以改良农业生产技术为手段，提高农业生产水平为目的的农村社会活动。狭义农业推广的主要特征是技术指导。它主要改变农民的农业生产技术，通过技术改造来提高产量或产值。

狭义农业推广是传统农业的产物，是在农村商品生产不发达、农业科学技术是制约农业生产的主要因素状况下出现的。在此种情况下，农业推广首先要解决的是技术问题，形成了以技术指导为主的“技术推广”。世界上一些发展中国家的农业推广属于狭义农业推广。我国长期以来沿用的农业技术推广也属于这个范畴。

2. 广义农业推广 广义农业推广是以提高农民收入和生活质量为目的，通过对农民进行技术、经营、管理、家政等教育来帮助农民的一种服务活动。广义农业推广的主要特征是全面教育。它主要通过教育的方式来帮助农民提高生产技术水平和经营管理能力以增加收入，培养良好的生活方式以提高生活质量。

广义农业推广是市场经济的产物，它是一个国家由传统农业向现代农业过渡时期，农业商品生产比较发达，农产品产量已经满足需求或已过剩，农业技术已不是农业生产主要限制因素下产生的。在这种情况下，还有许多非技术问题，如市场、价格、信贷、经营、运输、加工以及与生活有关的科技知识已逐步成为农民的迫切需要。农业发展的制约因素逐步向人的因素以及市场、经营、运销等方面转移。

世界上许多摆脱贫困国家的农业推广都是广义的农业推广，其工作内容包括：①有效的农业生产指导；②农产品运销、加工、储藏的指导；③市场信息和价格的指导；④资源利用和环境保护的指导；⑤农家经营和管理计划的指导；⑥家庭生活的指导；⑦乡村领导和青年的培养指导；⑧公共关系的指导。

3. 现代农业推广 现代农业推广就是通过交流，把有用的信息传递给农民，帮助他们形成正确的观念和作出最佳决策的过程。现代农业推广的主要特征是咨询。它主要通过信息咨询，使农民从新信息中产生正确的观念，形成正确的判断，作出正确的决策。

当代西方发达国家，农业已实现了现代化、企业化和商品化，农民文化素质和科技知识水平已经达到比较高的程度。农业面临的主要问题已不再是产量问题，而是如何提高经营效益和经营利润的问题。因此，农民在激烈的生产、经营竞争中，不再满足于生产和经营知识的一般指导，而迫切需要提供政策、经济、科技、市场、金融等方面的信息和咨询服务。

4. 一般定义 我国许多研究者认为，农业推广是应用自然科学和社会科学原理，采取教育、咨询、开发、服务等形式，采用示范、培训、技术指导等方法，将农业新成果、新技术、新知识及新信息，扩散、普及应用到农村、农业、农民中去，从而促进农业和农村发展的一种专门化活动。

这个概念从应用原理、采取形式、采用方法和内容等方面对农业推广给予了界定。

二、根据推广过程的定义

概念反映的是客观事物一般的、本质的特征，应该解决“是什么”的问题，不应该解决“为什么”和“怎样做”的问题。因为农业推广的目的、内容和方法在不同国家和同一国家不同时期是不同的。

其实，推广就是扩大事物的使用范围或起作用的范围，是一种社会活动过程，这个过程包括传播、采用和扩散过程。比如，一个技术传播到某乡村，先进农民采用后向其他农民扩散，使这项技术在该乡村得到普及，这个过程就是一个农业推广过程。农业推广的实质就是农业创新（包括农业技术）的推广，推广的主要内容就是农业创新。因此根据推广过程也可将农业推广分为狭义农业推广和广义农业推广。

狭义农业推广是指农业创新的传播活动。狭义农业推广的主体是推广人员，包括专职和兼职推广人员。从推广过程看，狭义农业推广仅仅是传播了农业创新，先进农民是否采用，创新是否向其他农民扩散，还不得而知。因此，农业推广工作不能仅仅停留在农业创新的传播阶段，还要帮助农民采用与扩散创新，否则会出现“推而不广”的现象。

广义农业推广是指农业创新的传播、采用和扩散活动。广义农业推广主体是推广人员和农民或农业生产者。广义农业推广是一个完整的推广过程，创新传播是推广的基础，先进农民采用创新是推广的根本，创新向周围扩散并达到一定的普及程度是推广的标志。因此，推广人员与农民的密切配合才会使创新“推而广之”。

三、农业推广的要素

农业推广有 4 个基本要素：①农业创新。这是农业推广的内容。②传播。包括传播者、传播的方式方法。是传播将创新从研制地介绍或带到未采用该创新的地区。③先驱者（先进农民）使用。该地区的先驱者农民接受或采用该创新的知识或技术。这是创新能够在该地区推广的基础。④扩散。先驱者农民将该创新的知识或技术直接或间接地介绍给其他农民，或其他农民模仿他采用创新的方法，使创新在当地达到一定的普及程度。在一个乡村，考察一项农业创新的推广情况，主要看它的扩散结果。

第二节　农业推广学的概念与理论体系

一、农业推广学的定义

国内外许多学者对农业推广学的概念进行了不同阐述。这些概念有以下几个特点：①不同学者阐述的概念不同，同一学者在不同时期给出的概念也不同；②不少概念太长，不便记忆；③大多数概念都带有“农业推广”短语，由于农业推广概念的不统一，势必引起农业推广学概念的混淆；④有的学者在概念中阐述了该学科的性质。唐永金（2002）认为，学科概念要抓住研究的主要内容，科学准确、简短易记，这样才有利于普及推广。为此，唐永金提出，农业推广学是研究农业创新传播、采用、扩散规律及其方法的科学。

二、农业推广学的研究内容

根据农业推广学概念，农业推广学主要研究三方面的内容：

1. 农业创新传播的规律及方法　传播就是广泛散布，是有意识的主动推广活动，也就是我们各类农业推广机构和推广人员的工作任务。因此，研究各种简便、高效的农业创新传播规律及方法是农业推广学的一个重要内容。通过研究，不仅要探索出更多高效的传播方法，而且要为我国农业推广体系建设和构筑合理的农业推广运行机制提供理论依据。

2. 研究农民采用创新的规律和特点　推广创新的直接目的就是要农民自愿采用创新，而环境、农民的行为特点、创新本身等因素都影响着农民对创新的采用。因此，研究不同环境下农民对不同类型创新的采用特点及其影响因素，有利于我们在创新选择、组织形式和传播方法等方面适应不同农民的采用规律。

3. 研究农业创新的扩散规律及其途径　农业创新的扩散是无意识的推广活动，它是通过农民之间的相互学习、相互交流、相互交换而使创新得到推广。事实上，许多创新经推广人员传播到农村后，主要是通过农民的扩散作用而得到推广。因此，研究不同类型创新在农民之间的扩散规律、影响扩散的主要因素，寻求快速扩散途径，可以为加快农业创新的推广速度提供依据。

三、农业推广学的理论体系

学科的理论主要由学科的主要研究内容所决定。根据农业推广学的定义和研究内容，农业推广学主要由以下三大基本理论体系构成：

1. 创新传播理论 创新传播理论又叫推广方法理论，传播学是基本理论，也是农业推广的核心理论。传播学是研究人类如何运用符号进行社会信息交流的学科。对农业推广者来讲，其工作实质就是进行农业创新的传播，因而掌握创新传播的基本理论和有效的传播方法是非常重要的。属于创新传播理论的扩展理论包括组织学、教育学、语言学、媒体学和其他传播方法理论。这层理论及其相应的方法主要解决如何有效地运用传播工具进行农业创新的传播问题。

2. 创新采用理论 创新采用理论简称采用理论，行为学是基本理论。农民采用创新的行为跟其他行为一样，受认知、态度、需要、动机、目标、激励等多种内在因素的影响，也受市场、政策、社会、自然环境等多种外在因素的影响。研究和分析农民对创新的采用行为规律和影响因素，有利于增强创新选择和传播方法的针对性，提高推广效果。属于该理论的扩展理论包括心理学、农村社会学、市场学、农业政策与法规等理论，它们着重分析影响农民采用创新的内外在环境因素的问题。

3. 创新扩散理论 农业创新扩散理论是基本理论。根据 Rogers 的解释，创新扩散是指某项创新在一定的时间内，通过一定的渠道，在某一社会系统的成员之间被传播的过程。农民之间的创新传播就是创新的扩散过程，也是一项创新能在一个地方不断扩大使用范围的一个重要原因。据唐永金等调查，20 世纪 90 年代前中期，四川农民采用的创新有 17.47％的信息来自亲戚朋友和邻居，而且在推广服务差的山区，这个比例高达 35.22％；据农业部农村经济研究中心对全国 31 个省市的农户调查，2002—2003 年，农户采用新技术的28％～39％来自邻居。在农村，推广人员没有传播的创新信息，主要靠农民之间相互传播。比如，农民外出打工的信息有 81.21％来自亲戚朋友和邻居（唐永金，1998）。因此，研究创新扩散的方式、过程、模式、性质、影响因素等，有助于我们选择推广项目和推广方法。属于创新扩散理论的扩展理论包括创新理论、信息学理论、项目评价理论等。这些理论又叫推广客体理论，它着重研究创新本身的特点、效益等问题，而这些问题又影响创新的扩散。

第三节 学习农业推广学的目的意义

一、农业推广的作用

要理解学习农业推广学的目的意义，应该明确农业推广有以下作用：

1. 纽带作用 农业推广是联系科研、教育和生产的纽带。科研部门、教育部门与农业有关的研究和培训，都是为了解决农业生产问题，促进农业发展；而处于生产第一线的推广部门，可以把农业的需要和农民的需要及时反映给科研与教育部门，使科研、教育与生产实际紧密联系在一起。

2. 桥梁作用 农业推广是创新由潜在生产力转化为现实生产力的桥梁。创新能被广大农民采用，需要人们从事大量的宣传、咨询、指导、示范、培训、服务等推广工作，这些工作使农民认识、理解、掌握创新的优点及其使用方法，使创新潜在的增产增收作用因农民的采用而显现出来。

3. 再创新作用 农业推广是创新的完善和再创新。任何农业创新都是在特定条件下研制出来的，在不同条件下有不同的表现，为了使其优越性充分发挥出来，科技人员在推广中因地制宜地对创新成果进行改进使其适应当地条件，根据成果的特点采取相应的配套措施，以充分发挥其增产增收潜力，这些都是在推广中完成的。

4. 工具作用 农业推广是促进农业技术进步，推动农业和农村发展的重要手段。农业推广使已有成果不断采用，促进了农业和农村的发展；农业推广为新成果的研制提供了依据，为农业和农村的新发展奠定了基础。

二、学习农业推广学的目的和意义

农业是国民经济的基础。我国是一个农业大国，又是一个人口大国，农业和粮食关系国计民生，关系社会和国家的稳定。稳定和发展农业是我国的基本政策。让广大农民科学种田、科学经营，在使农民增收的前提下提高农产品产量和质量，是农科专业学生面临的历史任务。农科学生学习各种专业知识和农业创新的目的，多不是自己使用，而是把它们传递到农村，传播给农民，促进我国农业和农村的发展。因此，学习农业推广学的目的与意义主要有以下几点：

1. 掌握农业推广的本质和规律 农业推广的本质是教育，是通过教育让农民自愿改变行为。农业推广有许多规律可循，这些规律可以帮助学生理解推广方法和技能，帮助学生在推广中创新方法、培养新技能。

2. 培养学生的推广方法与技能 掌握了推广方法和技能，才能及时高效地使广大农民掌握和采用创新。

3. 指导我国农业推广实践 农业推广是我国十分重大的农业实践活动，农业推广学是这项实践活动的理论依据和方法来源。

4. 促进我国农业和农村发展 学好专业知识，掌握为三农服务的本领；而学好农业推广学，才能将所学知识及时高效地传播给广大农民，让广大农民采用，从而促进农业和农村发展。

第四节 农业推广学的研究方法

在农业推广中，人们不是被动运用农业推广的原理和方法，而是主动探索农业推广的原理和方法，这就是农业推广学研究。农业推广学研究内容十分广泛，研究者常根据不同内容采取不同的研究方法。目前主要应用的研究方法有问卷调查法、主题访谈法、试验探索法、案例研究法、资料分析法。

一、问卷调查法

问卷调查法是通过调查对象回答问题的方式收集资料的方法。这种方法适用于大规模的推广调查，可以从面上得到大量资料，按照统计学方法进行定量和定性分析，寻找总体变化趋势或一般特点。问卷调查法有是非式、单项选择式、多项选择式、填充式、排列式、自由记述式。一般来说，是非式、选择式便于数据处理和统计分析。

二、主题访谈法

主题访谈法是研究人员就某个事先预定的问题与调查对象面对面交谈，获取资料的方法。从推广上讲，这个主题是政府或推广机构或农民十分关心的问题，如怎样提高农民种粮积极性，农民迫切需要哪些农业技术，农民希望政府解决哪些农业生产问题，希望推广机构怎样进行技术服务等。主题访谈要选择好有代表性的、典型的农户，可以进行单独访谈，也可以进行多个访谈。访谈中要围绕主题进行，要善于从不同看法中归纳出共同意见和建议，达到访谈的目的。

三、试验探索法

试验探索法就是打破现有理论和方法，探索新的农业推广理论和方法。例如，我国在计划经济时代采取无偿推广机制，而在市场经济体制下，人们探索有偿推广机制。不同机制有不同的推广理论和方法，探索新机制的理论和方法，就是农业推广学研究的重要内容。在20世纪90年代，我国不少基层农业推广机构试办农业服务公司、试办科技示范场等，就是对推广方法的探索。近年来，我们将传播学理论引入农业推广，也是对农业推广的理论探索。本教材根据我国市场经济条件下农业推广的特点，在农业推广学的理论和方法上，打破了以前教材沿用的理论和方法，这也是一种探索。

四、案例研究法

案例研究法就是从若干典型案例中找出一般性规律的研究方法。例如，王西玉等在20世纪90年代对若干社会组织对农民的服务方式研究，总结我国当时5种农业服务模式。苑鹏等在21世纪初期，基于对我国一些“公司＋农户”的研究，归纳出两类农业科技推广方式。因此，通过若干案例的共同特点，归纳出一般规律，也是农业推广学研究的重要方法。

五、资料分析法

资料分析法就是利用现有资料，利用科学分析方法寻找变化规律的研究方法。现有资料包括档案资料、统计资料等。研究方法主要是利用数学分析方法，如相关分析、回归分析、运筹学方法等。胡瑞法（1998）根据四川和湖南两省杂交水稻面积资料，建立出这两个省杂交水稻扩散的数学模型；唐永金（2004）曾用统计资料，比较分析了四川和新疆农业结构、作物结构的变化趋势，根据这些趋势可以看出湿润与干旱区农业推广内容的变化特点。因此，根据特定资料的分析，寻找农业技术扩散规律和发展特点，也是农业推广学研究的常用方法。

本章小结

狭义农业推广指农业创新的传播活动，广义农业推广指农业创新的传播、采用、扩散活动。农业推广包括创新、传播、先驱者使用和扩散4个基本要素。农业推广是联系科研、教育和生产的纽带，是科技成果由潜在生产力转化为现实生产力的桥梁，是创新的完善和再创新，是推动农业科技进步、促进农业和农村发展的重要手段。农业推广学是研究农业创新传播、采用和扩散规律及方法的科学，传播理论、行为理论和扩散理论是农业推广学的基本理论体系。学习农业推广学的目的在于，将所学的专业知识和各种农业创新，有效地传播到农村，传递给农民，促进我国农业和农村发展。农业推广学的研究方法包括问卷调查、主题访谈、试验探索、案例研究和资料分析法。

补充材料与学习参考

1. 国内外不同学者提出的农业推广和农业推广学概念

（1）农业推广的概念。张仲威（中国农业大学）认为："农业推广是一种活动，是把新科学、新技术、新技能、新信息通过试验、示范、干预、沟通等手段，根据农民的需要传播、传授、传递给生产者、经营者，促使其行为的自愿变革，以改变其生产条件，改善其生活环境，提高产品产量、收入，提高智力以及自我决策的能力，达到提高物质文明与精神文明最终目的的一种活动。"许无惧（中国农业大学）认为："农业推广是一种发展农村经济的农村社会教育和咨询活动，通过试验、示范、干预、沟通等方式组织与教育农民增进知识，改变态度，提高技能，不但使农民采用和传播农业新技术，而且使其自愿改变行为，以改变其生产条件，提高产品产量、增加收入，改善生活质量，提高智力与自我决策能力，从而实现培养新型农民、促进农村社会经济发展的目的。"郝建平（山西农业大学）认为："农业推广是采取教育、咨询、沟通、干预、技术指导等手段，把农业生产和经营过程中所需要的新成果、新技术、新知识及信息，传播、传递到农村、农民中去，促使农民行为的自愿变革，把潜在生产力尽快有效地转化为现实生产力的一种活动。"王慧军（河北省农林科学院）、郝建平认为："农业推广是应用农业自然科学和农业社会科学的原理，采取教育、咨询、开发、服务等形式，采用示范、培训、技术指导等方法，将农业新成果、新技术、新知识及新信息，扩散、普及应用到农村、农业、农民中去，把潜在生产力尽快有效地转化为现实生产力的一种专门活动。"

（2）农业推广学的概念。张仲威先生在许无惧1989年主编的《农业推广学》序言中写道："农业推广学是研究如何通过培训、传授和示范等农业推广的活动，改变农民行为的规律性，改变农民行为因素变化发展的规律性，研究这些因素变化方向规律性的一门科学。"张仲威在1996年主编的《农业推广学》中写道："农业推广学是推广研究成果、农业推广实践经验及相关学科有关理论，经过较长的演变过程而形成的边缘性科学"。1989年荷兰学者奈尔斯·罗林、许无惧也给予相似的定义。汤锦如（扬州大学）等提出"农业推广学是专门研究农业推广的理论和方法，并指导农业推广实践的一门多学科交叉的边缘性、综合性的科学"。吕文安（沈阳农业大学）、郝建平等认为，"农业推广学是研究农业推广理论与实践的科学"。高启杰（中国农业大学）提出："农业推广学是一门研究在农业推广沟通过程中推广对象行为变化的影响因素与变化规律，从而探讨诱导推广对象自愿改变行为、提高农业推广工作效率的原理与方法的科学。"

2. 参考文献

高启杰．1997．现代农业推广学．北京：中国科学技术出版社．

郝建平，蒋国文，梁建岗，等．1998. 农业推广原理与实践．北京：中国农业科学技术出版社．

胡瑞法．1998. 种子技术管理学概论．北京：科学出版社．

吕文安．1993. 农业推广学．沈阳：辽宁科学技术出版社．

奈尔斯·罗林．1991. 推广学——农业发展中的信息系统．王德海，朗大禹，译．北京：北京农业大学出版社．

汤锦如，等．1993. 农业推广学．南京：东南大学出版社．

唐永金，陈见超，侯大斌，等．1998. 从农民采用创新的信息来源看乡镇农技推广机构的重要性．中国农技推广（6）：5-6.

唐永金．2002. 农业推广学的概念及其理论体系//第三届中国农业推广研究征文优秀论文集．北京：中国农业科学技术出版社：314-317.

唐永金．2004. 西部干旱与湿润地区农业结构多样性变化的比较分析．干旱地区农业研究，22（4）：149-152.

唐永金．1997. 农业推广概论．北京：中国农业出版社．

王慧军．1993. 农业推广原理与技能．石家庄：河北科学技术出版社．

王西玉．1996. 中国农业服务模式．北京：中国农业出版社．

吴文虎．1988. 传播学概论．北京：中国新闻出版社．

许无惧．1989. 农业推广学．北京：北京农业大学出版社．

许无惧．1997. 农业推广学．北京：经济科学出版社．

苑鹏，国鲁来，齐莉梅．2006. 农业科技推广体系改革与创新．北京：中国农业出版社．

张仲威．1996. 农业推广学．北京：中国农业科学技术出版社．

思考与练习

1. 与同学讨论，应该怎样理解农业推广。
2. 讨论农业创新传播、采用和扩散的关系。
3. 农业推广学主要以哪些学科作为基础学科？为什么？
4. 为什么要进行农业推广？
5. 假如你要从事农业推广研究，你会采取哪些研究方法？为什么？

第二章　农业创新及其效果评估

农业推广的内容是农业创新，掌握农业创新的概念与特点，有助于选择农业创新；了解现代农业、现代农业新技术和我国“十二五”农业科技推广内容，可以与时俱进、因地制宜地选择推广内容；掌握农业创新经济效果和综合效果评价方法，可以提高农业推广效果，促进农民增产增收。

第一节　创新与农业创新

一、创新的概念与特点

（一）创新的概念

创新有动词概念和名词概念。动词概念的创新，是人们根据既定的目的，调动已知信息和知识，开展新思维，产生出某种具有新颖、独特、有社会价值等特点的新概念、新理论、新设计、新工艺、新产品等新成果的智力活动过程。名词概念的创新，是人们创造出的具有社会价值的新成果。推广采用上的创新主要指名词概念的创新。

（二）创新的特点

1. 独创性　具有他人没有、以前没有的特点，这主要指原始创新。例如杂交水稻之父袁隆平最先研制出的杂交水稻。

2. 相对优越性　人们认为该项创新比被取代的原有创新优越的程度。相对优越性可以表现在全面优越，综合性状都比较优越；也可以表现出部分优越，某一性状比较优越。如农业上推广的作物新品种，可以是综合性状比对照好的品种，也可以是某一特性（如品质）明显比对照好的品种。

3. 适应性　表现出与采用者价值观的相容、与以往经验的一致、与需求的匹配的程度。一项创新只有适应于采用者，才能被采用，适应程度越高，被采用的可能性和范围越大。

4. 科学性　一项创新有其研制的科学原理和依据，能够说明它的作用机理。

5. 可测性　人们能够通过试验或检测，知道该创新的优越性。

二、农业创新的概念与特点

（一）农业创新的概念

农业创新指应用于农业领域的新信息、新知识、新理念、新设计、新工艺、新方法、新技术、新制度、新产品、新品种等，能够促进农民增收、农业增产和农村发展的新事项。包括新农药、新肥料、新品种、新饲料、新农膜、新农机等实物型农业创新，也包括新观念、新方法、新技术等非实物型农业创新。

简单的实物型农业创新，推广前一般要经历研制和评价两个阶段。如一般作物品种，研制出来后通过省级审定，就可进行推广。复杂的实物型农业创新，推广前一般要经历研制、开发和评价三个阶段。有的创新比较复杂或条件不全具备，需要进行改良、组装、配套，使之适应特定条件或生产条件，才能进行推广。

从农业推广的角度看，农业创新是对应用于农业领域内的成果、技术、知识、信息等对推广对象而言是新事物的统称。因此，有的地区已经采用多年的技术，对另一些尚未采用地区的农民而言，仍然是一种农业创新。推广上的农业创新，不在于创新本身是否先进，而在于是否比所替代创新优越。

在农业推广活动中，推广的农业创新主要是农业技术。农业技术是指应用于种植业、林业、畜牧业、渔业的科研成果和实用技术，包括：①良种繁育、栽培、肥料施用和养殖技术；②植物病虫害、动物疫病和其他有害生物防治技术；③农产品收获、加工、储藏、运输技术；④农业投入品安全使用、农产品质量安全检验检测技术；⑤农田水利、农村供排水、土壤改良与水土保持技术；⑥农业机械化、农用航空、农业气象和农业信息技术；⑦农业防灾减灾、农业资源与环境保护和农村能源开发利用技术；⑧其他农业新技术。

（二）农业创新的特点

农业创新具有创新的特点，同时具有自身的特点。这些特点主要表现在以下几个方面：

1. 不等效性和相对重要性 农业创新的不等效性，是指不同创新所起的作用不同；相对重要性是指一些创新的作用大于另一些创新的作用。例如，据中国农业科学院分析，在我国“六五”期间的作物增产因素中，正常情况下良种的作用在20%以上，中低产地区增施化肥和改进施肥方法的作用在40%左右，调整作物布局和改进栽培技术占10%～20%，植保防治病虫害可减少损失10%～20%。

2. 相克性和相生性 农业创新的相克性，是指某些创新措施同时采用时，其作用相互抑制、相互抵消。例如，在作物病虫害防治上，化学农药防治和生物防治处理不好，生物防治的效果就被抵消；种植豆科作物而大量施用氮肥，根瘤菌的固氮作用就被抑制。农业创新的相生性，是指某些创新措施同时采用，其作用相辅相成、互相促进。例如，良种结合良法，高产栽培中的增肥结合减种，免耕技术结合除草技术等。

3. 相似性和相异性 农业创新的相似性，指某些创新措施对一些作物具有相似的作用，如地膜覆盖栽培技术、育苗移栽技术、免耕栽培技术等。农业创新的相异性，指某些创新措施在不同作物间的作用是不同的，如大株作物和小株作物的种植方式，双子叶作物和单子叶作物施用除草剂等。在农业推广中，相似性告诉我们，有些作物间的创新措施可以相互借鉴；相异性告诉我们，不能把用在一种作物的创新措施，完全不变地应用到另一种作物上。

4. 效益有限性和递减性 农业创新的效益有限性，是指任何创新对农业的增产增收作用是有一定限度的，达到这个限度，该创新就不再有增效作用了。例如，任何作物品种都有自身的产量潜力，达到潜力产量后，就很难依靠该品种来提高产量。因此，要不断引进和推广新的农业创新，才能不断提高农业产量。农业创新的效益递减性，指在其他要素投入量不变的条件下，某项农业创新（如肥料、饲料等）的投入增加，在初期会增加单位投入的产量，但当投入超过一定量时，再增加投入，单位投入的产量就会逐渐降低。因此，农业推广中，要注意某些农业创新的效益递减特点。

5. 区域性和普遍性　农业创新的区域性，指某一创新措施只在一些地区起作用，而在另一些地区不适用或起负作用。如北方冬麦区的灌溉技术、施肥技术在四川就不大适用。农业创新的普遍性，指某一创新措施在相似环境条件下，都能发挥作用，如一些优良品种、地膜栽培技术、育苗移栽技术等。因此，在农业推广中，根据普遍性，可以引进、学习外地一些先进创新；根据区域性，要考虑区域特点，对外地创新，不要盲目引进，机械照搬。

6. 时效性和时序性　农业创新的时效性，指许多农业创新只能在特定时间发挥作用，在其他时间采用则不起作用或起副作用。水稻田间管理的“晒田”技术，在分蘖末期进行，可以更新土壤环境，促进根系发育；如果在孕穗期进行，将严重影响水稻产量。农业创新的时序性，指某些创新措施，必须根据作物生长发育的时间顺序，依次进行。例如在四川水稻栽培的水管理技术上，要求“浅水栽秧，寸水返青，薄水分蘖，适时晒田”。因此，在农业推广上，要根据作物生产的季节性和生长发育的时间性，科学合理地选用创新措施。

7. 综合性和配套性　农业创新的综合性，指农业生产技术作为一个体系，它们通过直接或间接的联系达到提高产量和品质的目的，如果把它们有机地组合起来，它们所起的综合作用就大于各单一技术作用之和。例如规范化栽培技术、模式栽培技术、生态农业技术等。农业创新的配套性，指在采用某一主要创新措施时，必须采用相应的配套措施，主要措施的增产增收作用才能得到充分体现。例如，免耕栽培需要除草技术配套，优良品种需要优良栽培或饲养方法配套等。在农业推广上，根据综合性，选用某项创新措施时，应该考虑该措施对其他措施会产生什么影响，是否有利于综合作用的提高；根据配套性，在选用某项主要措施时，同时选用与之配套的措施，将会使主要措施的作用得到尽可能的发挥。

三、农业创新的类型与产业化

（一）农业创新的类型

根据创新对农业的作用，可以将之分为基础性创新和应用性创新。基础性创新主要是探知农业科学领域中客观自然现象的本质、机理及其生物体与环境进行物质和能量交换的变化规律。基础性创新是应用性成果和开发性成果的源泉。如生物遗传规律、光合作用机理、脱氧核糖核酸（DNA）双螺旋分子结构的发现等均属此类。应用性创新是为了某种实用目的，运用基础性创新的原理，对一些能够预见到应用前景的领域进行研究，开辟新的科学技术途径和行之有效的新技术、新品种、新方法、新工艺等。农业推广上的创新有基础性创新和应用性创新，但以应用性创新为主，推广的各种农用技术和产品均是应用性创新。

根据农业创新的形态，可以分为知识型创新和实物型创新。知识型创新是观念、技术、方法等的改变，是看不见的无形创新，如栽培技术、饲养方法等；实物型创新是产品形态、性质等的改变，是看得见的物化类创新，如新品种、新肥料、新农机等。知识型创新可以改变农业生产经营者的观念、方法和技能，实物型创新可以改变农业生产条件。一般实物型创新都有相应知识型创新配合，如使用原理与方法介绍等，否则难以达到良好的使用效果。实物型创新具有商品性特点，容易进行商业化经营传播。

（二）农业创新的产业化

农业创新的产业化是将已经研制的农业创新，经过进一步研发，形成新的研发成果，使之适应市场或农业生产者的需要，再经过试销或示范，产生明显的社会经济效益。农业创新研发和市场推广的过程就是农业创新的产业化过程（图 2-1），多用于实物型农业创新经营传播。我国种业创新就是采取产业化经营的道路。一个新品种通过审定后，种子企业将研发繁殖制种技术和配套栽培技术，通过试销示范开拓市场，将新品种的种子销往适合地区，这就是一个产业化过程。

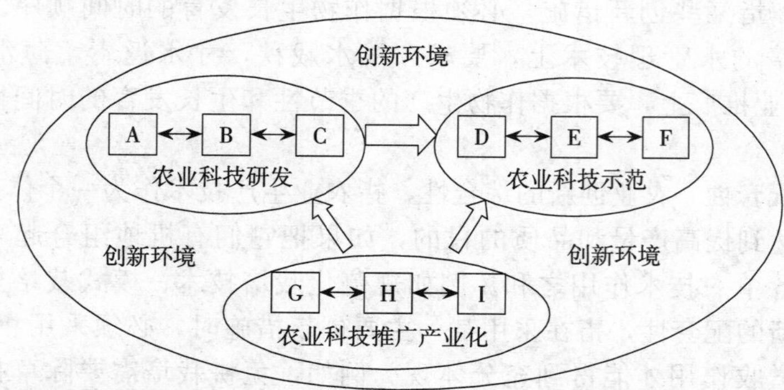

A.农业科技创新源 B.农业科技研发过程 C.农业科技研发成果 D.农业科技示范源 E.农业科技示范过程 F.农业科技示范成效 G.农业科技产业化源 H.农业科技产业化 I.农业科技产业化效益

图 2-1 农业科技创新产业化过程

（林伯德，2010）

第二节 现代农业新技术

2007 年中央 1 号文件《关于积极发展现代农业扎实推进社会主义新农村建设的若干意见》，指明了我国农业发展的方向。发展现代农业，推广现代农业新技术，是推广农业创新的优先选项。因此，认识现代农业，了解现代农业新技术，对搞好推广工作十分重要。

一、现代农业

（一）农业发展阶段

农业的发展已有上万年的历史，从生产目的、生产工具和生产理念来看，经历了原始农业、古代农业、近代农业和现代农业 4 个阶段（图 2-2）。一般认为，1840 年英国工业革命完成至第二次世界大战前这段时期的世界农业发展称为近代农业，此前的农业统称为传统农业或者古代农业，第二次世界大战之后西方国家发展的农业为现代农业。

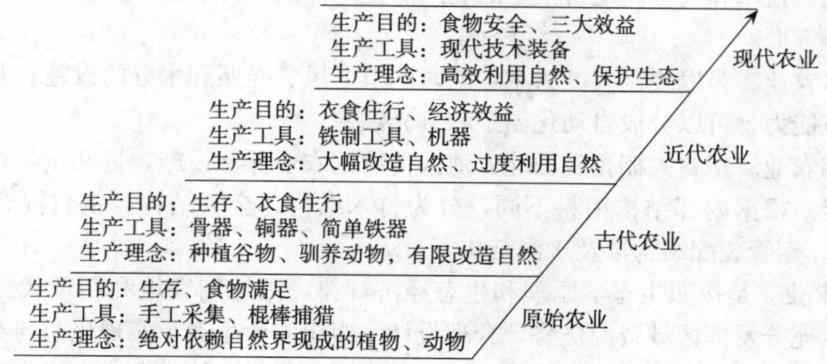

生产目的：食物安全、三大效益
生产工具：现代技术装备
生产理念：高效利用自然、保护生态
现代农业

生产目的：衣食住行、经济效益
生产工具：铁制工具、机器
生产理念：大幅改造自然、过度利用自然
近代农业

生产目的：生存、衣食住行
生产工具：骨器、铜器、简单铁器
生产理念：种植谷物、驯养动物，有限改造自然
古代农业

生产目的：生存、食物满足
生产工具：手工采集、棍棒捕猎
生产理念：绝对依赖自然界现成的植物、动物
原始农业

图 2-2　农业发展的不同阶段
（王慧军等，2010）

（二）现代农业的概念

现代农业是以现代发展理念为指导，广泛应用现代科学技术、现代物质装备和现代科学管理方法，形成贸工农紧密连接、产加销融为一体的多功能、可持续发展的产业体系。

建设现代农业的过程，就是用现代物质条件装备农业，用现代科学技术改造农业，用现代产业体系提升农业，用现代经营形式推进农业，用现代发展理念引领农业，用培养新型农民发展农业，提高农业水利化、机械化和信息化水平，提高土地产出率、资源利用率和农业劳动生产率，提高农业素质、效益和竞争力。

现代农业的核心是科学化，特征是商品化，方向是集约化，目标是产业化。现代农业与传统农业主要有以下区别：①产业体系完整。②科学技术密集。③以市场为导向。④产业化经营。⑤功能多样化。

（三）现代农业发展方式与类型

不同国家和地区现代农业发展方式与类型不同。王慧军等（2010）认为，我国现代农业主要有以下发展方式和类型。

1. 规模化农业　适度扩大耕地经营规模，大力使用农业机械和科学技术，提高劳动生产率和经济效益的农业类型。主要发展方式有：①农场模式。②土地托管模式。③“股份＋合作”模式。

2. 绿色无公害农业　是指将农产品生产与保护人体健康、保护生态环境协调起来，根据生物生长规律和产品形成规律，科学使用土地培肥技术、农业和生物防治技术，减少或拒绝使用对人体和环境有害的化学农药、激素、添加剂和化肥等，保证农产品安全无污染的农业。由绿色无公害农业生产的农产品可以分成有机食品、绿色食品和无公害农产品。

3. 设施农业　设施农业是利用现代工程技术手段和工业化生产方式，通过设施（工厂、温室、大棚）改变农业生产环境，使农业生物生产摆脱或部分摆脱露天生产的受自然环境制约的农业，为动植物生产提供可控制的适宜生长环境，在有限土地上获得较高产量、品质和效益的一种农业。根据设施的种类，可以分成工厂化农业、温室农业和大棚农业。

（1）工厂化农业。是综合运用现代高科技、新设备和管理方法而发展起来的一种全面机械化、自动化、技术和资金高度密集型的农产品生产体系。目前主要用在工厂化育秧、工厂化生产禽畜等方面。

（2）温室农业。为以控制温度为主，同时调节通风、光照和水分的设施农业。根据对生态因子的调节能力，可以分成自动化温室和日光温室。

（3）大棚农业。塑料大棚是我国北方地区传统的农业保温设施，近几十年在我国南方也得到迅速发展。根据内部结构用料不同，分为竹木结构、全竹结构、钢竹混合结构、钢管（焊接）结构、钢管装配结构以及水泥结构等。

4. 生态农业 是按照生态学原理和生态经济规律，因地制宜地利用现代科学技术与传统农业精华，充分发挥区域资源优势，合理设计、组织农业生产，实现生态与经济两个系统的良性循环和经济、生态、社会三大效益统一的农业。包括立体农业（山区农业地带立体分布、丘区农业地形立体分布、果林地立体间套模式、农田立体间套模式、水域立体养殖模式、农户庭院立体种养模式等）和循环农业（种植业内部物质循环利用模式、养殖业内部物质循环利用模式、种养加物质循环利用模式、种养沼物质循环利用模式等）。

5. 旅游农业 是城市郊区或特色农业地区将农业经营与旅游观光相结合的农业方式，是我国实行双休日后，适应城市居民就近休闲娱乐的农业经营模式。一般以特色种植（果树、蔬菜、园林等）和特色养殖（特色禽类、鱼类等）农业为基础，以“农家乐”的形式，采取林间狩猎、水面垂钓、采摘果实等形式，满足观光者自采自摘、自钓自烹、自娱自乐等好奇、好鲜等心理。旅游农业与生态农业、特色农业密切结合，可以提高旅游农业的品质。

6. 特色农业 利用当地独特的优势农业资源和现代科学技术，开发、生产和经营具有品质优、价值高、市场竞争力强、绿色或无公害特点的特殊农业类型。特色农业一定要突出特色，可以突出历史特色，发展传统产品；可以突出环境特色，发展绿色产品；可以突出物种资源特色，发展珍、野、稀、名、特产品；可以突出气候特色，发展土特产品；可以突出草原特色，发展草牧产品；可以突出民族特色，发展民族产品。我国近些年提出发展“一乡一业”“一村一品”，是特色农业的扩大和发展。

二、现代农业新技术

现代农业新技术不同于传统农业技术，也不同于现代农业的常规技术。王慧军、田奇卓等（2010）认为，现代农业新技术包括现代高新技术在农业上的应用、现代种植业技术和现代养殖业技术；从内容上看，现代农业新技术主要体现在新型农资技术、新型农艺技术和农用高新技术三个方面。

（一）新型农资技术

1. 新肥料 新型肥料指形态或功能不同于常规肥料的肥料类型，表现为：①功能拓展或功效提高，如保水肥料和使用包衣技术、添加抑制剂等方式生产的肥料。②肥料的形态出现了新的变化，如液体肥料和气体肥料。③新型材料的应用，如肥料原料、添加剂、助剂的添加或改变，使肥料效能稳定化、易用化、高效化。④施用方式的转变或更新，针对不同作物、不同栽培方式等特殊条件下的施肥特点而研制的专用肥、叶面肥等。⑤间接提供植物养分，如某些微生物菌剂等。

根据制作工艺与养分释放机理的不同，新型肥料主要可划分为：①化学合成的脲醛类缓释氮肥；②包膜（裹）缓释/控释肥料；③含脲酶、硝化抑制剂改良的稳定性缓释肥料；④含有中微量元素的高效叶面肥料等。

2. 新农药 新农药指形态、功能或施用方法不同于常规农药的农药类型。近年来，新剂型、生物活性高、新合成的农药及生物农药不断应用到农业生产中；悬浮剂、水乳剂、干悬浮剂及缓释型和微胶囊等新剂型不断出现；超细雾滴、超低容量、选择施药、局部施药和隐蔽施药等新的使用技术不断推广。在绿色农业中，要重视选用生物农药。植物源农药在自然环境中易降解、无公害，现已成为绿色生物农药首选之一，如植物源杀虫剂除虫菊素、烟碱和鱼藤酮等。微生物源农药如昆虫病原真菌白僵菌、绿僵菌对防治松毛虫等有特效；病原细菌苏云金杆菌是目前世界上用途最广、开发时间最长、产量最大、应用最成功的生物杀虫剂。同时重视应用生物化学农药，如用灭幼脲、除虫脲、氟虫脲、氟啶脲、噻嗪酮、灭蝇胺、抑食肼、虫酰肼、甲氧虫酰肼、呋喃虫酰肼等控制害虫，用昆虫性外激素干扰昆虫求偶、交配行为来控制害虫。

3. 新农机 指应用于不同农业生产条件和农业生产环节、不同于常规农业机械的农机类型。我国已经发展形成适宜分散经营的中小型农业机械和适于跨区作业的大型机械，可以进行耕翻、松耕、播种、插秧、施肥、灌溉、收获、脱粒、种子精选包衣和病虫草害防治。新型农业机械的发展趋势是：功能由单一化向综合化发展，操作向方便性、舒适性发展，结构向机电一体化和智能化发展。在选用新型农机上，要重视选用与保护型耕作相配的深松耕机械，具有秸秆还田和免耕播种、施肥多种功能的综合机械，精量可调式播种机械，精准定位植保复合作业机械，适于多种种植方式的覆膜播种机械，以风能为动力的虹吸近距离提水机械，农副产品废弃物综合利用与无害化处理机械，收割、脱粒、烘干联合作业等机械。

4. 设施农业技术 设施农业因为温室、大棚等设施的投入，改变了露天农业的自然环境，形成了不同于露天农业的生产技术和经营特点。主要体现在以下几个方面：①设施内部温度高，生物生长快，要注意施肥和灌溉节奏。②设施内部空气湿度大，病虫害多，要随时注意防治；因设施的封闭或者半封闭状态，能有效减少病虫源，也能充分发挥生物防治、生态防治、物理防治、农业综合防治等的优势，减少化学农药和化肥污染。③设施与外界空气交换慢，注意施用CO_2。④大棚连作易致土壤退化，要合理轮作。⑤设施农业是高投入高产出农业，需要资金、技术、劳动力较多，一般适合于产品价值高或生长周期短的生物。⑥设施农业可调节农产品上市时期，实现淡季供应、反季节销售，从而大大提高经济效益。

（二）新型农艺技术

1. 少免耕技术 少耕、免耕技术是减少对耕地的耕翻次数或不耕翻耕地的土地耕作方法。少耕包括两个方面：在时间上，由每年或每季作物一耕，变成一年耕作一次。在空间上，减少耕翻面积占农田总面积的比例，如黄淮海地区采用的隔年深耕，旋耕加深松耕技术，既可实现浅耕，又可通过深松铲解决犁底层问题。

2. 覆盖栽培技术 覆盖栽培包括地膜覆盖栽培和秸秆覆盖栽培。

地膜覆盖栽培具有明显的保温保湿作用。地膜覆盖隔绝土壤空气与大气交换，减少了对流散热，有利于土壤保温。地膜覆盖使裸露栽培水分的开放型转变为蒸发→凝结→滴落→蒸发封闭式循环过程，减少了土壤水分向大气蒸发的损失，具有明显的保湿作用。近年来，生物降解地膜、聚乙烯加光敏剂等可降解地膜的研制与推广，减少了普通聚乙烯地膜残留带来的环境问题，为地膜覆盖栽培带来了新前景。

秸秆、糠壳等覆盖耕地地表栽培，可以减少土壤棵间蒸发，减少土壤水分损失，具有抗旱保墒作用。在干旱、半干旱地区，秸秆覆盖耕地，可以减少裸地休闲期或生长期间的棵间蒸发，提高水分利用效率。在四川玉米栽培上，秸秆覆盖可以减少夏天降雨对土壤的直接打击和冲刷，能在一定程度减少土壤流失；秸秆覆盖避免阳光直晒土表，可降低土壤温度、减少土壤水分蒸发，具有一定抗旱保墒作用。

3. 新型病虫防治技术 基于“生态、绿色、安全”的植物保护新理念，适用于现代农业的新型病虫防治技术主要有：①农田管理与生态调控技术。改变作物布局和耕作制度，改善栽培条件，加强田间管理，可以减少和控制农作物病虫害。②抗病虫品种利用技术。通过转基因培育和利用抗病虫品种，如抗虫棉、抗虫烟草、抗病毒病马铃薯、抗虫水稻等。抗虫棉已在我国广泛推广应用。③生物防治技术。如生物农药、以鸟治虫、以虫治虫、以菌治虫，害虫天敌的保护利用与扩繁释放等。④物理防治技术。常用方法有人工捕杀、温度控制、诱杀、阻隔分离、微波辐射等。近年发展使用的太阳能杀虫灯，白天储蓄能量，晚上开灯诱杀害虫，不需要普通电源，可以在广阔的农田使用，具有良好的推广前途。

4. 节水农业技术 节水农业技术包括以下内容：

(1) 采用管道或高标准的固化渠道将农业用水输送到田间，最大限度地减少输水过程的水量损失，提高输水效率。

(2) 在田间大面积推广应用现代喷灌技术、微灌技术（渗灌、滴灌）和改进后的地面灌溉技术。

(3) 根据作物生理生态需求特点与田间水分转化机制，采用精准灌溉技术、保水保田耕作制度等农艺节水技术,充分利用天然水资源,减少田间水分损失,提高作物水分利用效率。

(4) 根据当地气候特点和作物品种的生长发育和产量形成规律，采取避旱栽培技术，使作物的水分敏感期避过不良气候环境，减少灌溉用水。

(5) 利用现代生物技术与农艺措施，选育和选用水分利用效率高、耐旱或抗旱能力强的作物品种，提高农田水分的生产效率。

(6) 采用化学产品防止水分蒸发蒸腾损失。利用土壤改良剂、蒸腾抑制剂、保水保肥剂等，可以减少水分蒸发蒸腾损失，具有节水增产的效果。

(7) 农艺节水栽培。采用等高种植、梯田、垄作，深耕、免耕少耕、增施有机肥、秸秆覆盖、镇压等传统蓄水保墒技术，采用调亏灌溉、分根区交替灌溉、部分根区干燥、去除无效枝叶等新的作物高效节水技术，均可减少水分利用，提高作物产量。

（三）农用高新技术

1. 生物技术 包括基因工程、细胞工程、酶工程和微生物工程技术，在种植业上用得最多的是基因工程技术和细胞工程技术。

(1) 基因工程。包括两个方面：①在体外把不同生物细胞中的脱氧核糖核酸（DNA）分子进行切割、拼接与重新组合，再转移到拟改良的生命体中，达到改变生物性状，甚至创造新的生命类型的目的；②将确定的外源基因通过生殖细胞或早期胚胎导入生物的染色体上，使受体具备新的性状。基因工程技术可提高产量，改良品质，增强抗逆、抗虫性，抗除草剂，减少农药用量，降低生产成本。已经使用的抗玉米螟的转基因玉米、抗除草剂的转基因大豆、抗棉铃虫的转基因棉花，正在试验的抗螟虫的转基因水稻等，都是基因工程技术应用的成果。

（2）细胞工程。根据细胞的全能性和生产者的意愿，大规模地培养生物组织和细胞，获得生物及产品，或使细胞的遗传组成发生改变，创建新的生命品种的一种新型生物技术。植物细胞工程包括组织培养（快繁）、花药培养、染色体工程、单倍体育种、原生质体培养、细胞融合等技术。组织培养技术在经济作物、花卉、果树上的应用效果显著，已有400多种植物组织培养成功，并广泛应用于规模化生产。在马铃薯的脱毒快繁、蝴蝶兰等名贵花卉繁殖上，组织培养技术起着重要作用。

2. 航天技术　航天技术在农业上的应用包括两个方面：①精准定位。利用卫星定位系统提高农作物播种、农药喷洒、施肥、灌溉的精确度，可节省生产成本；②诱变育种。利用卫星或高空气球携带搭载作物种子、微生物菌种、昆虫等样品，在太空宇宙射线、高真空、微重力等特殊条件作用下，诱发染色体畸变，进而导致生物遗传性状的变异，快速有效地选育新品种的空间诱变育种。目前已经选育出水稻、丝瓜、番茄、甜椒等在生产上推广应用，特色鲜明，推广前景良好。

3. 信息技术　农业信息技术主要包括计算机网络技术、智能化、多媒体技术系统和3S（RS，遥感技术；GIS，地理信息技术；GPS，全球定位系统）技术。农业信息技术的应用主要有：①计算机普遍应用于农家（场）管理；②信息管理系统应用于财务会计、业务分析、计划管理和税务，跟踪记录畜牧和作物生产；③专家系统应用于生产管理；④精确农业；⑤信息高速公路向农村的延伸；⑥卫星数据传输系统；⑦园艺设施农业的自能化、自动化。

4. 保鲜技术　现代贮藏保鲜技术包括辐射处理、现代库藏和化学保鲜技术。

（1）辐射处理技术。利用射线辐射处理微生物及植物发芽部位组织，具有杀菌和防治发芽的作用。包括X射线和γ射线辐射处理，γ射线穿透力和杀菌能力强，应用较多。

（2）现代库藏技术。现代库藏技术可根据保鲜对象对温度、湿度、气压、二氧化碳、氧气浓度的特殊要求，进行智能化或人工调控。目前，人们可根据不同农产品长期储藏及运输要求，建立规格和容量不等、功能各异的储藏库；也可对库内果品喷施乙烯利和赤霉素类生理调节物质，实现催熟或抑制成熟的目的。

（3）化学保鲜技术。化学保鲜剂一般由杀菌剂、激素、无机盐类、蜡和高分子化合物多种成分复合而成，具有防腐、杀菌、降低新鲜果品呼吸、延缓后熟、防腐杀菌、防止水分逸失等综合作用，目前已经广泛应用在果蔬储藏和袋装食品的保鲜中。

三、我国“十二五”农业科技推广内容

根据农业部制定的《农业科技“十二五”发展规划》，我国“十二五”推广的农业新技术应用于以下工程，因而在选择农业创新时，主要选用与此关系密切的农业新技术。

1. 粮棉油糖高产创建工程　着眼于粮棉油糖等大宗农作物大面积平衡增产，围绕不同作物的区域目标产量要求，组装集成高产生产技术模式，在各县继续开展万亩*高产创建示

* “亩”为非法定计量单位，1亩＝667m^2，下同。

范片的基础上，逐步开展整乡、整县的整建制高产创建，促进粮棉油糖作物高产稳产和平衡增产。

2. 园艺作物标准园创建工程 着力推进园艺产品生产育苗、配方施肥、病虫害防控、绿色产品生产等技术的普及和应用，继续开展园艺作物标准园创建，逐步建立可追溯体系，进一步提升园艺产品的品质与安全水平。

3. 畜禽水产健康养殖关键技术与产业示范工程 按照畜禽良种化、养殖设施化、生产规范化、防疫制度化、粪污处理无害化和监管常态化要求，启动畜禽标准化关键技术与产业示范工程，建立健全并推广畜禽生产、养殖场所生物安全标准体系；对饲料、饲料添加剂和兽药等投入品使用，畜禽养殖档案建立和畜禽标识使用实施有效监管，从源头上保障畜产品质量安全。加强水产养殖关键技术及渔药、饲料等技术和产品的推广应用，提高水产养殖的专业化、规范化水平。

4. 病虫害统防统治工程技术 针对病虫害发生的区域性、集中性等特点，着力完善植物病虫害预测预报体系，大力推进生物农药、绿色生物制剂的应用，强化公共植保的职能。

5. 农业信息服务工程 加强农业生产过程信息管理与服务，加快建立农产品物流信息平台、农业科技服务信息平台，畅通农产品供求信息与农业科技服务渠道，有效发挥信息化的作用，使政府和管理部门及时了解农业生产情况和农产品供求等动态，使农民能及时得到农技指导。

6. 主要农作物机械化生产综合示范工程 选择东北平原、华北平原、长江中下游平原、四川盆地以及西南山地丘陵区等代表性区域，选择若干个典型县的乡镇，建立粮棉油糖等主要农作物机械化生产示范点，集成融合作物品种、栽培制度和机械化等技术，对比不同技术适应性和经济性，总结区域技术路线和模式，形成全国主要区域农作物机械化生产技术体系，加快实现农作物生产从种植、耕作、施肥与施药到收割、加工等过程的全程机械化。

7. 农业生物安全体系建设工程 在主要农作物病虫害高发区、主要动物疫病高发区、外来入侵生物频发区、外来疫病传入高风险区等，选择若干个县的乡镇开展区域化管理试点和示范，重点强化农业外来生物入侵安全评价与监测体系建设、转基因生物安全评价与监测体系建设，示范相关防控技术，有效降低外来生物入侵、生物灾害等风险，确保农业生物安全。

8. 农村沼气建设工程 建设户用沼气、小型沼气工程和大中型沼气工程，健全沼气服务体系，加快沼气科技创新，加强沼气原料多元化、沼气沼渣沼液农业利用等技术的研发与示范应用，强化沼气管护，提高产气效率，减少废弃物排放，实现农村沼气又好又快发展。

9. 农村清洁工程 在东南丘陵区、西南高原山区、黄淮海平原区、东北平原区、西北干旱区等5个区域选择若干个自然村开展农村清洁工程建设。项目完成后，所在村实现生活垃圾和污水的处理利用率达到90%以上，农作物秸秆资源化利用率达到90%以上，人畜粪便处理利用率达到90%以上。

第三节　农业创新的经济效果及其评估

要传播创新，就必须根据创新的特点来选择创新。在基层农业推广中，选择创新的主要依据是它的经济效果。因此，农业创新经济效果的评估是选择创新的重要方法。

一、农业创新经济效果的概念

农业推广主要是推广那些经济效果好的农业创新。农业创新的经济评估，主要是预测创新的经济效果。

经济效果是效果与劳动消耗的比较。效果是指创新应用在农业生产过程中取得的新增加的有用效果，即比原用当家技术增产的那部分农产品。劳动消耗是指研制、推广、使用该成果过程中消耗的劳动（活劳动和物化劳动）。

创新的经济效果是指创新应用取得的新增有用效果与科研、推广和生产总劳动消耗的比较。农业创新的经济效果分为绝对经济效果和相对经济效果。

1. 绝对经济效果　绝对经济效果是指创新在应用中取得的效果和劳动消耗的比较，即产出和投入的比较。产出大于投入是正经济效果，投入大于产出是负经济效果。一项创新的经济效果要高于一个起码界限才值得推广，即：

某创新在应用中带来的效果/该创新在研制、推广和使用中的劳动消耗＞1

或者是：取得的效果－劳动消耗＞0

不同创新研制、推广和使用的劳动消耗是不同的。有的创新研制的劳动消耗多，而推广和使用的劳动消耗少，如许多新品种；有的创新研制的劳动消耗少，但推广和使用的劳动消耗多，如地膜栽培、温室育秧、小麦的小窝密植等一些栽培技术。从推广的角度上讲，要注意选择那些推广和使用成本低，特别是使用成本低的创新。

2. 相对经济效果　一个创新的绝对经济效果要高于起码界限才具有经济意义。但是该创新能否推广和使用还要看它的相对经济效果。

相对经济效果是指一项创新的经济效果与同类已采用技术的经济效果相比较，经济效果的相对大小。

绝对经济效果大，相对经济效果才有可能大。不过，是相对经济效果决定创新的推广和使用价值。一项新创新只有比原已采用创新的经济效果大才有采用价值，否则不如应用原有技术。一项创新有无采用价值，可以应用下面的经济临界公式来衡量。

创新相对经济效果临界限＝创新经济效果总额/对照经济效果总额＞1

或某创新经济效果总额－对照经济效果总额＞0

如果有几项创新的经济效果都大于经济效果临界限，则具有最大经济效果的创新是最佳创新。

在推广工作中也存在着经济临界限。这是因为创新在研制、推广和使用时都需要一定的费用，这些费用要从推广应用创新取得的新增纯收益中收回。因此创新要推广到一定的规模，所取得的新增纯收益才能补偿研制、推广和使用消耗的费用，而且必须超过这个规模才开始实现新增的社会经济效益。这个规模就是临界规模。

推广规模的经济临界限＞（科研费用总额＋推广费用总额±新增生产费用总额）/应用创新每亩（头、株）新增的纯收益

如果科研、推广和新增生产费用三项总和为 200 万元，每亩新增纯收益是 50 元，则推广规模的经济界限就是 4 万亩。

二、农业创新经济效果评估指标及其计算方法

1. 土地生产率增量 单位面积新增产量（产值）=［创新单位面积亩产量（产值）－对照单位面积亩产量（产值）］×单产（产值）增量缩值系数

单位面积可以是单位播种面积，也可以是单位耕地面积。由于试验条件下单位面积的增产数值往往大于大面积推广后的增产数值，一般把创新区域试验的单产增量平均值乘以一个小于1的比率。这个比率叫作单产增量缩值系数。

缩值系数=大面积单位面积增产量/控制试验单位面积增产量

2. 新增总产量 新增总产量指在效益计算期间累计有效推广范围内，采用新成果所带来的农产品增长量。

新增总产量=缩值后单产增量×累计有效推广面积

=（创新单产－对照单产）×单产增量缩值系数×累计有效推广面积

3. 新增纯收益 纯收益是主副产值扣除生产成本、科研费用和推广费用之余额。它表示在效益计算期间累计有效推广范围内，采用创新比对照为社会新增加的纯收益或节约资源的价值。计算方法如下：

新增纯收益=［(创新单位面积产值－它的单位面积成本)－(对照单位面积产值－它的单位面积成本)］×累计有效推广面积－（新成果的研制费用＋新成果的推广费用）

式中，创新单位面积产值=（对照单产＋缩值后的单产增量）×产品价格

4. 科技费用新增纯收益率 科技费用是指科研费用、推广费用和新增生产费用之和。科技费用新增纯收益率表示创新耗费每元科技费用在效益计算期间累计有效范围内能为社会新增加多少纯收益。

科技费用新增纯收益率=新增纯收益/（科研费用＋推广费用＋使用创新新增生产费用）

科技费用新增纯收益率可以分解成以下三项：

（1）科研费用新增纯收益率。表示创新耗费每元科研费用在效益计算期间累计有效推广范围内能产出多少新增纯收益。

科研费用新增纯收益率=新增纯收益×创新研制单位在新增纯收益中应占份额系数/科研费用

（2）推广费用新增纯收益率。表示为推广某项创新耗费每元推广费用在效益计算期间累计推广范围内能带来多少新增纯收益。

推广费用新增纯收益率=新增纯收益×创新推广单位在新增纯收益中应占份额系数/推广费用

（3）生产费用新增纯收益率。表示使用某项创新新增每元生产费用在效益计算期间累计推广范围内能带来多少新增纯收益。

生产费用新增纯收益率=新增纯收益×创新使用单位在新增纯收益中应占份额系数/使用创新新增生产费用

从推广的角度而言，推广费用新增收益率越高，推广单位的积极性越大；新增生产费用收益率越大，农民采用的积极性越大。这两个收益率高，该创新才容易被推广采用。

三、农业创新经济效果评价的取值方法

1. 对照　对照是创新与之比较的基础，一般应选择当前农业生产中最具有代表性的同类原用创新或当家技术为对照。例如，评价某个新品种应当选择它所取代的当家品种为对照。

2. 原始数据　在预测评估中，可以根据同类创新的使用年限来估计该创新的可能使用年限。对照取效益计算前三年平均数。

3. 有效推广规模　指创新效益计算期间各年累计有效的推广面积（头、株等）。

有效面积＝推广面积－受灾失收面积

　　　或＝推广面积×保收系数

保收系数＝（常年播种面积－受灾失收面积×灾害概率）/常年播种面积

一般情况下，保收系数为0.9左右。

在预测效益中，可以根据被取代的创新及可能取代的面积进行估计。

4. 单产缩值系数　一般取值在0.5～0.8，不同作物单产缩值系数各有不同。小麦、水稻、谷子在0.8左右，玉米、甘蓝等作物为0.75。

5. 效益计算年度和计算年限　一般取创新推广后能给出一定可靠数据，表明比对照增加新的经济效益的年份，作为效益计算的起始年度。一般取新科技成果经济效益较高的年份，不包括示范期和衰减期。不同作物的效益计算年限不同：

玉米、甘蓝等为4～5年，小麦、水稻、谷子、高粱为6～7年，棉花为8～9年，果树、茶树等可取25～30年。

6. 经济效益分摊系数　研制、推广、生产单位对不同创新的贡献不同，效益分摊系数也是不同的。例如，创造发明的栽培和饲养方法，科研、推广和生产的效益分摊系数分别是0.45～0.55，0.15～0.20，0.30～0.35；改进提高的栽培和饲养方法，科研、推广和生产的效益分摊系数分别是0.35～0.45，0.15～0.20，0.40～0.45。其他成果的分摊系数可参见相关资料。

四、农业创新项目经济效果的比较分析法

（一）有无项目和项目前后比较的概念

项目是一种扩大再生产的投资行为，目的在于充分合理利用有限资源求得更多的增量净效益。考虑“有项目”和“无项目”时的成本效益情况，将“有项目”和“无项目”时的净效益进行比较，二者的差额便是由项目推广所产生的增量净效益。

“有项目”和“无项目”情况的比较，不同于“项目后”和“项目前”的情况比较。因为在许多情况下，没有项目的情况并不就是现状的简单延续，它也许在以缓慢的速度继续增长或下降。比如说无项目时，生产每年以1%的速度增长，并继续下去，有了项目后，加快了增长速度，每年以5%的速度增长。项目前后相比较，项目前，年增长速度为1%，项目后，年增长速度为5%。这种比较所得出的结论是项目开展后的增长速度是5%，然而这是夸大了的结果。因为不管有无项目，生产都以1%的速度增长，所以以有项目和无项目的情况相比较，则只有4%的增量可以归功于项目的推广。

项目前后比较是指同一地点在项目前和项目后两个不同时期之间的成本效益的比较（图

2-3)。比如项目前，人均收入100元，项目后人均收入300元，项目后人均收入是项目前的3倍，这是同一指标不同时间的比较概念。

有无项目比较是指同一地点同一时间，有项目和无项目两种不同状态之间的成本效益比较（图2-4）。比如某地区某一年在没有项目的状态下，人均收入100元。在有项目的状态下人均收入300元，有项目的状态由项目带来的人均收入为无项目状态下的2倍。它是一种状态比较，反映由项目真正带给人们的利益。

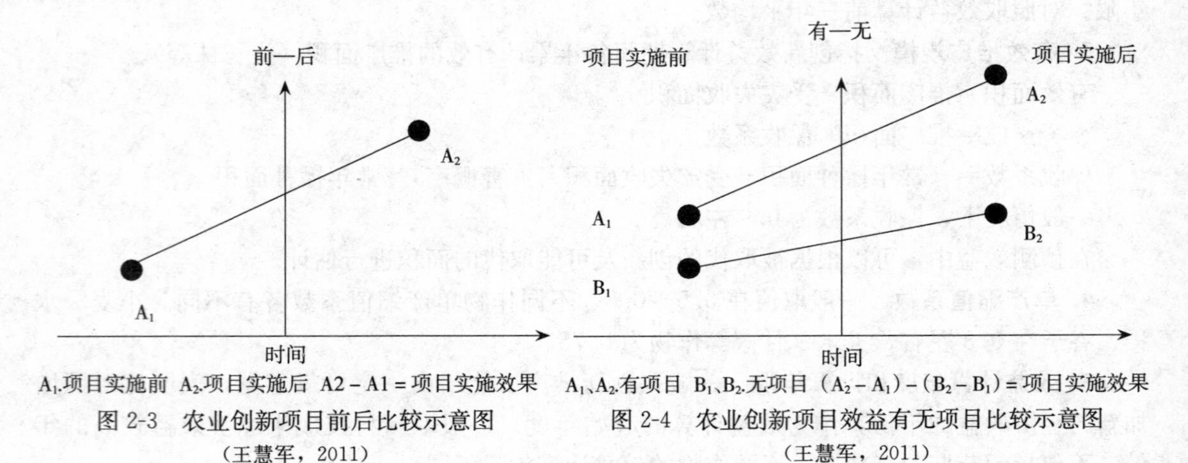

A_1.项目实施前 A_2.项目实施后 A2－A1＝项目实施效果

图2-3 农业创新项目前后比较示意图

（王慧军，2011）

A_1、A_2.有项目 B_1、B_2.无项目 $(A_2-A_1)-(B_2-B_1)$＝项目实施效果

图2-4 农业创新项目效益有无项目比较示意图

（王慧军，2011）

（二）有无项目比较所得到的由项目推广所产生的增量净效益情况

（1）项目地区的生产已经在缓慢地增长，并保持继续增长的势头。但项目推广的结果，使得生产发展明显地加快。这时的增量净效益表现为有无项目两个增量之差。

（2）项目地区的生产如果没有项目推广，将呈下降趋势。项目推广的目的及其效果不是增加产量，而是防止生产下降造成的损失。在这种情况下，项目前后相比较看不出任何效益的增加，但有无项目比较，避免的损失就是项目投资带来的增量净效益。

（3）第三种情形是项目推广的结果既能避免损失，又能促使产量增加。比如改造日益恶化的盐碱地项目就可以取得这种效益。在这种情况下，项目带来的效益与无项目情形相比，不仅应包括增产部分，还应包括避免损失部分。

（4）如果不推广项目，项目地区的产量预计在较长一段时期内稳定不变。由于项目推广，停滞不前的产量开始较快地增长，然后在新的水平上稳定下来。这种情况的项目推广的增量效益，项目前后比较和有无项目对比所得的结果是一致的。

（5）有些地区在项目推广之前是经济上根本无法发展的地区。由于项目推广才使该地区被开垦，并逐步发展起来。如某地区在推广垦殖项目时，首先移民开垦，建立居民点，发展种植业，随后开辟牧场，饲养菜牛。在移民到该地区时，该地区的荒地在经济上没有得到任何利用。这种情况有些类似第四种情况，即没有项目推广则生产不会起变化，项目前后及项目有无的比较结果是一致的。

（三）确定无项目状态的方法

当一个地区开展项目推广后，无项目状态则自然消失。那么，采用有无项目比较原则，如何确定在有项目状态下的无项目状态？一般有以下几种方法：

1. 固定法　即假定项目区不开展项目推广，无项目状态稳定不变。在这种情况下，应在有项目状态效益流中每年减去一个相同的无项目状态净效益，这个净效益可用历史推算法或对照法来确定。

2. 历史推算法　即用项目区历史资料（5 年以上），根据历史发展的趋势和幅度，如每年平均增长 1%或每年下滑 0.5%，再根据对未来科技等方面的变化，推算出有项目状态下的无项目状态。这种方法目前使用比较广泛。

3. 对照法　即在项目区选择与项目点自然条件、生产条件、社会经济条件等方面基本相同的无项目点作为对照点，以对照点的自然发展状态作为有项目状态的无项目状态。

第四节　农业创新的综合效果及其评估

选择农业创新，在以经济效益为主时，也必须考虑它的综合效益。农业创新的综合效益包括经济效益、生态效益和社会效益三个方面。经济效益指新增的纯收益。生态效益指农业创新在资源高效、合理、持续利用，环境保护等方面带来的好处，如节约资源、减少环境污染和破坏、保护生物资源及其多样性等方面。社会效益指创新提高产量、满足社会需求、提高农业劳动生产率、提高农民素质、改良食物品质、对食品无污染、有利于人体健康等方面的作用。

不同创新在这三个效益方面的表现不同，常常根据综合评分法评估它们的综合效益。

综合评分法可以用下列数学式表示：

$$\text{某一创新的总分} = W_1P_1 + W_2P_2 + \cdots + W_iP_i = \sum W_iP_i$$

式中：$\sum W_iP_i$ 为某一创新的总分；W_1，W_2，W_3，…，W_i 为各评估指标的权重；P_1，P_2，P_3，…，P_i 为各评估指标的分数。综合评分的步骤如下：

(1) 确定评分的指标。一个农业创新，要根据它的产量、品质、净收入、对土壤肥力、环境污染或保护等指标来进行评估。不同创新评价的指标不完全相同，一般要选择一些比较重要的指标来评估。

(2) 确定各指标的评分标准。一般按 5 级评分，即 5 分为最优，1 分为最差。可以根据历史经验或试验资料或具体情况来分级。例如，经济收入增加幅度在 0～300 元，可以把每增加 60 元设为 1 分；设定土壤肥力显著提高为 5 分，肥力提高为 4 分，肥力保持为 3 分，肥力下降为 2 分，肥力显著下降为 1 分。其他分类方法类推。

(3) 确定各指标的权重。就是确定各指标的相对重要性。假如某创新有 4 个评估指标，其权重如下：产量指标权重 60%，品质指标权重 5%，土壤肥力指标权重 15%，环境保护指标权重 20%，合计 100%。

(4) 计算各创新的总分。把各创新的比较指标所得的分数，分别乘以各自的权重，然后累加起来，就得出该创新的总分。一般来说，总分最高的创新就是效益最佳的创新，也就是值得推广的创新。

根据综合评分法的计算公式和评分步骤，假设有三个创新的评价指标得分如表 2-1 所示。根据上述（2）中各指标权重，求各方案的总分：

表 2-1 不同农业创新评价指标的得分

创新类别	产量	品质	土壤肥力	环境保护
第一创新	5	4	4	5
第二创新	3	5	3	4
第三创新	5	4	2	3

第一创新总分＝5×60%＋4×5%＋4×15%＋5×20%＝4.8

第二创新总分＝3×60%＋5×5%＋3×15%＋4×20%＝3.3

第三创新总分＝5×60%＋4×5%＋2×15%＋3×20%＝4.1

由此可知，第一创新总分最高，效益最佳，第三创新次之，第二创新最差。

本章小结

在农业推广上，农业创新是对应用于农业领域内的成果、技术、知识、信息等对推广对象而言是新事物的统称。农业创新不同于其他创新，有自身的特点。在推广农业创新时，要重视推广现代农业和现代农业新技术。农业创新的经济效果分为绝对经济效果和相对经济效果，是相对经济效果决定创新的推广价值。农业创新的综合效益包括经济效益、生态效益和社会效益，应该根据综合效益来选择农业创新。

补充材料与学习参考

1. 如何确定资源性创新的最佳投入量?

在选用资源性创新的投入量时，可以使用边际分析法和最优原理。在资源投入量不受限制时，投入的最优化规则是：边际利润为正值（即边际收入大于边际成本）时，可以增加投入量；边际利润为负值（即边际收入小于边际成本）时，就应减少投入量；边际利润为零（即边际收入等于边际成本）时，投入量最佳，此时利润最大。边际收入指增加单位投入的收入，边际成本指增加单位投入的成本。

例如，某种肥料的施用数量与小麦预期收获量的关系如表 2-2 所示。

表 2-2 某种肥料的施用数量与小麦预期收获量

亩施肥量（kg）	预期亩产量（kg）	预期亩边际收获量（kg）
0	200	—
10	300	10
20	380	8
30	430	5
40	460	3
50	480	2
60	490	1
70	490	0

假定肥料每千克价格为3元，小麦每千克1.5元。问：每亩施多少肥获利最大？

解：根据最优化规则，当边际收入等于边际成本时，施肥量为最优。这里的边际收入等于边际收获量乘小麦价格；这里的边际成本等于肥料价格。据此，可计算出各种施肥量条件下的边际收入、边际成本和边际利润（表2-3）。

表2-3　某种肥料的施用数量与边际收入、边际成本和边际利润

亩施肥量（kg）	边际收入（元）	边际成本（元）	边际利润（元）
0	—	3	
10	15	3	12
20	12	3	9
30	7.5	3	4.5
40	4.5	3	1.5
50	3	3	0
60	1.5	3	−1.5
70	0	3	−3

从表2-3可以看到，当亩施肥量在50kg时，边际收入＝边际成本，边际利润为零，此时施肥数量最佳，利润最大。

$$利润＝总收入－总成本$$

$$1.5\times480-3\times50=570（元）$$

2. 案例——农业推广创新效益评估的重要性

生物农药：为何难讨菜农欢心

前不久，新昌县一家农资公司向菜农推荐使用高效低毒、无残留无污染的生物农药，菜农却连连摇头，自个儿选购了化学杀虫剂回去。

生物农药是指直接利用生物产生的生物活性物质或生物活体作为农药，包括微生物农药、生物化学农药、转基因生物农药和天敌生物农药。有关专家对生物农药的前景十分看好。随着“绿色消费”渐入人心，无公害、绿色、有机农产品已是当今的消费趋势，而要种植这些农产品，低毒、低残留的生物农药是农民的必然选择。专家指出，我国加入世贸组织后，要在全球激烈竞争的农产品市场上取胜，必须下大力推广绿色农产品。而要推广绿色农产品，就必须尽快提高农民使用生物农药的意识、技能和市场氛围。农民为何冷落生物农药？据了解，农民不愿选用生物农药的主要原因，是生物农药的价格偏高。农户种菜育瓜要算成本细账。一位农民指着蔬菜大棚告诉笔者说，这半亩菜地，如果用吡虫啉（化学农药）治虫，每次仅需5～6元，若使用阿维菌素（生物农药），成本就要10多元。据了解，生物农药与一般化学农药相比，价格要高1～2倍，在利益驱动下，大多数农民不愿使用生物农药。

一般的生物农药没有化学农药立竿见影的效果，也是生物农药难以普及的又一原因。其实，生物杀虫剂的药用机理主要是通过破坏害虫中肠细胞而致其慢性中毒死亡，不具备高毒农药的速杀性能和功效。

农民不愿买生物农药，商家自然也不愿销，因此导致生物农药与农民见面的品种很少，农民的选择机会也越来越少，并形成恶性循环。在新昌县一家较大的农药经销站内，化学农药共有190多个品种，而生物农药仅10多种。两者的销售情况也大相径庭，在上百万元的销售额中，生物农药只有10多万元，仅占10%左右。在该县的基层经销点，除井冈霉素等常用农药外，其他生物农药的品种更是寥寥无几。

同时，不少地方“绿色产品”在市场上没有价格优势，也挫伤了农民使用生物农药的积极性。由于购买者无法直接分辨出蔬菜是否用过高毒农药，仅以价格低作为购买蔬菜的信号。无奈之下，菜农只得将“绿色菜”按普通价格售出。

资料来源：章建民，等.2002.生物农药：为何难讨菜农欢心//盛亚.技术创新扩散与新产品营销.北京：中国发展出版社：135-137.

3. 参考文献

林伯德.2010.农业科技创新能力评价的理论模型探讨.福建农林大学学报：哲学社会科学版，13(3)：54-59.

唐永金.1990.作物生产技术的性质.耕作与栽培(2)：61-63.

王慧军，谢建华.2010.基层农业技术推广人员培训教材.北京：中国农业出版社.

王慧军.2011.农业推广理论与实践.北京：中国农业出版社.

吴德倾，马月才.2006.管理经济学.第4版.北京：中国人民大学出版社.

叶黔达，郭香玲，陈祥荣.2000.创新能力开发.成都：四川大学出版社.

袁飞.1987.农业技术效益学.广州：广东科技出版社.

思考与练习

1. 推广上的农业创新与研究上的农业创新有何不同?
2. 在农业推广上，相对经济效果与绝对经济效果哪个对选择创新更重要?为什么?
3. 在评价农业创新的效益时，为什么要用缩值系数?
4. 创新的特点主要体现在哪些方面?
5. 农业创新的特点为什么与一般创新不同?
6. 现代农业与传统农业有何不同?

第三章　农业创新传播理论

传播农业创新是农业推广人员的职责。传播模式、传播渠道、传播类型、传播要素、传播者、受传者和传播技巧等影响传播效果。农业推广人员了解农业创新传播的基本理论，熟悉传播者理论、受传者理论和传播技巧理论，可以在农业推广中因地制宜地选择传播工具和传播方法，提高农业推广效率和效果。

第一节　农业创新传播概论

传播是人类通过符号和媒介交流信息以期发生相应变化的活动。从推广上讲，农业创新传播是农业推广人员进行宣传、培训、指导、咨询、试验、示范等活动，使农业生产者、经营者和管理者知道、掌握和采用农业创新的过程。在这过程中，各类农业推广机构和推广人员是传播者，是推广的主体。

一、农业创新传播的作用

科技兴农是我国农业发展的基本途径。农业科技的创新研究一般是由各类农业科研机构、高等学校、大型农业企业的专兼职科研人员来完成，他们是农业创新的研制者。而需要应用农业创新的农业生产、农业经营和农业管理的团体和个人，与农业创新的研制者之间存在一个"知识沟"（Gap in Knowledge）。农业创新传播就是在这知识沟之间架起一座"桥梁"，有效联结农业创新的供给与需求。

农业创新传播的作用主要表现在以下几个方面：①促进农业创新的社会化和共享化。通过传播，把农业科技工作者的个人知识公开化、外部化、社会化和共享化。②促进农业科学知识的普及。通过传播，填补农业科研人员与农民的"知识沟"，提高广大农民的科技素质。③促进农业科学技术的应用。通过传播，把科研单位的公益性成果传授给农民，将农业创新的潜在生产力转变为现实生产力。④促进农业创新产品的购买与使用。通过传播，把科研单位的商业性成果推向市场，让农业生产者购买与使用。把科技成果由"展品"变"商品"，在实现成果使用价值的同时，提升农业创新的研制能力和水平。

二、农业创新传播模式

农业创新作为一种传播信息，它的传播模式一般为单向传播模式、反馈传播模式和大众传播模式。

1. 5W 单向传播模式　美国学者哈罗德·拉斯韦尔（Harold Lasswell）1948 年提出了"5W"单向传播模式（图 3-1）。这个模式的传播要素包括五个英文的 W，即：谁（Who），说了什么（Says What），通过什么渠道（in Which Channel），对谁说的（to Whom），产生了什么效果（with What Effect）。

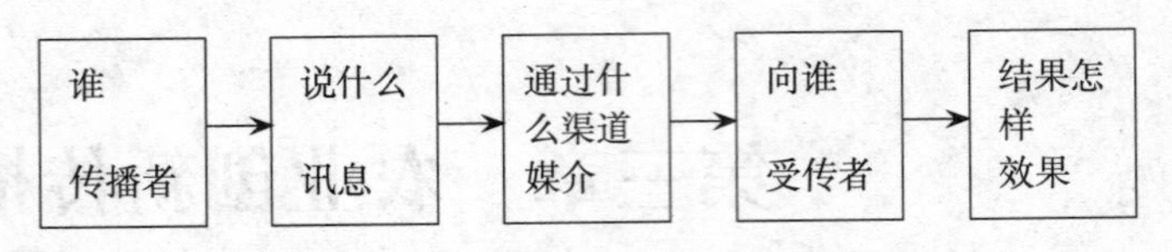

图 3-1　拉斯韦尔单向传播模式

2. 巴克反馈传播模式　巴克（Barker）认为，传播是一个互动过程（图 3-2）。这些过程要素包括信源（传播者）、接收者、讯息、渠道、反馈、噪声和情境。渠道是讯息传播的途径。反馈是传播互动的每一方持续不断给对方发回讯息的过程。噪声又称传播障碍，在社会传播中，一般有三种噪声：①物理噪声，指传播环境的实际噪声，如交通工具、机器、嘈杂的人声等。②语义噪声，指词语意义的理解障碍，如对术语、俚语等的不同理解。③差别噪声，指传播者与受传者之间社会地位、性别、职业、动机等差别造成的传播失效。差别噪声会增加或减少信息的价值和意义，如你会更重视老师关于某个术语的解释而不是同学的解释。情境指传播活动发生的具体场合和环境，它不仅影响传播过程，而且影响传播过程中的每一个因素和传播效果。

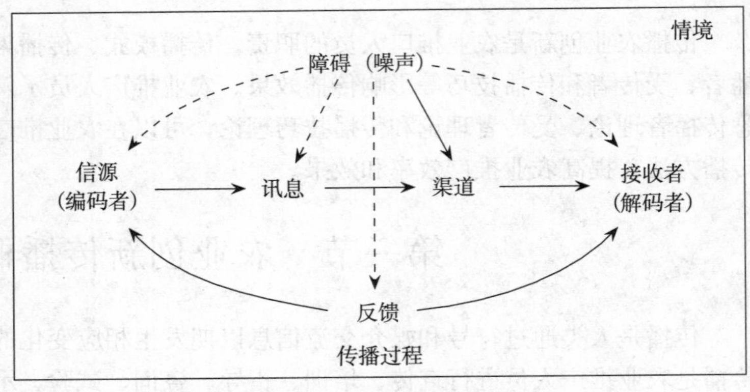

图 3-2　巴克传播模式

（许静，2007）

3. 大众传播模式　大众传播模式不同于一般传播模式，施拉姆（Schramm）将大众传播看做是社会的一个结合部分，提出了大众传播过程模式（图 3-3）。这个模式的中心是媒

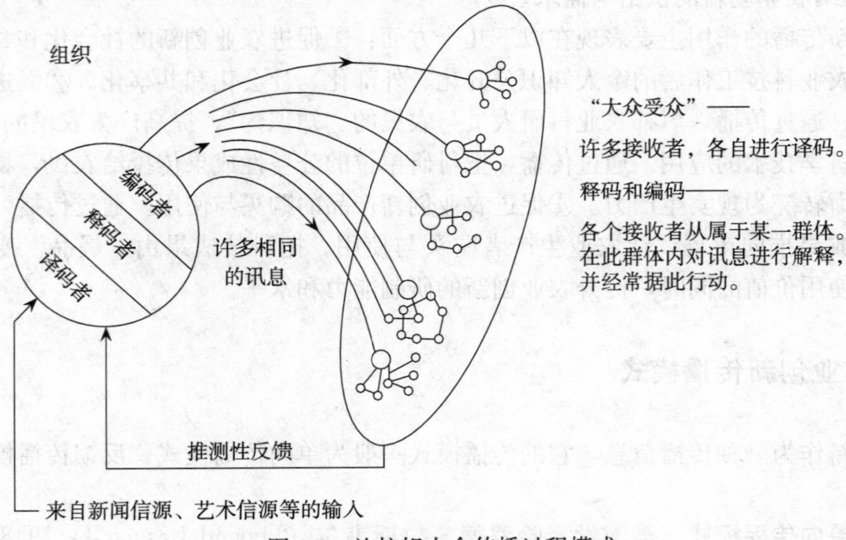

图 3-3　施拉姆大众传播过程模式

（许静，2007）

介组织，具有编码、释码和解码的功能。广大受众是由个体组成，多属于不同的群体，在群体内对大众传播的讯息（消息、信息）进行解释，从而影响个体和群体的认识、态度和行动。

三、农业创新传播的渠道与方法

（一）农业创新传播的渠道

农业创新传播的渠道指传播农业创新信息的途径，是农民获得创新信息的来源。我国农业信息传播渠道由十大渠道组成：①以行政管理部门为信源的传播渠道，以传播农业政策信息为主。②以农业技术推广机构为信源的传播渠道，以传播农业技术信息为主。③以各级科普协会为信源的传播渠道，以传播农业科普知识为主。④以农业科研院所为信源的传播渠道，以传播农业科学研究成果为主。⑤以大中专和职业院校为信源的传播渠道，以系统地传播农业科学理论和技术为主。⑥以农业气象部门为信源的传播渠道，以传播农业气象信息为主。⑦以涉农企业为信源的传播渠道，以传播农业商业信息为主。⑧以集市贸易为信源的传播渠道，以传播农业市场信息为主。⑨以大众传播媒介为信源的传播渠道，以传播综合信息为主。⑩以民间为信源的传播渠道，以传播农业政策信息、技术信息和市场信息为主。

农业部软课题《媒体传播对农业政策执行和科技推广影响的研究》（2004）研究表明，电视、报刊、农村能人、政府、书籍、领导干部、亲朋邻居、网络、宣传册等都是农户获取科技信息的渠道。谭英等（2007）研究表明，农民获取政策信息的主要渠道有电视、村干部、村广播，获取文化知识信息的主要渠道是电视，获取市场信息的55%左右也来自电视。农村能人或“意见领袖”也是农民获取信息的重要渠道，先向他们传播，可以发挥“二传手”的扩散作用。

（二）农业创新传播的方法

农业创新传播的方法很多，不同方法有不同的传播效果。归纳起来，主要有以下5种方法：

1. 指导与咨询　通过农业科技人员对农民生产和经营技术进行指导与咨询活动，使农业创新得到传播。

2. 教育与培训　通过农科专业教师对学生的教育，农业科技人员对农民的培训，使农业创新得到传播。

3. 试验与示范　通过农业技术员和农业专家的田间试验和示范，附近农民的效仿和采用，使农业创新在当地得到传播。

4. 宣传与广告　通过大众媒介的农业科技宣传和科技产品广告，受众增加了对农业科技知识、技术和产品的了解和认识，使农业创新得到传播。

5. 经营与销售　通过商业化经营，将农业科学技术或应用农业科技生产的产品进行销售，使农业创新得到传播。

四、农业创新传播的类型

（一）根据传播工具划分

1. 语言传播　语言传播包括口头语言传播、文字语言传播和肢体语言传播。口头语言传播常采取交谈、讲授、演讲、电话、广播等方式，具有边想边说、容错自纠、稍纵即逝、个性鲜明、感染力强等特点。文字语言传播以书写品、印刷品、复印件、传真件等方式进行，具有规范性、可查性、抽象性等特点。肢体语言传播以手势、表情、眼神、姿态等方式进行，具有感染性、吸引性、生动性等特点。

2. 图像传播 分为静止图像与动态图像：静止图像，如农业照片、挂图、符号、绘画等。动态图像，如农业电影、电视、录像等。图像传播具有直观形象、清楚明了等特点。

3. 多媒体传播 多媒体技术是将计算机、通信和声像技术融于一体处理声音、图像、文字和数据等信息的技术。可以同时进行文本、图片、动画、视频、声音传播，综合了语言传播和图像传播的优点。

4. 实物传播 包括样品、标本和模型，具有直观、真实的特点。

（二）根据传播对象、组织形式和媒介应用划分

可以分成自我传播、人际传播、群体传播、组织传播、大众传播和网络传播。

1. 自我传播 又称内向传播或人内传播，指人们头脑中的“主我（I）同客我（Me）”之间的信息交流活动。自言自语、自我推敲、沉思默想等都是自我传播过程。自我传播是人类最基本的传播活动。在推广上，推广人员和推广对象的观察、学习、思考都是自我传播的方式。通过自我传播，增加自己的感性知识和理性知识。推广人员的自我传播，可以发现农业问题，学会解决办法，提高科技水平，作好传播准备。推广对象的自我传播，使自己总结经验、吸取教训，理解和掌握农业新技术，提高科学种田的水平。

2. 人际传播 人际传播指人和人之间直接进行的信息传播。典型的人际传播指两个人之间的信息交流。如面对面谈话、电话交谈、书信交往、网络交流等。在农业创新传播中，访问农户、办公室或门市咨询、农技 110、田间插旗、电脑网络咨询等都是人际传播的类型。

3. 群体传播 在传播学上，群体传播是群体成员之间的信息传递与交流。农民群体传播是一个农民群体内部成员之间的信息交流和相互模仿学习的过程。如果传播的内容是农业创新，则此活动在推广上被称作农业创新扩散。正是扩散使传播到农村的创新得到普及。

4. 组织传播 组织传播是组织为适应内外部环境、实现组织目标而进行的信息传递与交流过程。组织通过信息传递将组织各部分连接成一个有机整体，以保证组织目标的实现。组织传播具有内部协调、指挥管理、决策应变和达成共识的功能。我国农业创新传播多是通过组织传播，这些组织包括公益性推广组织和商业性推广组织。我国建立了从中央、省、市、县、乡镇或区域的公益性农业推广机构，这些推广机构之间的信息传播是组织传播。同时，这些机构有组织、有领导地向农民传播信息，也属组织传播。

5. 大众传播 大众传播是传播机构通过大众媒介向社会公众大规模传播信息的活动。传播机构可能是官方的、半官方的，或者是民间的。大众传播媒介包括报刊、广播、电视、图书、音像等。在农业创新传播中，大众传播媒介包括印刷媒介、书写媒介和视听媒介三大类。

6. 网络传播 网络传播是基于计算机互联网的信息传播活动。网络传播有以下特点：①资源丰富，信息量大。②多媒体组合，图文兼备。③数字化传播，方便快捷。④超文本链接，选择性强。⑤及时沟通，双向互动。⑥传播“门槛低”，能上网就可传播。

网络传播可以在三个层面进行：①人际传播，主要形式是电子邮件和网上聊天。②群体传播，主要形式有 QQ 群、BBS 等。③大众传播，可以传播报纸（文字）、广播（音频）、电视（视频）、微博等大众媒介所传播的内容。

我国农业网络传播主要是从中央到乡镇的中国农经信息网以及各级农业行政部门、农业推广机构、农业科研单位、农业院校、农业企业等建立的农业网站。到 2006 年，全国有涉农网站6 300多个，网络在农产品营销、农业政策信息、农业市场信息和农业新技术信息传播中的作用正在逐步扩大。

五、农业创新传播效果

1. 农业创新传播效果的内容　可以从以下几个方面评价或衡量农业创新传播的效果：①知识的改变。经过传播后，受传者增加了对农业创新信息的认识和了解，知识结构和组成发生了变化。②能力的提升。传播后，受传者的分析问题和解决问题的能力、特定技术的操作能力得到提升。③价值观念的变化。传播后，受传者增强了对农业重要性的认识，增强了科技种田、科技致富的科技价值观念。④态度发生变化。传播后，受传者对农业创新，特别是技术类创新的喜爱和厌恶程度、积极和消极程度、主动和被动程度等会发生变化。⑤行为发生变化。传播后，受传者科技购买行为、科技采用行为、科技扩散行为发生变化。

2. 农业创新传播效果的层次　农业创新传播效果可以分成 4 个层次：①关注知晓情况，关注知晓率高，说明传播效果好；②认识理解情况，农民明白越多，懂得越多，传播效果越好；③赞同支持情况，赞同支持度越大，传播效果越好；④采用信任情况，采用效果越好、农民信任度越高，说明传播效果越好。在这 4 个层次中，层次越高，传播难度越大。谭英（2007）研究表明，低收入地区农户对电视中播放的新技术的关注率和理解率均不高，有近一半农户不理解或不太明白。不同收入地区农户科技类信息的赞同度和支持度较高，一般在 61%～70%。但对科技信息的信奉度不高，在 43%～48%。

3. 农业创新传播效果的特性　农业创新传播效果具有以下特性：

（1）内隐性与外显性。知识类创新传播效果多具内隐性，受传者获得知识甚至改变了观念，如果他不讲出来，很难立即判断传播获得了效果。物质技术类创新的传播效果多具外显性，如在传播后受传者立即购买或采用所传播的产品或技术，说明传播得到了立竿见影的效果。

（2）累积性与强化性。农业创新传播使受传者知识和观念的改变是逐渐的、潜移默化的积累过程，在经反复传播后，受传者的某种意识、观念和决定得到强化，由被动到主动采用新技术，由开始不愿意采用到积极采用，这都是传播的累积效应和强化效应的体现。

（3）正面性和负面性。农业创新传播效果具有两面性：①传播内容具有两面性影响，如传播抗虫棉技术，对棉花种植者是有利的，但对抗虫农药研制推广者是不利的。②传播结果具有两面性，如报道某县某种病虫害流行，对提醒农民防御具有积极作用，对引起农民担忧具有消极作用。

4. 影响农业创新传播效果的因素　影响农业创新传播效果的因素很多：①农户的经济条件，影响新技术、新品种、新设备、新肥料等的购买。②生产规模，影响对科技信息的关注度。生产规模越大的农户，对科技信息越关注。③农民文化程度，影响科技信息和新技术的理解度。文化程度较高的农户，理解能力一般较强，理解程度较高。④农业政策落实状况，影响农民的种粮积极性，从而影响采用新技术的积极性和使用效果。⑤传播的科技信息与农民需求的吻合度，吻合度越高，受关注的程度越高，采用的可能性越大。⑥基层农技部门的服务状况，影响新技术的采用效果，从而影响农业创新的信任度。

第二节　传播的基本要素

一、信息

（一）信息的概念

广义信息指客观世界中各种事物的存在方式和它们的运动状态的反映。狭义信息指能反映事物存在和运动差异的、能为某种目的带来有用的、可以被理解或被接受的消息、情报、信号、数据、知识等。人们传播的信息是狭义信息，农业创新是一种狭义信息。信息是农业推广人员传播的内容，包括农业政策信息、农业科技信息、农业生产信息、农业教育信息、农产品市场信息、农业经济信息、农业人才信息、农业推广信息等。

（二）信息的特性

1. 寄载性（依附性）　各种信息必须借助于文字、图像、胶片、磁带（盘）、声波、电波、光波等物质形式的载体，才能够表现，才能为人们的听觉、视觉、触觉、味觉所感应、接受，并按照既定目标进行处理和体内、体外存贮。从某种意义上说，没有载体就没有信息，人类社会的信息化发展，在很大程度上依赖于信息载体的进步。

2. 可传递性　信息可以通过媒介进行空间上和时间上的传递。所谓空间传递，即信息的利用不受地域的限制，能由此及彼；所谓时间传递，即信息的传递不受时间限制，可以由古及今。

3. 转换性　人类社会为使信息资源得以充分利用，总是要将信息加以转换。从目的性来说，人类总力图将信息从无形资产转换为有形资产；从方法来说，则是一方面使物质载体的形态互相变换，另一方面使信息的精度得以变化。总之，信息转换可以提高信息的可利用性。

4. 时效性　信息作为对事物存在方式和运动状态的反映，随着客观事物的变化而变化。有些信息如果不能反映事物的最新变化状态，它的效用将会降低，随着时间的推移将完全失去效用，成为历史记录。由于信息是动态的，因此，信息的价值与其所处的时间成反比。

5. 共享性　信息作为一种资源，可以由不同个体或群体在同一时间或不同时间共同享用。信息交流不会因一方拥有而使另一方失去，也不会因使用次数的累增而耗损信息内容。信息可共享的特点，使信息资源能够发挥最大效用，同时能使信息资源生生不息。

6. 价值相对性　信息本身不是物质生产领域的物化产品，但它一旦生成并物化在载体上，就是一种特殊的软资源，具有使用价值，能够满足人们某一方面的需要。但信息使用价值的大小取决于收信者（信宿）的需求及其对信息的理解、认识和利用能力。其实现价值的大小，具有其不同数值的相对性。

7. 可伪性　信息可以衍生，可以形成无穷的衍生链带，产生无限的信息。但衍生过程中，由于人们在认知能力上存在差异，对同一信息，不同的人可能会有不同的理解，形成“认知伪信息”；或者由于传递过程中的失误，产生“传递伪信息”；也有人出于某种目的，故意采用篡改、捏造、欺骗、夸大、假冒等手段，制造“人为伪信息”。伪信息带来社会信息污染，具有极大的危害性。

8. 可塑性　信息可以压缩和扩充，可以变换形态。可以根据加工的程度变成一次信息、二次信息和三次信息。

二、传播者

传播者是信息传播行为发生的主体。传播者对传播内容和传播对象具有选择和控制权，他们在信息传播中有着“守门人”的作用。同时，为了使信息能满足受传者的需要，他们必须使信息与受传者之间有着密切的联系，又有充当“中介人”的作用。

农业创新传播者是农业推广人员，要当好“守门人”和“中介人”的作用，应该具有良好的社会公德、职业道德和业务素质。

三、传播媒介

传播媒介是传播者将信息传递到受传者的各种渠道、工具和手段等。人类社会信息传播的媒介经历了口语传播时代、文字传播时代、印刷传播时代、电子传播时代、网络和数字传播时代的发展过程。这些传播媒介的发展，使信息传播越来越快速、直观和方便。目前人类信息传播媒介大体可以分为语言和图像两大类（表 3-1）。有些传播工具常常是几种媒介的交叉，如录像、电影、电视是声音和图像的结合。一般来说，同时使用多种媒介组合的传播工具或方法，常能得到较好的传播效果。在农业创新传播中，应该根据不同内容和对象选择适宜的传播媒介。

表 3-1　传播媒介的分类

语言				图像	
口头语言	文字语言	肢体语言	机读语言	静止	动态
会话	手稿	手势	模拟信号	照片	电影
演讲	印刷品	表情	数字信号	绘画	电视
电话	复印件	眼神		符号	录像
广播	传真件	姿态			网络
录音					

四、受传者

受传者是信息传播的对象，分为直接受传者和间接受传者。直接受传者是直接接受信息的人，间接受传者是从直接受传者处得到信息的人。人际传播、集群传播的受传者是谈话交流的对象，是直接受传者。组织传播和大众传播的受传者有直接受传者和间接受传者。

在农业创新传播中，接受人际传播、集群传播，直接从大众媒介得到信息的农民是直接受传者，接受创新扩散的农民是间接受传者。在许多农业创新的推广中，推广人员先当直接接受者（接受培训与咨询教育），再当传播者。一般来说，农民都是创新的最终受传者。在市场经济条件下，传播的信息只有符合农民的需要，才能被农民接受和采用；只有农民采用了信息，信息的价值和使用价值才能表现出来。因此，为了使农业创新受传者——农民采用传播的创新，在传播内容、方式、方法等方面要适应相应受传者的需要。

第三节　农业创新传播者

一、农业创新传播者的类型与要求

（一）农业创新传播者的类型

我国目前推行的是一个以农业技术推广部门为主体，一主多元的农业推广体系，因而农业创新传播者主要包括以下类型：

1. 农业技术推广人员　包括中央、省、市、乡以农业技术推广为职业的农业、林业、渔业、水利等行业的农业科技人员，也包括涉农企业内部专门从事农业技术推广的人员（如种子企业生产技术人员）。他们是我国农业科技推广的主力军，是我国主要的农业创新传播者。

2. 学校农科教师与学生　包括高等学校、高职、中专、中职农科类专业的教师与学生。教师在给学生传播农业科学理论与技术时，同学生一道积极参加科技下乡、科技兴农活动，是我国重要的农业创新传播者。

3. 农业科研院所科研人员　包括国家、省、市、县农科院所的科研人员，主要从事自己科研成果的推广和参与一些项目推广工作，是我国农业创新传播的重要力量。

4. 大众媒介传播人员　包括传播农业创新内容的报纸、杂志、出版社的编辑和记者，电影厂、电视台、中央和省市农广校的编导、导演，涉农网站的网络编辑员，广播电台的记者、通讯员等。他们通过大众媒介传播农业创新知识，是现代农业创新传播的重要力量。

（二）农业创新传播者的素质要求

农业创新传播者类型多，传播内容和对象各有不同，不同类型的传播者有不同的素质要求。这里主要介绍基层农业技术推广人员的素质要求。

1. 社会公德要求　基层农业技术推广人员是国家公民，应该遵守公民基本道德规范：“爱国诚信、团结友善、勤俭自强、敬业奉献。”同时应坚持“八荣八耻”为主要内容的社会主义荣辱观，即“以热爱祖国为荣、以危害祖国为耻，以服务人民为荣、以背离人民为耻，以崇尚科学为荣、以愚昧无知为耻，以辛勤劳动为荣、以好逸恶劳为耻，以团结互助为荣、以损人利己为耻，以诚实守信为荣、以见利忘义为耻，以遵纪守法为荣、以违法乱纪为耻，以艰苦奋斗为荣、以骄奢淫逸为耻”。

2. 职业道德要求　基层农业技术推广人员，应该具备的职业道德是：热爱本职，服务农民；深入基层，联系群众；勇于探索，勤奋求知；尊重科学，实事求是；谦虚真诚，合作共事。

3. 业务素质要求　基层农业技术推广人员不是专家，是杂家，是多面手，是“全能冠军”。应该具备的业务素质是：专业知识面宽，社会经验多、市场观念强，较强的动手操作能力、宣传演讲能力、组织发动能力和社会交往能力。

二、传播者对传播效果的影响

（一）传播者的态度

传播者对受传者的态度影响传播效果。美国两位心理学家进行过一项控制实验：他们从某校各年级随机抽出20%的儿童，告诉任课老师说这些孩子具有学业上的冲刺能力，是“猛进型”的。8个月后，对全校学生进行智力测验，发现这20%的儿童智力测验得分比其他学生高；一年后再测，这些儿童得分继续提高。这是因为老师得到暗示，对这些学生抱有期待，并通过种种语言和非语言的符号把自己的期待传递给学生；这些学生感受到老师的期待，就会更加信任教师，更加努力，争取达到教师期待的目标，这就是教师的期待效应。

传播者对受传者的期待，实质上是一种信任、尊重，这种态度渗透在传播内容、传播方式之中，受传者感受到这种信任、尊重，就会更加认真地对待传播者的意图和信息，采取传播者所期望的态度和行为。因此，传播者的态度理论的基本观点是，传播者以一种平等、期待的态度对待受传者，受传者受到鼓舞，可望产生较好的传播效果；反之，盛气凌人，伤害受传者的自尊心，很难取得真实的积极效果。

在农业创新传播中，推广人员善于和农民交往，在语言、行为、感情等方面增加对农民的信任，尊重农民的人格、能力，并对农民，特别是对感兴趣的农民给予关照、鼓励和期待，会促使这些农民采用创新。我们在实践中发现，农业推广人员态度随和、有问必答、不厌其烦，农民不仅喜欢其人，而且喜欢他所推广的创新。许多农民就是因为喜欢推广人员的态度而喜欢他所推广的创新。

（二）传播者的品质

传播者具有真诚、无私、以身作则的良好品质，才可能为受传者所信赖，才能得到积极的传播效果。

农业创新传播者要真诚，以“诚”为本，“诚信”是有“诚”才能被“信”，对经营性农业创新传播而言，“真诚”显得特别重要。

传播者不具备无私的品质，受传者就会采取防范上当受骗的态度，这就必然会影响传播效果。施拉姆认为，传播者被介绍为是一个将向对方“推销”一个观点而得到好处的人会产生消极效果。因此，在农业创新传播中，如果公开地宣传某个创新的好处，暗中却从中谋取不正当的私利，农民一旦明白真相，就会拒绝这种推广活动。

传播者是否以身作则、是否有声誉，在很大程度上影响传播效果。一个家在农村的乡镇推广员，如果大力向农民推广某项创新，自己家里却不采用，就很难使他家附近的农民采用这项创新。如果某个推广人员在某个乡镇的多年推广工作获得了农民的信任，建立了良好的声誉，很受农民的欢迎，就常常能获得好的推广效果。没有声誉或声誉不好的推广人员，不仅推广难度较大，而且很难获得好的推广效果。

（三）传播者的专长与威望

美国的一位心理学教授向学生介绍了一位被称为“世界闻名的化学家”的人——冈斯·

施米特博士，博士又自我介绍说他正在研究他发现的一种物质，这种物质的扩散作用极快，人们能够很快地闻到它的气味。接着，他打开一玻璃瓶的瓶塞，说里面装的就是这种物质的样品，要求闻到气味的学生举起手来。结果，学生们从第一排到最后一排依次举起了手。其实，那个“施米特博士”不是什么化学家，而是德语教师，而玻璃瓶里装的也只是蒸馏水。这个实验说明，传播者的专长和威望，是影响传播效果的重要因素，这就是“权威效应”。因此，传播者专长与威望理论的基本观点是，如果传播者是某一方面的专家、权威，由他来传播某一方面的信息，可望获得较好的效果。

在农业新品种传播中，不少种子公司就是利用一些育种界的名人、专家和权威的威望进行宣传推广的。在农业推广上，要正确地利用“权威效应”，“权威”应该是农民认可或知道的权威，应该是相应专业的权威。对“权威”的宣传要恰如其分，不可吹嘘拔高，更不能以假权威冒充真权威。

（四）传播者的接近性

接近性是指传播者与受传者之间，在信仰、民族、外貌、籍贯、专业、个性、情趣、背景、价值观、距离等方面的相似程度，愈接近、愈相似，就愈容易产生好的传播效果。人们总是喜欢与自己相似的人，并由喜欢与自己相似的人，进而喜欢他传播的信息。也就是说，人们更容易接受与自己相似的人的影响，这种效应被称为“自己人效应”。运用“自己人效应”来达到传播目的的策略，叫做“认同策略”。

在农业推广上，推广人员“入乡随俗”、衣着简朴、平易近人、语言通俗易懂，寻求与受传者农民的共同点或相似点，如籍贯、经历、背景、个性、爱好、家庭等，可以拉近与农民的距离，增强农民的信任。许多情况下，农民因信任推广人员而信任其所推广的创新。

第四节　农业创新受传者

一、农业创新受传者及其特点

农业创新的受传者是接受创新传播的人。根据受传者接受农业创新传播的目的和内容，可以分成农业生产者、农科学生、农业管理人员、农业经营者和农产品消费者，其中，农业生产者是接受农业创新传播的主要对象。

1. 农业生产者　农业生产者是在农林牧渔等第一产业从事农业劳务活动的人，包括农民和农场工人。在我国农村，农业生产者又可分成粮食作物生产者、经济作物生产者、园艺产品生产者、动物产品生产者、微生物产品生产者。他们接受农业创新传播的主要目的是提高农产品的产量和质量，增加农业收入。

2. 农科学生　农科学生包括高等学校、中等学校和职业院校涉农专业（如农学、植物生产、植物保护、园艺、畜牧、农产品加工等）的学生。不同层次的学生接受农业创新传播的目的不全相同，但主要有4个目的：①到农业技术推广部门，把学到的农业创新传播给农民；②到农村基层管理部门，把学到的农业创新用在发展农业和农村上；③到农业企业，把学到的农业创新应用到企业的生产经营中；④自主创业，自办农场或经营家里的承包土地，把学到的农业创新应用到自己的生产经营之中。

3. 农业管理人员　农业管理人员主要指县乡基层农业行政管理人员。基层农业行政管理人员接受农业创新传播，掌握先进的农业管理知识、农业经营理念和农业新技术，可以提高管理水平，促进当地农业的发展。

4. 农业经营者　包括农产品生产经营企业人员、农产品运销储藏加工企业人员和农业生产资料生产销售企业人员。农业经营者接受农业创新传播，了解新农业发展动态和市场信息，掌握现代农业经营理念和方法，熟悉现代农业新技术，可以提高企业生产能力、经营管理能力，坚持与时俱进的发展方向。

5. 农产品消费者　农产品消费者包括把农产品作为食品的消费者和作为原料的消费者。作为食品的消费者，接受农业创新传播，可以了解新型农产品的种类和营养特点、新型农业技术对农产品安全的影响，以便选用营养、安全的农产品消费。作为原料消费者，接受农业创新传播，可以了解新型农产品的质量特点，根据加工和市场需要选用优质的农产品。

二、受传者理论

（一）个人差异论

这一理论由美国传播学者霍夫兰 1946 年最先提出，德弗勒 1970 年修正而成。它的基本观点是：由于个人性格、兴趣以及经历和所处社会环境不同，每个受传者对同一信息会有不同的认识和理解，作出不同的反映，采取不同的态度和行为。个人差异论认为，信息符合受传者的性格、兴趣、信仰、价值观，就会被注意、理解和记忆；反之，则会被忽视、曲解和淡忘。

根据这一理论，在农业创新传播中，特别是进行咨询、指导等针对农户个人信息服务时，一定要对农民家庭经济、社会、文化、需要等情况广泛调查，在此基础上，了解不同农户的个体差异，提供和宣传针对性强的农业创新信息，才能做到“一把钥匙开一把锁”。

（二）社会类型论

这是两位美国学者 1959 年提出的。它的基本观点是：某些受传者由于社会地位、文化程度、兴趣、年龄等方面的接近，就会有大致相同的倾向，进而形成相同的社会类型，同一社会类型的受传者会选择相同的传播媒介，会有相同的选择信息的特征，并作出近似的反应。

这一理论在农业创新传播上颇有指导意义。我国农村改革 30 余年来，农民已分化成许多社会阶层或社会类型，尤其是形成了不同的生产类型，如不同类型的专业户等。不同阶层、不同类型农民的生产结构、劳动内容等方面差异较大，而同一类型内部的差异较小，同一类型农民对许多创新信息有相似的需求。因此，在进行培训班、示范等集群传播时，一定要根据不同类型农民分类传播；在进行创新信息大众传播时，一定要针对不同类型农民的需求特点，确定不同的切入点和重点，提供不同类型的创新信息，采用不同的传播方法，甚至选用不同的词语、语气，等等，使农业创新推广更加具有针对性和实用性。

（三）社会关系论

社会关系论的基本观点是：每个受传者都生活在特定的社会生活环境或隶属于正式、非正式群体，他们接受信息时或多或少地受到群体的约束或压力的影响。在一般情况下，传播的信息与群体的意见相反或损害群体利益，群体中的坚定分子会首先起来反对，其余人会予以响应，或采取回避传播的态度，以削弱传播的效果；而少数与群体意见不同的人，在群体意志的压力下只好表露出从众的倾向，他们一旦脱离群体压力，则会明确表明自己的态度。

在我国农村，每个农民都属于相应的初级群体，成员之间常常在地缘、血缘、业缘、趣缘、志缘等关系上存在着密切的联系。这些千丝万缕的联系，对成员的思想观念和其对新事物的认识有不同的影响，从而影响对农业创新的采用。我们常常发现，有时曾被说服要采用某项创新的农民，第二天或第三天又变卦不采用了，其原因多为社会关系的影响，而且这种影响很深，很难一时将其转变过来。

（四）文化规范论

文化规范论的基本观点是：大众传播媒介有选择地传递信息，能够形成一种道德的、文化的规范力量，受传者体会和感受到这种规范力量，就会追随这种规范，按照这种规范行事。

在农业推广中，进行农业科技知识宣传普及活动，宣传科技种田、科技致富，可以增强农民的科技观念。河北省在20世纪90年代实施的农技电波入户工程，中央电视台、省市电视台以及一些县级电视台开设农业频道或栏目，都有利于农业生产形成一种科学规范的力量，使更多农民的农业生产方式、方法受到科学文化的规范。

当然，文化规范论强调的是受传者受大众传播的影响是一个日积月累、潜移默化的渐变过程。我国传统农业经历了2 000多年，传统农业中合理的和不合理的成分都遗传下来，形成了相对稳定的传统农业的生产性文化规范，这种文化规范至今还影响着不少农民，特别是不发达地区的农民。传统农业中不合理、不科学的规范在很大程度上制约着农民对新知识、新技术的吸收和采用。因此，农业现代化需要现代化的、科学的生产性文化来规范农民的生产行为，这就需要广泛地利用现代传播媒介来宣传、普及农业科学知识和传播各种农业创新，使之更快地形成现代化的农业生产文化规范。

第五节　传播技巧与媒介选用

一、传播技巧

（一）农业创新传播的思维技巧

农业推广传播的内容是农业创新，传播者要搞好创新的传播工作，应该具备创新思维的一些技巧：①独特性技巧。每一个农业创新都具有各自的特点，需要采用不同的推广方法，不能完全照搬某一个推广模式或推广方法。②目的性技巧。分析所推广的创新能解决什么问题，所解决的问题是否能达到希望达到的目的；或者要更好地达到推广目的，是否可以采用其他创新。③考虑未来技巧。分析目前推广的创新对本地区未来农业和农村的发展有何影响，为了未来本地区的发展，农业创新的推广应遵循什么原则。④系统技巧。农业生产上的问题大都是一个更大体系的一部分，解决了一个问题会引发另一个问题。因此，我们要注意，推广某项农业创新对整个农业系统带来的各方面影响。

（二）卡特赖特劝服理论

美国心理学家多温·卡特赖特在1941—1945年总结出一套劝服公众的原则，即“卡特赖特原则”。其主要内容是：①要影响人们，你的信息必须进入他们的感观；②信息到达对方感观之后，必须使之被接受，成为他的认知结构的一部分。

卡特赖特的第一条原则，就是要求传播的信息具有一定的刺激度，能引起受传者的注意。在一般情况下，人们注意力不集中，或只注意到自己感兴趣的事情。只有足够的刺激，才能将人们不集中的注意力集中起来，或使其注意力转移过来。因此，在农业创新传播中，推广人员可以通过标语、录像、扩音机、新奇实物、模型、图片以及生动性语言，制造渲染性气氛和场面，吸引农民的注意力；或者通过广播、电视、报刊、小册子等，让农民看到或听到该创新的情况，增进感性认识和了解。

卡特赖特的第二条原则，要求传播的信息能被受传者所接受，因为只有受传者接受了信息，其认知结构才能改变。因此，推广人员在传播信息前，要充分地调查农民需要什么，尤其是迫切需要什么；在传播的方法上，要尽量用些实例来说明所传创新的增产增收效果，要与原有技术的优缺点进行比较，从劳力和资金投入，产量和销售收入，以及纯利润等方面分析比较，增加信息可信度和说服力；在传播的语言上，要风趣幽默，通俗易懂，多用些顺口溜、歇后语，尽量适应农民的知识层次和理解水平，多用无意识记忆来改变他们的认知结构。

（三）单面传播和两面传播理论

在农业创新传播中，许多推广人员只是宣传某创新的优点，对其缺点避而不谈。例如，介绍作物新品种时，对该品种的产量、品质、对某些病害的抗性等介绍颇多，而对感染某些病害、不适应的条件等略去不讲。这种单面传播会带来什么效果呢?

美国心理学家霍夫兰等在1945年德国战败后，对用单面信息和两面信息对美国士兵的影响进行了研究，结果表明：①单面信息和两面信息都能明显改变士兵对战争时间的看法，两种方式的效果一样；②单面信息对最初赞同该信息者最有效，而正反两面信息对最初反对该信息者最有效；③单面信息对受教育程度较低者最有效，而正反两方面信息对受教育程度较高的人最有效。

同样，在农业创新传播中我们也发现，那些文化程度较高的农民，认识事物相对全面，他们不仅要知道创新有哪些优点，还要知道创新有哪些缺点；他们不仅要比较新旧技术的优点，还要比较新旧技术的缺点，只有优点相对多而显著，缺点相对少而不重要时，才可能相信新技术。另外，单面传播容易使冲动型农民相信，而使理智型农民怀疑或不相信。不少理智型农民认为，“人无完人，金无足赤；只说好不说坏，不是好事情”。我国改革开放后，农民文化水平逐步提高，进城打工使农民开阔了视野，农民的社会认知水平也得到了很大的提高。传统上采用的只说优点不说缺点的农业创新推广策略，已不完全适应社会发展的需要，尤其在农民文化程度和认知水平较高的农村，迫切需要采取两面传播策略。因此，我国农业推广策略应该有一个重大的转变。

（四）信源可信度理论

信息来源的可信度对传播效果有一定的影响。霍夫兰等研究表明，当受试者被告知信息来源是高可信度来源时，会导致更多受试者态度的改变；但在一定时间（4 周）后，高可信度来源与低可信度来源得到的信息对受试者意见改变的程度几乎相等，主要原因是，过一段时间后，消息来源与受试者的观点具有分离的倾向。

许多研究表明，传播者的诚实与否、值得信赖与否、有无经验、是否公正无私、有无专业威望等，影响信息来源的可信度，从而影响传播效果。同时，传播者的行为会增加或减少他的可信度。有研究表明，当一个名人为超过 4 种商品做广告后，较之仅为一两种商品做广告，他就被认为不那么可信了。

在农业推广上，一个推广人员的可信度是逐渐形成的，要使自己成为高可信度的信息来源，必须诚实做人，不能有任何欺骗农民的动机和行为，更不能让农民觉得推广者是为私利而推广。推广者应使农民确信传播的创新确实能给农民带来实惠，还要不断总结推广经验和提高专业技能，尽可能使每次推广活动获得好的效果。同时，推广人员成功帮助农民解决了生活上的问题，会增加农民对其在创新传播中的信任度；但推广人员有些行为会降低农民的信任度，如答应的事不办，承诺的事不兑现。还有一些种子门市部卖粮食、农药门市部卖百货等，都会使其可信度降低。

二、媒介选用

农业创新传播要借助多种传播渠道或媒介，如广播、电视、报刊、电话、电脑网络、人际交流等，但每种传播渠道传递信息的能力有很大差异。美国学者达夫特和伦格尔等使用 4 种标准来区分媒介的信息传输能力：①获得即时反馈的能力；②多种提示信息的利用；③自然语言的使用；④个体的关注。能够满足上述所有或多个标准的传播渠道被称为丰裕媒介，而不具备或只具备其中一个特征的渠道被称为匮乏媒介。根据这个标准，不同传播媒介可以形成丰裕度连续坐标，坐标中代表丰裕的一端是面对面的传播，代表匮乏的一端是非个人化的静态媒介，如海报、公告牌等。两个端点之间的媒介（从丰裕到匮乏）有电话、电子邮件、个人化的书面传播，如书信和备忘录。

同时，传播的信息如果有歧义性，会影响人们的认知。所谓歧义性，就是人们对某一问题有多种相互矛盾的理解和认识。因此，在传播信息时，必须将信息的歧义性和媒介的丰裕度结合起来考虑。对传播歧义程度高的信息时，应该选用丰裕度高的媒介（如面对面交谈），而传播歧义程度低的信息时，选用丰裕度低的媒介比较合适。

在农业推广中，我们也应根据农民对信息的歧义性程度和不同推广手段的特点来选择推广方法。科普性、新闻性和简单的农业技术信息，歧义性程度较低，可以采用广播、报刊、墙报等工具传播；内容复杂、高新技术等农业创新信息，歧义性程度高，须采用面对面交流、实物展览加讲解、操作演示等方式传播；对有一定程度歧义性的农业技术信息，可以采用有画面的电视、录像、电影传播，也可采用电话、电子邮件等可交流的传播工具。另外，同一信息，对文化程度和理解认识水平不同的农民而言，歧义性程度是不同的，因此，我们应根据信息内容和农民的理解水平来选择合适的推广方法。随着农民文化程度和农业科技水平的提高，农民对一般性农业创新信息的理解认识能力提高，对信息理解的歧义性程度大大降低，因而在我国的农业推广活动中，推广人员深入田间地头与农民面对面交流的推广方式逐渐减少，而采用大众传播和信息咨询的方式逐渐增多。

本章小结

传播是人类通过符号和媒介交流信息以期发生相应变化的活动。传播的基本要素是信息、传播者、传播媒介和受传者。农业创新传播者有不同的类型和要求，传播者的态度、品质、接近性、可信度等影响传播效果。受传者有不同的类型和特点，受传者的个人差异、社会类型、社会关系、文化规范也影响传播效果。因此，农业创新传播要讲究技巧，选用合适的传播媒介。

补充材料与学习参考

1. 案例——相同传播的不同结果

向秘鲁乡村介绍饮开水

在秘鲁一个叫做莫利诺斯的小村庄里，村民们长年饮用一条水渠中的生水。水渠受到污染给人们身体造成伤害。公共健康服务机构派那莉达向在那里居住的200户村民介绍饮开水的好处。喝开水对于村民很重要，不然的话，感染上疾病的人就会不断地到医院治疗。从官方角度看，那莉达的工作很简单，只不过是让村里的主妇将煮开水列入日程计划之中。尽管医生在公众场合讲述喝开水的重要性，那莉达还是失败了。两年之后，那莉达只说服了11户人家（5%）喝煮沸的水。

下面是三个村民主妇的陈述。其中一个喝开水是遵循风俗习惯，另一个经过那莉达做工作后，接受了喝开水的建议，最后一个像大多数村民一样拒绝喝开水。

A女士：A女士40多岁，身体不好，被称为“病包”。每天早上，她煮沸一壶水白天饮用。她不懂有关细菌理论的常识，她饮沸水是遵循当地人关于食物“冷”与“热”的区分。当地人认为食物、水本身都有冷热之分，按照风俗，生病的人要饮用热水，因为热水可以驱除体内的寒气。因此，A女士饮开水。

B女士：B女士家几年前从安第斯山上搬到莫利诺斯村。B女士很担心当地人患的传染病，这或许是她接受饮开水的原因之一。B女士在村里被视为“外乡人”。她的头发梳理方式和讲话的口音都与当地人有所不同。她不太在乎村民说什么，但那莉达是官方派来的，是给予知识和保护的，在不失去任何东西的情况下，B女士接受了那莉达的建议，喝开水不影响她的地位。她很感激那莉达教她如何消除生水的危险性。

C女士：C女士代表大多数村民主妇。尽管那莉达不厌其烦地多次向她们解释喝生水的危害，C女士听不懂细菌理论。她说：水能淹死人，为什么不能淹死微生物？难道它们是鱼不成？如果细菌小到人都看不见、摸不着，它们怎么能伤害一个成年人？当今世界上有这么多烦事，如贫困和饥饿，不要为这些看不见的动物而烦恼了，摸不着、嗅不到。她认为只有生病的人才需要喝开水。

资料来源：刘双，于文秀．2000. 跨文化传播——拆解文化的围墙．哈尔滨：黑龙江人民出版社．

2. 参考文献

本拉德·那德勤，日比野省三．2002. 超越创新思维．李保华，译．北京：光明日报出版社．

毕耕．2007. 网络传播新论．武汉：武汉大学出版社．

董成双，刑祥虎，薛寿鹏，等．2006. 农业科技传播．北京：中国传媒大学出版社．

凯瑟琳·米勒．2000. 组织传播．薛凯，蒋达锋，译．北京：华夏出版社．

罗时进．1998. 信息学概论．苏州：苏州大学出版社．

苏俊峰，宋明爽．1995. 农村社会学．北京：中国农业出版社．

谭英．2007. 中国乡村传播实证研究．北京：社会科学文献出版社．

唐永金，李琼芳．2005. 农业创新传播的理论及其应用．西北农业大学学报：社科版，5（1）：5-9.

屠忠俊．2007. 网络传播概论．武汉：武汉大学出版社．

王庆同．1994. 公关传播基础．银川：宁夏人民出版社．

王征国．2007. 农业科技传播理论与实践．北京：中国农业科学技术出版社．

威尔伯·施拉姆，威廉·波特．1984. 传播学概论．北京：新华出版社．

沃纳·赛佛林，小詹姆斯·坦卡德．2000. 传播理论——起源、方法与应用．郭镇之，译．北京：华夏出版社．

吴文虎．1988. 传播学概论．北京：中国新闻出版社．

许静．2007. 传播学概论．北京：北京交通大学出版社，清华大学出版社．

■思考与练习

1. 怎样评价农业创新传播的效果？
2. 你认为农业创新传播应该采取单面传播还是双面传播？为什么？
3. 怎样利用接近性原理与不熟悉的人交流传播？
4. 传播者态度与传播效果有何关系？
5. 根据社会类型论，应该如何对农民群体传播农业创新？

第四章　农业创新采用理论

一项创新传播到农村后，只有得到先进农民的采用，这项创新才算在当地有了立足之地，才有可能在当地推广开来。但农民采用创新是农民采用行为的一个产生过程或改变过程，这个过程可以分成若干阶段和类型，受多种因素影响。认识农民采用行为的产生和改变规律，熟悉农民采用创新的过程和类型，了解农民行为特征，掌握影响农民采用创新的因素，有利于在农业推广中采取相应对策或措施，促进农民采用创新。

第一节　农民采用行为的产生

一、采用行为的概念与特征

人的行为（Behavior）是人和环境交互作用的产物和表现。农民采用行为是指农民采用创新的行为，是农民在推广人员的传播下，自愿采用创新的活动。从推广上讲，农民行为的产生和改变，主要指他们采用农业创新行为的产生和改变。

人的行为有以下主要特征：①目的性。为某种目的而采取某种行为。②调控性。受思维、意志、情感、世界观等调节和控制。③差异性。受个性心理特征和外部环境的影响，不同人的行为不同。④可塑性。人的行为是在社会实践中学得的，受着家庭、学校、社会的影响，是可以改变的。

在农业推广中，我们要注意到农民行为的目的性。推广的新技术、新成果如能为农民带来他们所期望的目标收益，他们的行动就积极，否则就不积极。要注意到农民是一个异质群体，不同地区、不同年龄、不同性别的人在生理和心理上的差异很大。因此，不同的人面对同一技术，可能会采取不同的态度和行为。要注意到农民行为的可塑性。一方面，一个农民的行为会受其他农民的影响；另一方面，推广人员也可影响农民的行为。正因为如此，推广人员要善于通过宣传、示范、交流、引导、教育等方式来推广新技术、新成果，从正面直接影响农民，促使其改变行为。同时，要树立榜样，培养科技示范户，从侧面间接影响其他农民改变行为。

二、采用行为产生的模式

根据认知、态度、行为理论，农民某一创新采用行为的基本模式是：

刺　激⟶　个　　体　⟶反映

（原因）　　（认知、态度）　　（行为）

向农民传播某种农业创新，就使该农民受到刺激，他就要对这项创新进行认识、了解、评价，产生相应的态度，最后确定自己的反映（行为）方式，即是采用还是不采用。

但是，在刺激和反映之间，农民个体的经历、知识、人生观等，也会影响他的认知和态度，最后影响他的反映行为。因此，不同的农民面对同一个创新刺激，可能产生不同的反映行为。

根据需要、动机、目标、行为理论，农民采用行为，总是受农民的需要和动机的驱使，并指向一定的目标，这种由动机支配并指向一定目标的行为，又称为动机性行为。这种行为对某一创新的采用模式是：

$$\text{需要}\xrightarrow{\text{外界刺激}}\text{动机}\xrightarrow{\text{推动}}\text{行为}\xrightarrow{\text{吸引}}\text{目标}$$

这个模式说明，农民有一定需要，继而在传播创新的刺激下衍生出行为动机，在动机的推动和创新增产增收目标的吸引下产生采用行为，最终实现目标。需要是行为产生的源泉，动机是行为产生的直接推动力量，刺激和目标是行为产生的外在条件，目标和实现目标的可能性是行为产生的拉动力。因此，根据动机性行为模式，传播的创新要能满足农民的需要，能够刺激他们产生动机和实现目标，这样他们才可能产生采用行为。

一般来说，在创新传播的刺激下，农民会在认知、态度、需要、动机、环境等共同作用下，产生采用行为。

三、农民采用创新的目的与特点

农民是农业创新的采用者，一项农业创新能否推而广之，主要看农民是否采用。农民采用创新的目的主要有三方面：①增加经济收入，满足家庭的经济需要；②增加产量，满足家庭对产品消费的需要；③完成市场对农产品的定购合同，满足社会需要。其行为准则主要表现在：对实用性强、增产增收效果显著、投资少、风险小、见效快、获利高的技术，主动接受，积极采用；否则，难以接受和采用。表现出实用性、短效性的特点。他们的行为方式主要有：①反映对创新的需求；②实际应用创新；③评价应用效果；④决定是否继续采用。

四、农民采用行为产生的影响因素

农民采用行为主要受三个方面的影响：①环境因素的影响。这包括自然环境（地理、地貌、气候等）和社会环境（社会政治、经济、文化、道德、习俗等）。自然环境和社会环境的相互作用，使不同环境下的农民表现出不同的行为特征。②人的世界观的影响。世界观是人们对整个世界包括自然界、人类社会和人类思维的总的看法、根本观点。世界观影响人们的社会认知和社会态度，从而影响人们的行为。不同的人对同一事物有不同的认识、不同的态度和不同的行为。③人的生理、心理因素的影响。青年人、中年人和老年人以及男性和女性在生理上的差异可以导致行为的不同。同时，人的性格、气质、情感、兴趣等心理因素也影响人的行为。但是，在所有心理因素中，对人们行为具有直接支配意义的，则是人的需要和动机。

这三方面因素对某一创新采用的影响不是同等重要的，在推广中，要认识影响特定农民采用特定创新的具体因素，增加传播的针对性，才可能使其产生采用行为。

第二节　农民采用行为的改变

农民采用行为的改变是指农民在生产经营中，由采用落后技术与方法向采用先进技术与方法的转变过程。

一、农民行为改变的一般规律

（一）行为改变的层次性

一个乡村系统中，农民行为的变化有一个过程，在这个过程中会发生不同层次和内容的行为变化。据研究，人们行为改变的层次主要包括：①知识的改变；②态度的改变；③个人行为的改变；④群体行为的改变。这4种改变的难度和所需时间是不同的（图4-1）。

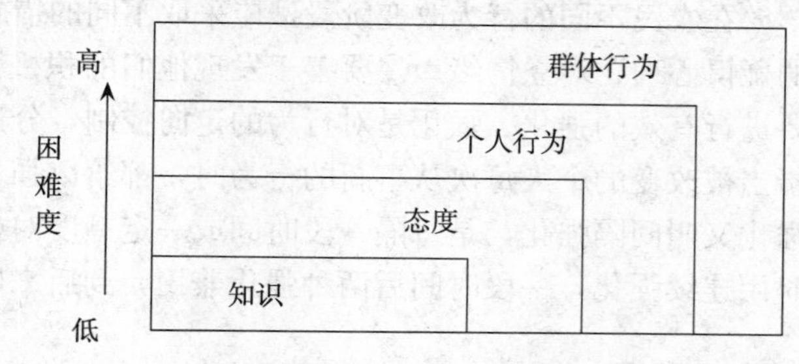

图4-1　不同行为层次改变的难度及所需时间

1. 知识的改变　就是由不知道向知道的转变，一般说来比较容易做到，它可通过宣传、培训、教育、咨询、信息交流等手段使人们改变知识，增加认识和了解。这是行为改变的第一步，也是基本的行为改变。只有知识水平提高了，才有可能使行为发展到以后的层次。

2. 态度的改变　就是对事物评价倾向的改变，是人们对事物认知后在情感和意向上的变化。态度中的情感成分强烈，并非理智所能随意驾驭。另外，态度的改变还常受到人际关系的影响。因此它与知识的改变相比难度较大，而且所需时间较长。但态度的改变又是人们行为改变关键的一步。

3. 个人行为的改变　个人行为的改变是个人在行动上发生的变化，这种变化受态度和动机的影响，也受个人习惯的影响，同时还受环境因素的影响。例如，农民采用行为的改变，就受到对创新的采用动机，对创新的态度意向，采用该创新所需物质、资金、人力、自然条件等多种因素的影响。因此，个人行为的完全改变其难度更大，所需时间更长。

4. 群体行为的改变　这是系统（区域）内大多数人的行为改变。在农村，农民是一个异质群体，个人之间在经济、文化、生理、心理等方面的差异大，因而改变农民群体行为的难度最大，所需时间最长。比如对某项技术的推广，群体内不同农民可能会停留在不同的行为改变层次。有的农民知识改变了，但未改变态度；还有的人知识、态度都改变了，但由于有些条件不具备，最终行为没有改变。因此，推广人员要注意分析不同农民属于哪个行为改变层次，有针对性地进行推广工作。

（二）行为改变的阶段性

管理心理学的研究发现，个人行为的改变要经历解冻、变化和冻结三个时期。

1. 解冻期 就是从不接受改变到接受改变的时期。“解冻”又称“醒悟”，是认识到应该破坏个人原有的标准、习惯、传统、旧的行为方式，应该接受新的行为方式。解冻的目的在于使被改变者在认识上感到需要改变，在心理上感到必须改变。促进解冻的办法是：增加改变的动力，减少阻力；将愿意改变与奖赏联系起来，将不愿改变与惩罚联系起来，从而促进解冻过程。

2. 变化期 就是个人旧的行为方式越来越少，而被期望的新行为方式越来越多的时期。在这一时期，行为主体先是“认同”和“模仿”新的行为模式，然后逐渐将该新行为模式“内在化”，最后离不开这种新行为。

3. 冻结期 就是将新的行为方式加以巩固和加强的阶段。这个时期的工作就是在认识上再加深，在情感上更增强，使新行为成为模式行为、习惯性行为。

在农民不同的行为改变阶段，应采取不同的措施促进改变。在解冻期应该：①消除对方的疑惧心理、对立情绪；②要善于发现他们的积极因素；③因人施教。在变化期和冻结期，要进行有效的强化。强化是对行为的定向控制，分连续和非连续两种强化方式。连续强化是指当被改变的个人每次从事新的行为时，都给以强化，如给以肯定、表扬、鼓励等。非连续强化又叫间隔强化，是每隔一段时间或一定频度对好的行为给予强化。在通常情况下，开始时用连续强化，一段时间后两种强化兼用，到后来以非连续强化为主。

二、农民个人行为的改变

（一）农民个人行为改变的动力与阻力

1. 农民行为改变的动力 农民行为改变受三大动力因素的影响：①农民需要——原动力。大多数农民都有发展生产、增加收入、改善家庭生活的需要，这种需要是农民行为改变的力量源泉。②市场需求——拉动力。随着社会主义市场经济的发展，农民收入的增加，农民有志于参与市场交易，进行商品生产。因此，市场需求拉动着农民行为的改变。③政策导向——推动力。农业生产关系国计民生，政府为了国家和社会的需要，制定相应政策来发展农业、发展农村，推动着农民行为的改变。在以上三个动力中，农民需要最重要，它是行为改变的内动力，属内因。市场需求和政策导向为外动力，属外因。

2. 农民行为改变的阻力 农民行为改变的阻力因素包括三个方面：①农民自身因素。包括生理、心理、教育、观念等阻碍行为的改变。②家庭环境。包括家庭结构、经济条件、劳动力状况、社会关系等限制行为的改变。③外部环境。创新推广情况、生产条件、经济政策等不利行为的改变。

（二）动力与阻力的互作模式

在农业推广中，动力因素促使农民采用创新，阻力因素妨碍农民采用创新。当阻力大于动力或两者平衡时，农民采用行为不会改变。当动力大于阻力时，行为发生变化，创新被采用，达到推广目标，出现新的平衡。此后，推广人员可以推广更好的创新，调动农民的积极性，帮助他们增加新的动力，打破新的平衡，又促使农民行为的改变。因此，农业推广工作就是在农民采用行为的动力和阻力因素的相互作用中，增加动力，减少阻力，推广一个又一个创新，推动农民向一个又一个目标前进，促使农业生产水平从一个台阶上升到另一个台阶（图 4-2）。

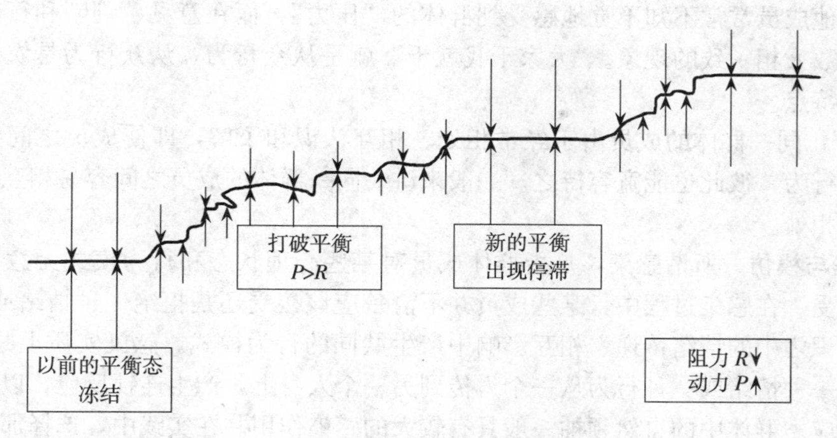

图 4-2 农民行为改变动力与阻力的相互作用

（三）改变农民个人行为的途径

改变农民个人行为的途径可以从以下两个方面考虑：

1. 增加动力 根据农民的迫切需要，选择推广创新，激发和利用农民的采用动机；加强创新的宣传刺激，增加农民的认识，改变他们的态度，通过创新的目标来吸引他们采用创新。通过低息贷款、经费补助、降低税收等政策，推动农民采用创新；筛选和推广市场需求强烈、成本低、价格高、效益好的项目，促使农民在经济利益的驱使下采用创新。

2. 减少阻力 通过提高农民素质和改善环境两个方面来减少阻力。农民采用创新的一个阻力，常常是他们文化水平过低和受传统观念影响太深。通过推广工作，直接改变农民的知识、技能、信念和价值观，提高他们的素质，这种阻力就会减少或被克服。通常情况下，推广人员应尽力面向个人，通过宣传、引导、示范、技术培训、信息传播，帮助不同类型的农民改变观念、态度和获得应用某项技术的知识与技能。农民采用创新的另一个阻力，是环境条件的限制。创造农民行为改变的环境条件，就是要在农村建立健全各种社会服务体系，向农民提供与采用创新配套的人力、财力、物质、运输、加工、市场销售等方面的服务，在舆论和政策导向等方面鼓励采用创新，形成采用创新光荣的社会氛围。

三、农民群体行为的改变

在农业推广中，我们要面向农民个人（个体），而更多的时候是面向一个又一个的农民群体。因此，掌握农民群体行为特点及其改变方式，有利于更好地开展推广工作。

（一）群体成员的行为规律

群体成员的行为与一般个人的行为相比，具有明显的差异性，表现出以下规律：

1. 服从 遵守群体规章制度、服从安排是群体成员的义务。当群体决定采取某种行为时，少数成员不论心里愿意还是不愿意，都得服从，采取群体所要求的行为。

2. 从众 当群体对某些行为（如采用某项创新）没有强制性要求，而又有多数成员在采用时，其他成员常常不知不觉地感受到群体的“压力”，而在意见、判断和行动上表现出与群体大多数人相一致的现象。“大家干我就干”就是从众行为。从众行为是农民采用创新的一个重要特点。

3. 相容 同一群体的成员由于经常相处、相互认识和了解，即使成员之间某时有不合意的语言或行为，彼此也能宽容待之。一般来讲，同一群体的成员之间容易相互信任、相互容纳、和谐相处。

4. 感染与模仿 所谓感染，是指群体成员对某些心理状态和行为模式无意识及不自觉地感受与接受。在感染过程中，某些成员并不清楚应该接受还是拒绝一种情绪或行为模式，而是在无意识之中的情绪传递、相互影响中产生共同的行为模式。感染实质上是群众模仿。在农民中，一种情绪或一种行为从一个人传到另一个人身上，产生连锁反应，以致形成大规模的行为反应。群体中的自然领袖一般具有较大的感染作用。在实践中，选择那些感染力强的农户作为科技示范户，有利于创新的推广。

（二）群体行为的改变方式

群体行为的改变主要有以下两种方式：

1. 参与性改变 即让群体中的每个成员都能了解群体进行某项活动的意图，并使他们亲自参与制定活动目标、讨论活动计划，从中获得有关知识和信息，在参与中改变了知识和态度，自觉主动、积极地改变自己的行为，并相互督促、鼓励，最后达到群体行为的改变（图 4-3）。参与性改变是通过教育与成员的参与，由认知、态度、需要、动机的变化推动，具有自然、彻底和持久的优点，适合于能力水平较高、责任心强、自主独立性强的成熟度高的个体或群体，但费时较长。

2. 强迫性改变 即以职位权力迫使群体行为发生改变，进而借助群体压力迫使个人行为改变，最后再借助个人之间的交往影响系统，逐渐改变个人的态度和认识的过程（图 4-4）。强迫性改变的权力主要来自上级，借助奖惩报酬的调节促进，群体行为改变较快，但不易持久，有时易形成抵触反抗行为。一般地说，上级的政策、法令、制度凌驾于整个群体之上，在执行过程中使群体规范和行为改变，也使个人行为改变，使其在改变过程中，对新行为产生了新的感情、新的认识、新的态度。这种改变方式适合于能力水平较低、责任心差、依赖性强的个体或群体。

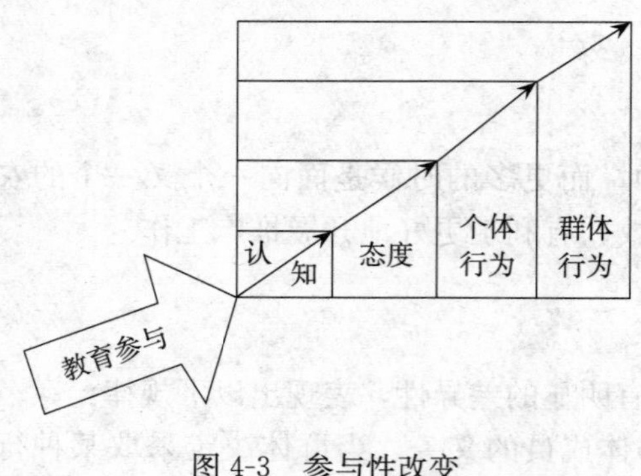

图 4-3 参与性改变

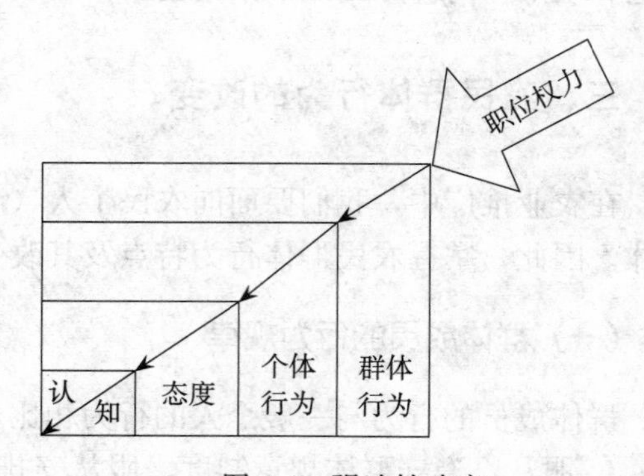

图 4-4 强迫性改变

四、改变农民行为的策略与方法

（一）改变农民行为的基本策略

由于人的行为是人的个体因素与外在环境相互作用的结果，因此改变农民行为的策略可以分为改变农民策略、改变环境策略以及农民和环境同时改变的三种策略（图 4-5）。

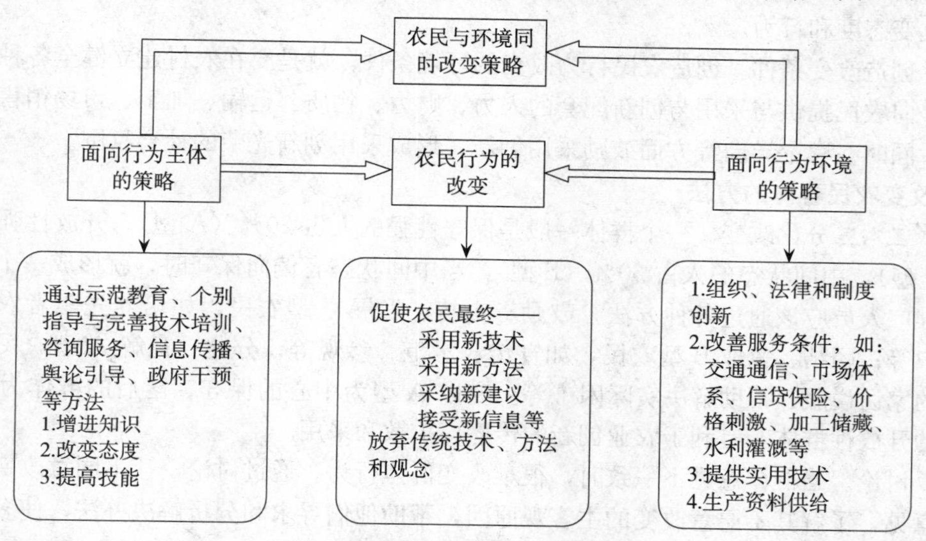

图 4-5　改变农民行为的三种策略
（高启杰，2008）

1. 改变农民策略　提高农民科技文化素质，增强农民认识、理解、鉴别、判断、思维能力，从兴趣、信念、理想、世界观等个性心理上影响农民，从激发需求、目标诱导等方面去刺激农民，从观念、知识、态度、技能等方面去改变农民。

2. 改变环境策略　即通过对以下环境的改变促使农民行为改变：①改变家庭条件。如改变农民家庭的生活状况，增加农民经济收入，可以促进农民个人行为的改变。②改变生产环境。如改善灌溉条件，可以促进农民生产经营行为的改变。③改变科技环境。如营造科技种田致富的氛围，为农民提供方便的科技服务，可以促进农民科技购买和科技采用行为的改变。④改变交通和通信环境。便利的交通和通信条件，促进农民交往行为、生产经营行为和科技采用行为的改变。

3. 农民与环境同时改变的策略　在改变农民自身素质的同时，改变农民不利的家庭条件、生产环境、科技环境、交通环境、通信环境，从内因和外因两个方面同时促进农民行为的改变。

（二）改变农民行为的方法

1. 改变农民个人行为的方法

（1）强制改变。以法规和政策，明确要求改变危害社会和他人的犯罪行为或不良行为。如耕地、森林等农业资源受国家法规保护，凡有破坏行为，均需强制改变。

（2）自愿改变。自愿改变是农民内心深处需要和主动积极的行为改变。根据农民的迫切需要，选择推广项目，激发和利用农民的采用动机；加强创新的宣传刺激，增加农民的认识，改变他们的态度，通过创新的目标来吸引他们的采用行为。这是适应农民需要，促进农民自愿改变的方法。

(3) 建议改变。许多情况下，农民没有改变行为是因为他们不知道需要改变。如免耕栽培前，农民不知道免耕栽培的优越性，也就无法采用免耕栽培技术。建议改变可以让他们认识到需要改变，也能够改变。这是让农民先产生改变的需要，再改变知识、态度和行为的方法。

(4) 培训教育。通过改变农民的知识和技能，让农民认识到改变的必要性和可能性，从而逐步改变态度和行为。

(5) 创造改变条件。创造农民行为改变的环境条件，就是要在农村建立健全各种社会服务体系，向农民提供与采用与创新配套的人力、财力、物质、运输、加工、市场销售等方面的服务。同时在舆论导向等方面鼓励采用创新，形成采用创新光荣的社会氛围。

2. 改变农民群体的方法

(1) 二六二分化改变。一个群体一般是保守性强的人占 20%（A 型），开放性强的人占 20%（C 型），中间状态的人占 60%（B 型），当中间状态者偏向保守时，就形成一个保守型群体。推广人员应该通过各种方法，鼓励、支持、发展 C 型农民，如培养先驱者农民、科技示范户等；团结、争取 B 型农民，如宣传、示范、参观等；分化、瓦解 A 型农民，如有针对性的家访说服、帮助解决实际困难等。变以 A 型为中心的保守、落后的群体为以 C 型为中心的开放性群体，有利于农业创新的传播、扩散和采用。

(2) 讨论。当群体意见不一致时，很难改变群体行为。通过讨论，让不同意改变的人充分发表意见，了解其不愿意改变的主客观原因，帮助他们寻求和分析解决办法，使多数人达成需要改变和可以改变的共识。

(3) 示范参观。对采用创新有怀疑的群体，组织他们去参观，通过创新效果好的事实，来改变他们对创新的认识和态度，从而促进行为改变。

（三）行政干预改变农民行为

1. 行政干预的概念与作用 行政干预指权力和政府部门凭借政权力量，依靠政策法规等手段，对国家事务运行状态和关系进行调节，以保证社会经济等方面的持续发展。农业生产关系国计民生，影响国家和社会稳定，农业创新推广是政府发展农业的重要手段。因此，政府对农民的生产经营行为和科技采用行为必须进行直接或间接干预。

在社会主义市场经济下，行政干预和市场调节同时影响农民行为。行政干预对低盈利和非盈利农产品生产者行为影响很大，市场调节对高盈利农产品生产者的行为影响很大。从农业推广角度，行政干预可以直接影响农民采用创新的行为，又可通过影响推广机构来间接影响农民行为。

2. 行政干预的类型 根据约束程度，行政干预一般分为强制性干预和非强制性干预两种。强制性行政干预指行政机关通过制定有关法律、行政法规、政策以及下达行政命令、指示、规定等对农民行为的行政干预，具有强制性和约束力。非强制性行政干预指行政机关以政策鼓励、劝告、说服、宣传、教育等方式所进行的行政干预，对农民行为起指导或诱导作用，没有强制力和约束性。根据干预程度，行政干预分为适度与非适度干预。对农民行为的适度行政干预，是指能够充分调动农民行为积极性的行政干预，非适度的行政干预指对农民行为过度干预或力度不够的干预。根据干预性质，分为直接性干预和间接性干预。直接性干预是行政干预直接影响农民行为，如粮食直补政策。间接性干预是行政干预间接影响农民行为，如稳定或降低农业生产资料的价格，对农资企业进行补贴。

3. 行政干预的方法 根据干预的性质，可以分为限制性干预、支持性干预和倡导性干预。限制性干预就是不允许农民采取某种行为，如毁林行为、破坏基本农田行为、休渔期的捕鱼行为等。支持性干预就是通过经济补助等方式，支持农民的某些行为，如对农民种粮行为、购买农机行为、采用某项新技术等给予资金补贴。倡导性干预是通过鼓励、表扬、宣传等方式干预农民行为，如鼓励和表扬农民施用有机肥和生物农药的行为。根据干预的依据，可以分为法规性干预和政策性干预。根据干预的手段，分为行政命令式干预、经济奖惩式干预、教育劝服式干预、榜样示范式干预。

4. 行政干预改变农民行为的策略

（1）适度干预策略。以法律或政策为手段，对农民生产经营行为适度干预，促进农业生产的可持续发展。

（2）依法干预策略。根据《中华人民共和国农业法》（以下简称《农业法》），农民享有生产经营决策权；根据《中华人民共和国农业技术推广法》（以下简称《农业技术推广法》），农民采用农业技术必须坚持自愿原则。因此，干预农民生产经营行为和科技采用行为要遵守法规，不要随便、任意行政干预。

（3）支持和倡导干预策略。对期望产生的农民行为，实行经济补贴、宣传表扬等措施，促进该行为的产生。

（4）能通过市场调节的行为，就不要行政干预。如对经济效益高的农产品生产及其技术推广，对相应的农民生产经营行为和科技采用行为，不要进行行政干预。

第三节 农民采用创新的过程与类型

一、农民采用创新的过程

农民采用创新一般需要一个从认识创新到评估创新采用的得失，最后形成是否采用的决定过程。罗杰斯在对美国农民采用玉米杂交种的过程研究后认为，个体采用创新要经历知识、说服、决策、使用和确认 5 个阶段（图 4-6）。

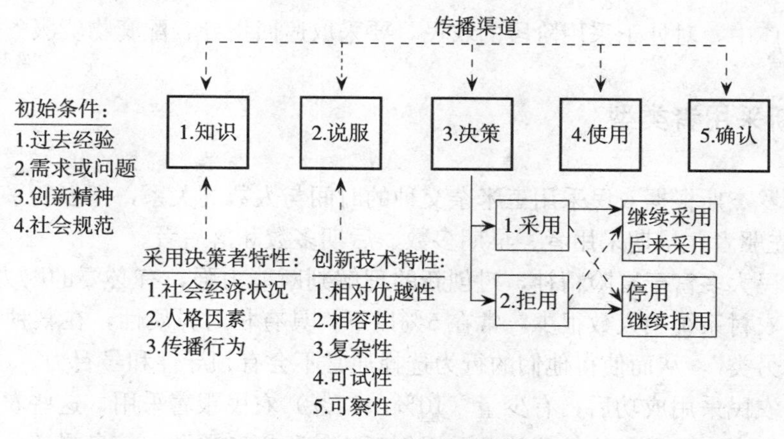

图 4-6 罗杰斯的创新采用模型

（高启杰，2008）

根据心理学和行为学的观点，个体农民采用过程是一个心理、行为变化过程。这个过程分为认识、感兴趣、评价、试用和采用阶段。

1. 认识阶段 认识阶段是农民从各种途径获得创新信息、了解信息，得到该创新基本知识的阶段，是人们知识改变的过程。这些知识包括：①描述性知识。这是什么创新？有什么作用？与自己生产和生活需要相关吗？②使用性知识。怎样使用？自己有能力使用吗？③原理性知识。该创新工作的科学原理。

在农业推广中，应通过大众媒体、示范参观、成果展览等方法让农民知道创新、了解创新，尤其应重视第一、二类知识的传播。

2. 感兴趣阶段 感兴趣阶段是农民在初步认识到某项创新可能会给他带来一定好处的时候，会对此创新产生兴趣，继而产生一定程度的情感变化和心理倾向性的阶段。农民对此项创新的方法和效果，表现出极大的关心和浓厚的兴趣，开始出现学习行为。

在农业推广中，对进入感兴趣阶段的农民，要求他们参观成果示范基地或科技示范户，让他们亲身感知创新的优越性和操作方法；对他们进行个别指导，帮助他们消除疑虑，增加兴趣。

3. 评价阶段 评价阶段是农民根据以往经验、现有技术，对拟采用的创新技术进行全面比较、分析和判断的过程。包括优越性、复杂性、成本效益、风险性等方面的比较。农民常在家庭成员、邻居和朋友间进行讨论，社会关系对这个阶段的行为影响很大。这个阶段决定着农民的态度改变。

在农业推广中，对进入评价阶段的农民，利用小组讨论法，组织已经采用了该创新的农民参加他们的讨论评价，用已经采用者自己的现身说法，帮助他们解决在评价中的问题。

4. 试用阶段 试用阶段是农民小规模采用创新，作进一步评价的过程。农民为了减少投资风险，防止盲目大量采用带来经济损失，正式采用之前，进行小量、小范围试用，根据试用效果，确定是否继续使用或扩大使用规模。

在农业推广中，对处于试用阶段的农户，要进行个别指导，在试用的关键时间，推广人员要深入田间地头，保证他们使用方法的正确性，避免人为因素导致试用失败。

5. 采用阶段 试用成功后，农民一般会根据自己的财力、物力等状况，正式决定采用该项创新。

在农业推广中，对处于采用阶段的农民，要采取巡回指导、配套物资服务等推广方法。

二、创新采用者类型

美国学者罗杰斯根据农民采用玉米杂交种的时间与人数的关系，把创新采用者分成5类（图4-7），即先驱者、早期采用者、早期多数、后期多数和落后者。

先驱者农民大多富于冒险精神，对创新的理解判断能力强，有必要的财力资源和胆识、能力。他们在农村系统中人数很少，常在5%以下；具有相对异质性，在某种程度上易被其他人认为是“另类”，从而使得他们的行为选择通常不会有领导性和号召力。

在先驱者农民采用成功后，有少量（10%～15%）农民跟着采用，这些农民称为早期采用者。早期采用者农民思想比较开放，采用创新比较积极和勇敢，信息渠道较多，具有较高的威望和较好的声誉。他们是典型的系统成员，他们的采用具有表率作用。

在早期采用者成功后，有相当部分农民（30%～35%）在创新吸引下，通过深思熟虑后，跟着采用，这些农民称为早期多数。他们对创新持开明慎重的态度，在本质上属于跟随者，但作为连接早期采用者和后期多数的中间群体，对于创新扩散在系统中的延续有着重要作用。

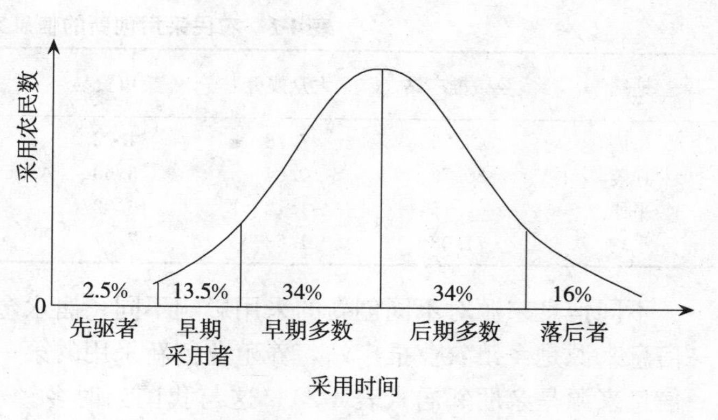

图 4-7　创新采用者分类

在早期多数采用成功后，又有相当部分农民（30%～35%）跟着采用，这些农民称为后期多数。这些农民对创新持消极疑虑态度。他们采用创新的动力既有创新的吸引力，又有系统中无形社会压力的推动。他们多数资源单薄，承受创新失败的风险能力低下。

在系统中最晚采用或不采用创新的人叫落后者，这些人占 15%左右。他们对创新持保守甚至排斥态度或者他们非常贫困、资源异常缺乏，难以承受任何采用成本和风险。

第四节　影响农民采用创新的因素

罗杰斯认为，有三组因素影响农民对创新的采用过程（图 4-6），即：①初始条件：指创新采用的环境状况，包括采用者过去的经验，他所面临的与创新相关的需求和问题，采用者的创新精神和其所处的社会系统的社会规范；②采用者特性：指创新采用者的社会经济状况，他的人格或性格方面的特征，以及交际行为特点（获取信息与外界交流的途径或方式）；③创新技术特性：包括所考察的创新相对于其他创新的优越性，或者说采用创新与不采用创新相比所增加的益处；创新与采用者各方面既有环境和价值观等的相容程度或相容性；创新的复杂性；创新能否试用；采用创新效果的可察性。

一般来说，信息来源、农民因素、创新因素和环境因素是影响农民采用创新的主要因素。

一、信息来源

不同信息来源对不同采用阶段有不同的影响。台湾农业大学推广系 1964 年的研究表明，影响较大的信息来源，在认识阶段、感兴趣阶段和评价阶段依次是邻居朋友、小组接触、个别接触、大众接触和其他，在采用阶段依次是个别接触、邻居朋友、小组接触、大众接触和其他。在前三个阶段，邻居朋友影响最大，后一个阶段个别指导的影响最大。

不同信息来源对不同地区农民影响不同。唐永金等 1998 年在四川研究表明（表 4-1）：①就不同信息来源的影响而言，乡镇农业推广站＞亲朋邻居＞其他；②就同一信息来源对不同地区影响而言，乡镇农业推广站信息来源的影响是丘陵区＞平原区＞山区，亲朋邻居信息来源的影响是山区＞丘陵区＞平原区。

表 4-1　农民采用创新的信息来源（%）

地区	乡镇推广站	大众媒介	集市贸易	亲朋邻居	家人外地带回	合计
山区	45.25	7.78	4.22	35.22	7.53	100
丘陵	80.76	0.84	3.60	13.24	1.56	100
平原	62.15	1.12	16.02	19.34	1.35	100
平均	71.03	1.63	7.77	17.47	2.10	100

不同信息来源对不同创新的采用影响不同。唐永金等的研究表明，种植业创新采用的第一信息来源是乡镇农业推广站，养殖业创新采用的第一信息来源是集市贸易，外出打工的第一信息来源是亲朋邻居（表 4-2）。这与我国当时乡镇种植业技术推广站十分普及有密切的关系。

表 4-2　农村不同行业创新采用的信息来源（%）

行业	乡镇推广站	大众媒介	集市贸易	亲朋邻居	家人外地带回	合计
种植业	81.86	0.47	2.20	13.18	2.29	100
养殖业	24.01	12.25	43.37	19.54	0.83	100
外出打工	3.69	4.36	9.06	81.21	1.68	100
其他	38.68	2.01	17.48	38.68	3.15	100

二、农民因素

美国学者罗杰斯认为，农民的社会经济状况、性格和交际行为影响创新的采用。在社会经济状况上，早采用农民的受教育程度、求知欲望、进取心、社会地位（收入、生活水平、资源量等）较强或较高，晚采用者相反；在性格上，早采用者农民对科技和变革的态度比较积极，不教条古板，处理抽象信息的能力和理性分析决策能力较强，晚采用者则相反；在交际行为上，早采用者农民的社会参与、人际交流、与创新推广者接触、有关创新的知识、媒介暴露等与晚采用者相反。唐永金等（2000）在四川的研究表明，农民户主因素和家庭因素影响创新的采用。

（一）农民户主因素

1. 户主性别　一般来说，男性户主家庭采用创新的数量多于女性户主。女性户主家庭采用创新相对较少，除了生理和心理因素外，也与女性户主文化程度相对较低有关。

2. 户主年龄　户主年龄在 31～60 岁的家庭采用创新较多，户主年龄在 30 岁以下和 60 岁以上的家庭，采用创新相对较少。这是因为中壮年农民具有一定的生产经验，家庭劳动力较多，采用创新能够获得成功，采用创新的积极性较高；青年农民有些不安心务农，有些虽对创新感兴趣，但由于缺乏生产经验，使一些创新在采用后没有达到预期效果，影响了以后对创新的采用；老年农民文盲半文盲多，思想观念相对落后，加上体力衰弱，采用相对较少。

3. 户主文化程度　文化程度越高的家庭，采用创新的数量越多。一般是高中>初中>小学>文盲半文盲。文化程度高的农民，容易接受新观念，对创新容易理解和掌握。

4. 户主兼职　户主兼职指户口在农村，有承包地的乡镇招聘干部、村组干部和农村专业协会会员。户主兼职情况与采用创新数量的关系是，兼职专业协会会员>兼职村组干部>没有兼职>兼职乡镇干部。

（二）农民家庭因素

1. 家庭劳动力　劳动密集型创新，劳动力多的家庭采用的效果较好，因此，劳动力较多的家庭，采用创新的数量较多。

2. 家庭人均耕地面积　在山区，人均耕地面积大，采用创新的数量随人均耕地面积的增加而减少。在平坝丘陵区，人均耕地面积小，采用创新数量随人均耕地面积增加而略有增加。

3. 外出打工　一般来说，有人外出打工的家庭采用创新的数量多于无人外出打工的家庭。一是家庭成员外出打工，接受了外界的新观念，改变了家庭封闭落后的传统观念，这有利于创新的采用。二是有人外出打工的家庭，经济收入比较丰厚，有较多的资金投入创新的采用。

4. 第一收入来源　家庭第一收入来源影响创新的采用。在丘陵地区，以外出打工为第一收入来源的家庭采用创新较多；在平坝区，以养殖业为第一收入来源的家庭采用创新较多。

三、创新因素

相对优越程度大、技术简单，与采用者的需求、价值观念、以往经验、使用条件的相容性（一致性）大的创新，易被采用。立即见效、一学就会、安全性好、不需配合使用的创新，易被采用。

四、环境因素

影响创新采用的环境因素主要有：①经济环境。国家和地区的经济发展水平和经济结构影响创新的采用。一般来说，经济发展水平高、农业收入比重低时，农民从农业中增加收入的机会小，其采用创新的积极性较低。②法规政策。促进农民采用创新的法规政策健全并得到实施环境，有利于创新的采用。③社会舆论。社会风气、宣传媒介鼓励、支持科学种田和科技致富，可以促进农业创新的采用。④推广环境。农业推广机构健全、推广人员有效服务，创新容易获得，相关机构支持度高，可以增加创新的采用。⑤自然生产条件。自然条件和生产条件与创新所需的条件相适应，有利于创新的采用。

第五节　农民行为的特征

一、农民社会行为

1. 社会交往行为　农民社会交往行为指农民个人与个人、个人与群体或群体之间的信息交流和相互作用过程。农民交往行为常具有以下特点：①浓厚的感情色彩。交往活动多在亲朋好友之间进行，请客和送礼是农民交往的重要形式，这多建立在感情之上。②全面互动。农民之间的交往包括了生产上、生活上和日常活动中的相互往来，交往的农民相互之间全面了解。③重视伦理。农村交往多以亲属和辈分为基础，以自己在人伦中的位置为前提与他人交往。关系越密切的人，交往越密切，多按家庭、家族、邻里、朋友、同龄群体的次序交往。④非契约性。在农民合作中，无论是借钱、借物，还是合作买卖，口头承诺多，契约合同少，常因合作失败而影响人际关系。

2. 社会参与行为 农民社会参与行为指农民参加国家、地方、乡村的管理、社会经济决策等活动，包括选举投票、村民自治、发表意见、公益活动等。农民社会参与行为分制度性参与和非制度性参与。制度性参与是由法律规定的参与，根据《中华人民共和国全国人民代表大会和地方各级人民代表大会选举法》，农民要参与基层人大代表的选举活动；根据《中华人民共和国村民委员会组织法》，农民要参与村组的自我管理活动。非制度性参与是农民自愿参与社会公益活动或公共服务活动，以及与自己利益相关的群体性活动。参与行为是农民热爱国家、热爱社会、热爱家乡、热爱群体（集体）的重要表现。农民是农业和农村发展的执行者，是农业技术的采纳者和受益者，农村和农业发展的重大事项、农业推广项目的决策在农民的参与下制定，既能充分反映民意，又能尊重农民的参与意识，调动农民的主动性和积极性，有利于农村和农业的发展，也有利于农业科技推广。

二、农民生产经营行为

我国农民的农业生产经营行为多以农户为单位表现出来。农户既是生产者，又是经营者。农户生产经营行为以家庭、市场和国家需要为基础，以实物和经济收入为目标组织进行。由于小生产和大市场的矛盾，货币需要和实物需要并存，农民生产经营行为常表现出以下特点：①自给性与商品性并存。我国农户生产规模小，常在满足家庭食物需要后才到市场销售。②经济目标与非经济目标并存。增加经济收入是农民生产经营行为的第一目标，但家庭生活的稳定和保障、荣誉与地位等也对农民生产经营行为产生影响。③趋同性与多样性并存。因生态生产条件相似、获得市场信息途径相同、照搬别人成功经验等原因，许多农民表现出趋同的生产经营行为。同时，地区之间、农户之间的自然生态、社会经济条件、生产技术水平和经营决策能力等差异，使得农户之间的生产经营行为又具有多样性的特点。

三、农民科技行为

（一）农民科技采用行为

农民的科技采用行为是农民为满足生产生活需要采用新技术、新技能和新方法的活动。农民是农业创新的采用者，一项农业创新能否推而广之，主要看农民是否采用。农民对实用性强、增产增收效果显著、投资少、风险小、见效快、获利高的技术，主动接受，积极采用，此行为具有实用性、短效性的特点。农民科技采用行为主要表现在：①反映对创新的需求；②实际应用创新；③评价应用效果；④决定是否继续采用。

农民科技采用行为依赖于采用决策。农民的采用决策分为理性决策和非理性决策行为。理性决策具有条理性、程序性、道理性（或科学性）、先进性的特点，而非理性决策具有随意性、冲动性、易变性、落后性的特点。一个理性决策行为一般由多个环节所组成。例如，诸培新等（1999）研究表明，农民在作出是否采取土壤保持技术的决策上要经过7个步骤：①农民要明白土壤侵蚀的症状，如土层变薄、增加投入等。②要了解土壤侵蚀的后果，如肥力下降、产量降低等。③对土壤侵蚀的反应，是认真对待，还是采取无所谓的态度。④农民要知道采取哪些技术可以防止土壤侵蚀。⑤农民有进行土壤保持的能力。⑥农民对土壤保持的态度。⑦是否已准备采取措施。这一抉择主要取决于投入回报率的高低。因此，农民科技采用行为受多种主客观因素影响，如创新本身的优越性，农民科技文化素质、家庭经济条件、生产条件、经营规模、家庭劳动力等均影响农民科技采用行为。

（二）农民科技扩散行为

农民科技扩散行为指一项创新被传播到农村之后，农民之间对创新的交流沟通和模仿学习的过程。正是农民的科技扩散活动，促使农业科技成果在农村得到推广。农民科技扩散可以分成有意识扩散和无意识扩散。

有意识扩散受利他动机驱使，如有些科技示范户或科技致富能手，将自己采用成功的新技术无偿传授给他人，带动一群人或一村人采用新技术。无意识扩散常在信息交流中进行。农民之间的信息交流是满足自身需要和维持人际关系的一个重要途径。农业创新信息许多是作为人际交流的内容而被扩散。

（三）农民科技购买行为

1. 农民科技购买行为的概念与动机　农民的科技购买行为是指农民对实物型农业科技产品的购买活动或知识型农业技术的有偿使用活动。农民科技购买是农民有偿采用创新的行为，是农民的一种生产性投资行为，也是农业创新传播、有偿推广服务的一种重要形式。农户的购买动机来源于自身需要及政策和市场等外部环境的诱发。但对不同创新的购买行为又具有不同的购买动机，主要有求新购买动机、求名购买动机、求同购买动机以及出于对推广人员的信任等。

2. 农民科技购买行为的过程　根据认知、态度和行为理论，农民对科技的购买常常要经过5个阶段：①知晓阶段，知道有某种科技产品存在。②了解阶段，认识了解产品的作用。③喜欢阶段，对产品产生良好印象。④确信阶段，确信自己需要，产生购买愿望。⑤购买阶段，进行实际的购买活动。根据需要、动机和行为理论，农民的科技购买行为也有5个发展阶段：①需求的发现。②寻找目的物。③作出购买决定。④科技产品的购买和使用。⑤对产品的使用效果进行评价。

3. 农民科技购买行为的类型　农民是一个异质群体，不同的农民在进行科技购买时具有不同的心理、心态和行为特点，因而可以分为以下类型：①理智型。这类农民对技术产品的性能、用途、成本、收益等的询问很仔细，有自己的见解，不易受他人的影响。②冲动型。这类农民易受外界刺激的影响，对产品的情况不仔细分析，常常在头脑不冷静的情况下作出购买决定。③经济型。这类农民重视技术的近期效益和产品的价格，喜欢“短、平、快”技术和购买廉价商品。④习惯型。这类农民喜欢自己用惯了的东西，喜欢购买自己经常使用的技术产品，其购买行为通常建立在信任和习惯的基础上，较少受广告宣传的影响。⑤不定型。这类农民没有明确的购买目标，缺少对技术商品进行选择的常识，缺乏主见，易受别人影响。

■ 本章小结

农民采用行为是指农民采用创新的行为。农民在创新传播的刺激下，在认知、态度、需要、动机、环境等共同作用下，产生采用行为。农民采用行为一般受环境、世界观、生理和心理因素的影响。农民采用行为的改变过程一般要经历知识改变、态度改变、个人行为改变和群体行为改变 4 个层次，要经历解冻期、变化期和冻结期三个阶段。农民采用创新的行为过程要经历认识阶段、感兴趣阶段、评价阶段、试用阶段和采用阶段，在不同阶段应该采取不同的推广方法。信息来源、创新因素、农民因素和外部环境是影响农民采用创新的主要因素。农民社会行为、生产经营行为和科技行为有不同的表现和特点，这些特点会影响他们对农业创新的采用。

■ 补充材料与学习参考

1. 采用者的创新精神

罗杰斯认为，采用者的创新精神指系统中人们采用创新的相对先后程度，采用越早，创新精神越强。摩尔（Gary C. Moore）认为，创新精神指一个采用者比系统中其他成员更加有创造性地使用产品或应用创新思想的程度。

创新精神是人们的一种相对稳定的品质，是对创新的一贯看法或总体表现，具有一般性和特殊性。一般性指对一般创新的态度和表现，特殊性指对特定创新的态度和表现。

2. 乡村系统采用创新的时间

如果把某一时间系统内知道和了解创新农户数的百分比视为知情率，用 $k(t)$ 表示；把某一时间系统内采用创新农户数的百分比设为采用率，用 $a(t)$ 表示。它们分别为：

$$k(t) = K(t)/T \tag{1}$$

$$a(t) = N(t)/T \tag{2}$$

式中：$K(t)$ 是系统某一时间点知道创新的农户数；$N(t)$ 是某一时间点采用创新的农户数；T 是系统总农户数；在同一时间点，一般是 $k(t) > a(t)$（图 4-8）。

在图 4-8 中，在任何一个相同的比率值 C_0（$0 < C_0 \leqslant 1$），都可用 t_1 表示知情率到达 C_0 的时间，用 t_2 表示采用率到达 C_0 的时间。$(t_2 - t_1)$ 为系统创新采用时间，即系统从某一程度的知情率达到相应程度的采用率所需要的时间。从图 4-8 还可看到，当 C_0 逐渐增大时，系统创新采用时间 $(t_2 - t_1)$ 的值也增大，表示早采用者从知情到采用所花的时

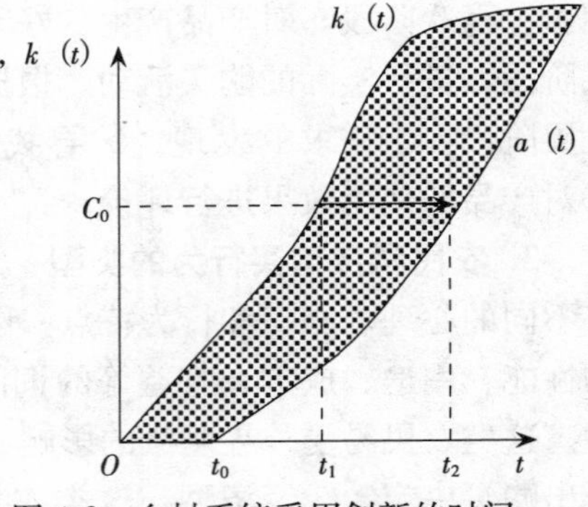

图 4-8　乡村系统采用创新的时间
（金兼斌，2000）

间比晚采用者短。这是农业创新扩散的一个普遍现象。

3. 案例——农民采用创新决策的影响因素

农民采用创新的直接原因

唐永金等（1999）在四川丘陵地区的射洪县和盐亭县以及成都平原的新都县和广汉市，实地调查了640户农民采用创新的情况，并将农民采用创新的直接原因归纳为家庭需要、市场需要、政策鼓励、行政压力、别人采用、亲戚朋友劝说和乡镇推广员意见。总的结论是，乡镇推广人员的意见是农民采用创新的第一直接原因，而且是农民采用种植业创新的主要直接原因。

在所调查农民采用的6 780件创新中，有3 927件是遵从乡镇推广员意见（推荐）而采用的，占57.9%，高居第一；有1 139件是看到别人在采用，在从众心理的作用下而跟着采用，占16.8%（表4-3），位于其次。这两者合计占了74.7%，其余的直接原因所占比例都在10%以下。

表4-3 四川丘陵、平原农民采用创新的直接原因（件，%）

地区	家庭需要		市场需要		政策鼓励		行政压力		别人采用		亲朋劝说		推广员荐	
丘陵	293	6.8	275	6.4	78	1.8	531	12.4	529	12.3	183	4.3	2 394	55.9
平原	196	7.9	79	3.2	22	0.9	3	0.1	610	24.4	54	2.2	1 533	61.4
合计	489	7.2	354	5.2	100	1.5	534	7.9	1 139	16.8	237	3.5	3 927	57.9

将农民采用的6 780件创新分成种植业、养殖业、外出打工和其他4类，其中种植业5 674件，养殖业556件，外出打工262件，其他288件。在种植业的5 674件创新中，有3 794件是农民遵从乡镇农业推广人员的意见而采用，占66.87%（表4-4）。可见，乡镇推广员的意见是农民采用种植业创新的主要直接原因。

表4-4 四川丘陵、平原农民采用不同类型创新的直接原因（件，%）

类型	家庭需要		市场需要		政策鼓励		行政压力		别人采用		亲朋劝说		推广员荐	
种植业	134	2.36	303	5.34	100	1.76	527	9.29	657	11.58	159	2.80	3 794	66.87
养殖业	76	13.67	36	6.47	0	0	2	0.36	386	69.42	23	4.14	33	5.94
打工	156	59.54	0	0	0	0	0	0	65	24.81	36	13.74	5	1.91
其他	123	42.71	14	4.86	0	0	5	1.74	31	10.76	19	6.60	96	33.33

资料来源：唐永金，侯大斌，陈见超，等.1999.从农民采用创新的直接原因看乡镇农业推广站的重要性.农业科技管理（3）：25-26.

4. 参考文献

高启杰.2008.农业推广理论与实践.北京：中国农业大学出版社.

贺云侠.1987.组织管理心理学.南京：江苏人民出版社.

胡继连.1992.中国农户经济行为研究.北京：农业出版社.

金兼斌.2000.技术传播——创新扩散的观点.哈尔滨：黑龙江人民出版社.

梁福有.1997.农业推广心理基础.北京：经济科学出版社.

刘凤瑞.1991.行为科学基础.上海：复旦大学出版社.

唐永金，陈见超，侯大斌，等.1998.从农民采用创新的信息来源看乡镇农技推广机构的重要性.中国农技推广（6）：5-6.

唐永金，敬永周，侯大斌．2000．农民自身因素对采用创新的影响．绵阳经济技术高等专科学校学报（2）．37-40.

唐永金．1997．农业推广概论．北京：中国农业出版社．

唐永金．2002．认知、态度理论及其在农业推广中的应用//第三届中国农业推广研究征文优秀论文集．北京：中国农业科学技术出版社：323-327.

唐永金．2005．论农业推广中的主体行为．河北农业大学学报：农林教育版，5（2）：60-61，63.

王慧军，刘秀艳．2010．中国农业推广发展与创新研究．北京：中国农业出版社．

王慧军．2002．农业推广学．北京：中国农业出版社．

王益明，耿爱英．2000．实用心理学原理．第2版．济南：山东大学出版社．

于敏．2010．农民生产技能培训供需矛盾分析与培训体系构建研究——基于宁波市511个种养农户的调查．农村经济（2）：90-94.

臧云泽，李永宁．2002．试论行政干预．陕西省行政学院、陕西省经济管理干部学院学报，16（1）：42-44.

诸培新，曲福田．1999．土地持续利用中的农户决策行为．中国农村经济（3）：32-35，40.

思考与练习

1. 如何根据农民行为改变层次进行创新传播？
2. 怎样根据农民行为改变的阶段传播创新？
3. 参与式改变与强迫改变在农业创新传播中各有哪些优点和缺点？
4. 如何根据农民行为改变的动力因素传播创新？
5. 你认为影响农民采用创新的因素有哪些？

第五章　农业创新扩散理论

在一个乡村，一项创新经先进农民采用后，通过扩散才能使其他农民采用，只有多数农民采用后才算普及，才算达到推广的目的。了解农业创新扩散的概念与特点，掌握农业创新扩散的规律，熟悉影响农业创新扩散的因素，可以为选择适宜的农业创新、选用科学的推广方法提供依据。

第一节　农业创新扩散概述

Katz（1957）认为，扩散是指一个新观念经过一段时间之后在一个群体的社会结构内部得到广泛的传播。罗杰斯（E. M. Rogers）认为，创新扩散是指某一项创新在一定的时间内，通过一定的渠道，在某一社会系统的成员之间被传播的过程。这个过程无论在何种干预下，都能在社会系统中自动发生。农业创新扩散是指一项创新被传播到农村之后，农民之间对创新的交流沟通和模仿学习的过程，是农民的无意识推广活动。

一、农业创新传播和扩散的关系与特点

（一）农业创新传播和扩散的关系

“传播”一词大约出自我国古籍《北史·突厥传》中的“传播中外，咸使知闻”一语，但直到近现代才被频繁地使用。现代汉语词典解释，传播就是广泛散布。在农业推广上，传播主要指推广组织、科研院校及其科技人员有意识地向受传者宣传、传递、传授、散布农业创新的活动。

“扩散”一词来源于物理学，它是指由于物质质团微元的热运动而产生的物质迁移现象。现代汉语词典解释，扩散就是扩大分散出去。在农业推广上，指一项创新被传播到农村之后，农民之间的模仿、学习和交流过程，是农民的无意识推广活动。

传播是扩散的前提。一项农业创新要在一个社会系统（比如一个组、村、乡）推广，首先需要推广人员把这个创新传播到这个社会系统。传播的方式可以是大众媒介宣传、组织传播、集群传播和人际传播等。当创新到达这个社会系统后，就可能开始扩散。扩散的方式主要是人际沟通。传播中的人际沟通，信息源（传播者）是推广人员，而扩散中的人际沟通，信息源（扩散者）是农民。

在农业推广中，创新的传播和扩散关系可用图 5-1 表示。不过，改革开放后，我国农村已分化出多个社会阶层。一项创新可以在阶层内成员间扩散，也可以在不同阶层成员之间扩散。当然，无论一项创新适合哪个阶层或类型的农民，推广人员一般总是把它先传播给该阶层或类型的先驱者（如科技示范户），通过他们先向该阶层或类型的其他农民扩散，然后向其他阶层或类型的农民扩散。

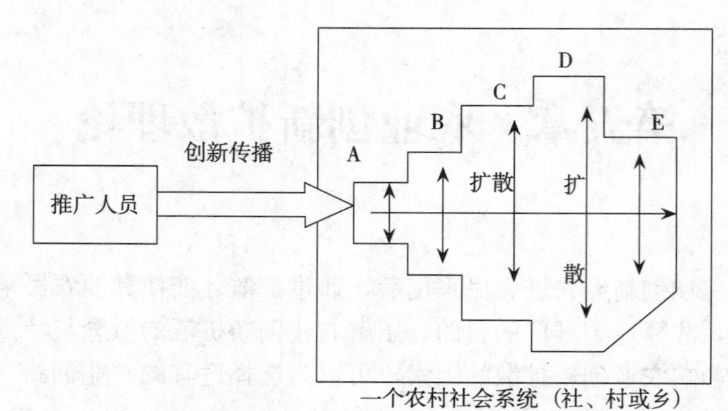

A.先驱者农民 B.早期采用者农民 C.早期多数农民
D.晚期多数农民 E.落后者农民

图 5-1　农业创新推广中的传播与扩散示意图

（二）传播与扩散的特点比较

1. 传播的目的性强，扩散的目的性弱或无　根据传播的概念，我国进行农业创新的传播者主要是农业推广人员，包括各级农业推广人员、从事农业创新宣传的新闻工作人员和直接从事农业创新推广的教育和科研人员。他们传播的目的性很强，就是要将新思想、新观念、新信息、新技术、新产品传播到农村，让农民认识、接受、采纳或采用，在提高农民素质的同时，提高农业的产量、质量和经济效益，促进农村精神文明和物质文明的发展。

根据前面的定义，农业创新的扩散者是农民。一般农民没有宣传、扩散创新的义务，多是在自己采用创新时，被邻里看见模仿，或在闲谈聊天中无意识地进行了宣传，只有在创新效果好时，才有可能在亲朋好友的交流中进行有目的的扩散。因此，在农业创新的推广中，扩散的目的性较弱，许多时候是农民无目的的行为。所以，我们说扩散是农民的无意识推广活动。

2. 传播讲究方式方法，扩散不讲究方式方法　传播者要完成传播任务，达到传播的目的，必然要讲究传播的方式方法。常常要根据创新的特点、传播对象的特点，选择采用大众传播、培训教育、示范参观、咨询指导等传播方式方法。为了得到好的传播效果，传播者甚至对自己的着装、行为、语言、姿势、口气等都十分讲究，而且有所选择。但对创新扩散者农民而言，他不考虑创新的扩散效果，即使有意进行扩散活动，常常也是为了起到让对方知道的作用，不大关心对方采用还是不采用。因此，农民在创新扩散中，不像推广人员那样讲究方式方法。

3. 传播的信息失真性小，扩散的信息失真性大　由于传播者是推广人员，他们受过专业教育或专门培训，对创新的特征特性比较熟悉，所传播的信息比较真实，或者十分接近创新的真实情况，因而信息失真性小。而扩散者是农民，他们没有受过专业教育或专门培训，他们从传播者处得到创新信息，通过自己的选择性认识和选择性理解，常常按自己的思维结果将之表达出来。因而经过他们的“筛选、过滤”，扩散的创新会“走样”，传递的信息会失真，而且传递的人越多，走样和失真越严重。

4. 传播是推广成本内摊，扩散是推广成本外摊　从推广学讲，推广人员传播任何农业创新都是要花成本的，无论是大众传播、组织传播、集群传播，还是人际传播，仪器设备、纸张印刷、人员工资、差旅补助、交通通信费用等，都会计入推广机构的推广成本。这些成本由推广机构承担，因而称为内摊成本。农业创新的扩散是在农民之间进行，对推广机构而言，农民之间的扩散是不需要成本的。如果没有农民之间的扩散，要推广人员将一项创新逐个传播给农民，在许多情况下几乎是不可能的，即使能够做到，成本也非常高。因此，推广人员把创新传播给农业系统的先驱者农民，通过先驱者农民和其他农民之间的扩散，利用扩散的放大性，不仅可以提高推广速度，还可以将这部分推广成本转嫁外摊，降低了推广机构的成本。因而，如何利用和处理好传播与扩散的关系，既提高推广效果，又节约推广成本，是现代农业推广理论研究的一个重要问题。

二、扩散模式与人际联系指数

（一）扩散模式

创新信息在农民之间扩散常按单线多级式、核心辐射式、梯级发射式和多人互通式的模式进行。

1. 单线多级式　信息发出者经过一长串的人逐次把信息传递给最终的接受者，反馈信息以相反的方向依次传递（图 5-2）。农村中一些家传秘方传长不传幼、传男不传女，农民通过中间人与某人带口信，常以此方式进行扩散交流。单线传递因一次只能向一个人传递信息，扩散速度慢，效率低，同时会因中间人的能力、责任心等问题而使信息失传或失真，影响继续扩散。

图 5-2　单线多级式

2. 核心辐射式　信源人把信息同时向多人（信宿）传递，信宿可直接向信息发出者反馈信息（图 5-3）。农民技术交流会等常以此方式传递信息。信宿人之间可能不是一个小群体，不一定认识；信源人和信宿人的位置经常变换，都能从外界获得新信息。因此，核心辐射式易使信息在小群体之间扩散，有利于农业创新在农村的扩散。

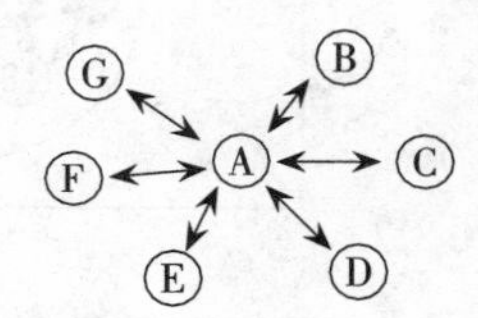

图 5-3　核心辐射式

3. 梯级发射式　一个信息源人将信息传递给若干人，接受信息的人再把信息分别传递给其他人，使接受信息的人越来越多，反馈信息则以相反的方向进行（图 5-4）。农村创新推广中，科技示范户向辐射户传递、辐射户向普通农户传递，就是梯级发射式扩散的应用，可以起到“一传十，十传百，百传千千万”的扩散效果。

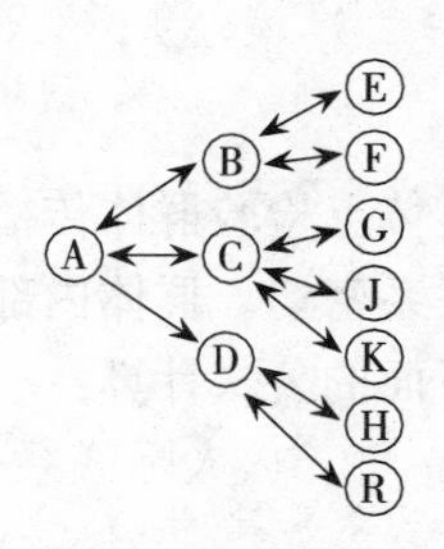

图 5-4　梯级发射式

4. 多人互通式　多人之间进行互通信息的交流传递活动（图 5-5）。农民之间的亲朋聚会、小群体活动、小组讨论等，都以互通交流的方式进行信息的扩散活动。先进农民采用农业创新后，常以这种方式向亲朋好友和邻居扩散技术信息。

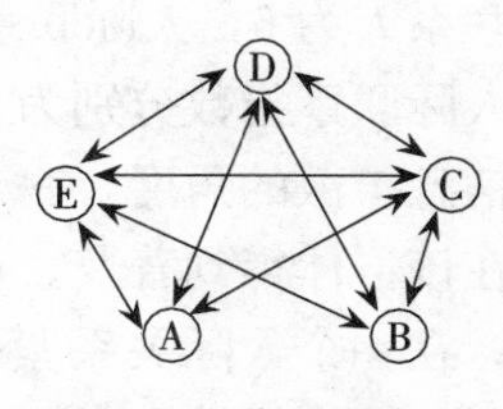

图 5-5　多人互通式

（二）人际联系指数

扩散是在人与人之间进行，人际间的联系情况影响扩散速度和效果。在一个社会系统中，人们形成不同的小群体（图 5-6），小群体内成员交往的机会多于小群体间人们交往的机会。个人在网络之中构成一个个结点，有的结点担当意见领袖的角色，有的结点则担当纽带角色，有的结点则不起任何作用。守门人让某一信息流入群体之中，意见领袖对信息进行分析，加以评价，提出建议。纽带将两三个小群体联络在一起，但纽带本身不属于任何群体。一个群体中，某些成员起着桥梁作用，以信息与另一个群体联系起来，外部的世界将整个网络联在一起并与外部其他网络相连。网络中的独立个体不与人发生联系，双方独立个体只是彼此二人联系，而不与其他外界相连。小群体内部的信息流动通常由处于群体中心地位的守门人和意见领袖操纵，而群体之间的信息流动往往由纽带——这一群体之外的个人来完成。

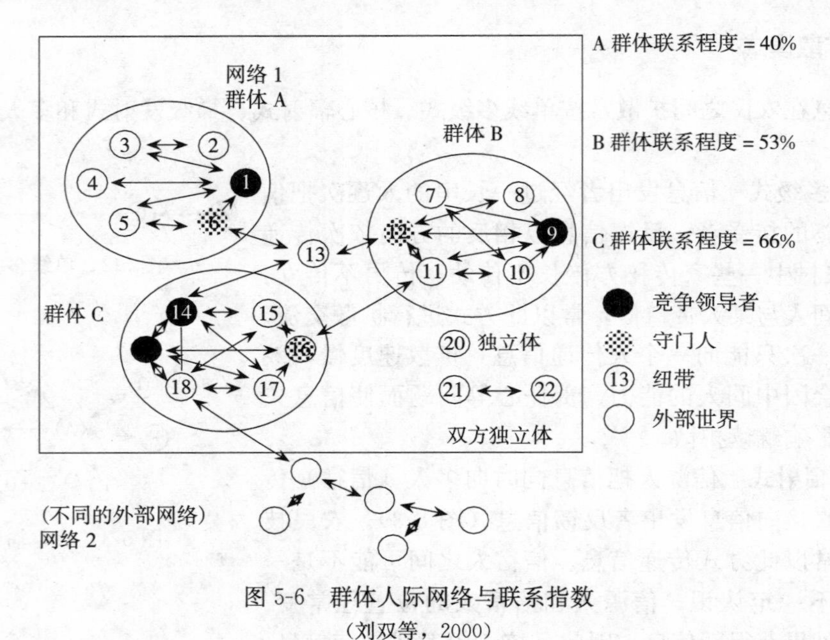

图 5-6　群体人际网络与联系指数

（刘双等，2000）

从整体上检验群体传播网络的本质可以看出，如果一个群体的成员彼此交往频繁，则该群体的联系密切。群体内部成员之间的相互联系程度可以用人际联系指数表示。人际联系指数可用下面的公式计算：

人际联系指数＝（实际联系人数/潜在联系人数）×100％

潜在联系人数＝人数×（人数－1）÷2

如图 5-6 中，群体 A 的联系指数可这样计算：（6×5）÷2＝15（潜在联系人数）；A 群体实际联系人为 6，人际联系指数＝（6÷15）×100％＝40％。同样方法计算，B 群体与 C 群体的人际联系指数分别为 53％和 66％。

从信息扩散的角度，一个群体的人际联系指数越大，信息在该群体扩散的速度就越快，越容易在该群体得到普及。在一个人际关系和谐、良好的乡村，农民之间交流频繁，信息扩散很快；在一个人际关系紧张、相互怀疑的乡村，农民之间很少交流，信息扩散很慢。因此，建立和谐农村，有意识组织农民沟通交流活动，可以促进农业创新的扩散速度。

三、农业创新扩散的途径

一个农业创新传播到农村后，可以通过以下途径在农民之间扩散。

1. 模仿学习　先进农民采用某项技术获得好的效果，邻里和附近农民是看得见的，他们中的一些人就会跟着学习采用，如适时播种技术、地膜栽培技术、垄作技术等。模仿学习的技术一般是简单明了、易学易懂的技术。

2. 请教学习　先进农民采用的有些技术，亲朋好友、邻里或附近农民依靠模仿学习只能学到表面的东西，不能达到增产增收的效果，他们就要专门询问、请教先进农民。通过先进农民的讲解、演示，其他农民才能真正学到新技术。请教学习的技术相对复杂，如果树嫁接技术、免耕栽培技术等。

3. 自愿传授　先进农民采用某技术获得好的效果，不少人会主动将该技术交流传递给关系很好的亲戚朋友，主动赠送一些该技术的种子、种苗等实物，指导他们获得成功。也有不少科技示范户在利他动机的驱动下，将采用新技术的经验自愿传授给附近农民，带动大家一起致富。

4. 聚会交流　农民可以在亲朋邻里结婚、丧事、祝寿等红白喜事大聚会中交流创新信息，也可在茶余饭后的休闲娱乐聚会中交流和传递信息，使农业创新作为交流的信息而得到扩散。

5. 集市贸易　集市贸易可以通过两个方面影响创新扩散：①赶集为相距较远的农民熟人提供了见面的机会，有利于信息的扩散和交流。②在集市贸易中，通过市场交易，使一些农业创新得到扩散。通过这种方式扩散的农业创新多是实物型创新，如果树新品种、动物新品种等。小麦、油菜、花生等常规新品种在农村的扩散，一般也是农民之间通过市场交易的行为来进行。

6. 示范交流　农民参加由推广部门或乡村组织的科技示范参观活动，科技示范户的交流，使农业创新得到扩散。这是我国农业科技推广十分重视的农民科技扩散途径。

7. 村内宣传　村内宣传有两个方面的作用：①某先进农民采用某新技术增产增收后，村委会通过广播或村民会议，宣传该先进农民，并让该先进农民介绍经验，在营造科技种田光荣氛围的同时，使农业创新在该乡村得到扩散。②村委会干部或村技术员直接利用村广播或村民会议，介绍农业新技术，使创新在村民之间迅速扩散。

8. 农民专业协会交流　农民专业协会会议、会员间的沟通交流、相互参观，使农业创新在会员间得到扩散。

9. 农民专业组织传播　农民专业组织为了增产增收，组织内部传播新技术、组织成员学习和交流新技术，使创新在组织内农民间得到扩散。

第二节　农业创新的扩散规律

一、创新扩散的方向性

从社会学的角度看，一个农民采用某项创新后，如果效果很好，他首先要将该创新的技术告诉与他关系最好的其他农民，使其“有福共享”，然后向亲密群体的其他成员传递。从信息量的角度看，一般是从对同一创新信息量大（知道得多）的农民向信息量小（知道得少）的农民传递。但在各自知道一些对方不知道的信息时，就会产生交流式的双向性扩散。盛亚（2002）认为，扩散源沿技术梯度最小的方向将创新技术首先传递给等势面上的第一个技术势差最小的潜在采用者。但在农业创新扩散上，扩散源不会按信息量梯度差逐级传递，因为扩散源农民不可能根据其他农民对某项创新的知晓程度来决定是否进行信息交流和扩散。

二、创新扩散的随机性

在农村社会系统中，需人际交流的创新扩散常常是农民面对面地进行。然而，农民之间除了约定和探望式见面外，其他见面带有很大的随机性和偶然性，因而创新的扩散也就带有很大的随机性。根据概率理论，系统内农民流动的频率越高，彼此见面机会越大，创新扩散速度也就可能越快。因此我国经济体制改革后的农村和发达地区的农村，农民流动率大，增加了创新扩散的机会，农民的科技意识较强，科技水平较高。不过，创新扩散的随机性，主要指的是那些不需专门学习的创新，如新观念、新品种、新农药、新肥料等，而对需要专门培训的技术，如模式化栽培、水稻抛秧、杂交制种等而言，随机扩散主要提高知情率，难以提高采用率。

三、农业创新扩散的放大性

当一项创新被传播到农村的先驱者（如科技示范户、专业户等）后，先驱者农民通过理解、吸收和采用，成为新的扩散源，向早期采用者农民扩散。随着越来越多的农民知道、认识和采用了创新，扩散源就不断地增加。因此，随着扩散源的增加，扩散的范围也就越来越大，这就是扩散过程放大性的含义。

一个乡村系统中，某项农业创新的采用率或累计数量（户数、人数、面积等）在开始时很小，随着采用人数增加，扩散速度加快，采用率增加很快；适宜采用者（面积）都采用后，采用率达到高峰，在一定时间内（没有新的创新代替前）保持在高峰水平（图 5-7）。图 5-7 表明，某项农业创新的累计采用率是一条 S 形曲线。

如果以创新采用的累计数或累计百分数为依变数（Y），创新扩散时间为自变量（t），可以用非线性最小平方法把图 5-7 的 S 曲线配成 Richards 方程：

$$Y=A/\left(1+Be^{-Kt}\right)^{1/N}$$

式中，B、K、N 为参数；A 为一项创新在扩散范围内最大可能采用数量，以累计采用率表示时，A=100；e 为自然对数底。根据上式，可以导出扩散速率（V）：

$$V=AKBe^{-Kt}/N(1+Be^{-Kt})^{(N+1)/N}$$

上式反映了一个乡村系统中单位时间采用创新的数量（图 5-7）。

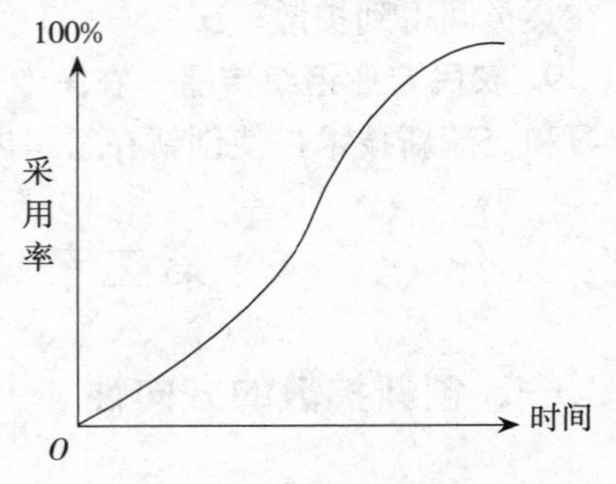

图 5-7　农业创新扩散的 S 形曲线

四、农业创新扩散的阶段性

农业创新扩散的阶段性，指一项农业创新在一个乡村社会系统中的扩散速率要经历几个阶段（图 5-8）。①突破阶段。先驱者农民通过各种途径得到创新，包括从推广人员、大众媒介、集市贸易等得到的创新，通过采用过程的几个阶段，在当地首次采用，打破了当地未采用该创新的状况。这种突破，使当地农民知道了该项创新，并有机会就近认识、观看创新，具有一定的试验作用。②紧要阶段。如果先驱者农民采用的创新表现很好，不仅他们继续采用，那些早期采用者农民也会跟着采用。但是，先驱者农民的“试验”成功，是在很小规模条件下的成功，只有当早期采用者农民成功时，才能说明创新的成功。因此这个阶段是创新成果在当地的示范阶段，也是能够继续在当地扩散的关键阶段。③跟随阶段。早期采用者农民的采用成功，既增加了创新的扩散源，又进一步证明创新的优越性，不仅先驱者和早期采用者继续采用，被称为“早期多数”的农民在看到采用该创新确实有利可图时，也会主动跟进采用，单位时间的扩散速率显著增加并达到高峰。④从众阶段。当早期多数农民采用成功后，在创新优越性的吸引下、社会舆论影响下和群体压力下，其他农民随大流而采用创新，使创新的使用范围进一步扩大，“后期多数”和“落后者”就是随大流者。创新扩散到这个阶段，适宜采用的农民或范围已经采用，单位时间的扩散速率逐渐下降，创新的累计采用数量达到了高峰。

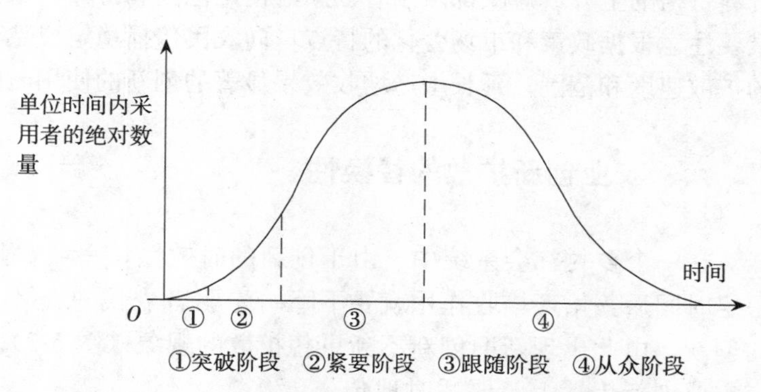

图 5-8　一个乡村系统中农业创新的扩散速率

从农业推广的角度看，根据创新扩散的阶段性特点，要善于发现和培养先驱者农民，向他们传播农业创新，使创新的采用在一个乡村获得突破。并在他们采用过程中随时给予指导，保证他们“试验”成功，这是以后扩散的基础。在紧要阶段要采取巡回指导的推广方式，在生产的关键环节，指导早期采用者农民，让他们得到良好的“示范”效果，这是以后扩散的保证。在跟随阶段和从众阶段，注意信息咨询和物质配套服务，帮助农民解决采用创新中遇到的问题，这是获得推广效益的主要时期。

五、农业创新扩散的时效性

农业创新扩散的时效性，指农业创新在扩散过程中，创新效益表现出时间限度的特性。产生时效性的原因主要有：①被新创新取代。一项创新还在推广扩散的前期，被增产增收作用更明显的创新所取代，使原有创新只能在较短的时间范围得到扩散。②优越性丧失。一项创新在扩散使用过程中，优良特性因使用年限逐渐丧失，如品种种性退化；或因自然条件、生产条件的变化，其适用性能下降，如病原微生物变化使品种抗病性下降等。③政策变化。

农业生产关系国计民生，政府根据社会经济发展需要调整农业结构，不同时期出台不同政策，支持或限制某些农产品的生产。被限制农产品生产的相关创新的使用范围和寿命都将受到限制。④市场变化。用创新生产产品的市场需求减少或价格下降，以及使用创新所需生产资料价格的上升或短缺都限制着创新的使用范围和寿命。根据创新时效性特点，农业推广人员要注意根据政策和市场变化的特点，向农民传播稳定成熟、优越程度高的创新，提高创新的扩散速度和范围，延长增产增收效果显著的创新的使用时间。

六、农业创新扩散的替换性

在一个乡村社会系统中，由于创新的时效性，一项农业创新扩散到一定范围，使用到一定时间后，增产增收作用就要下降。先驱者农民总是不断寻找更好的创新来代替原有的创新，由此出现新旧创新不断更替扩散的现象（图 5-9）。根据创新扩散的替换性特点，在农业创新传播上，要适时地传播替代性创新。适时传播，就是考虑创新替换点，如图 5-9 中的 A、B 点。既要保证前一创新能充分发挥效益，又要保证在前一创新效益下降时，后一创新能够及时替换进入大面积应用阶段。使一个系统中创新的替换扩散，能够前后相接，采用创新的总效益最大。

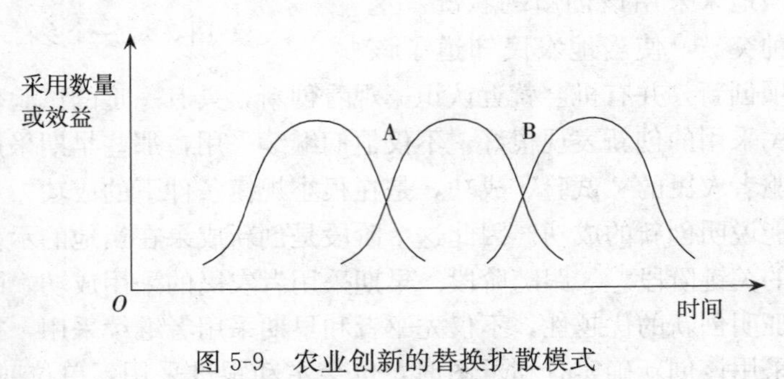

图 5-9 农业创新的替换扩散模式

第三节 农业创新扩散的原因与影响因素

一、农业创新扩散的原因

农业创新之所以能在一个乡村社会系统中扩散，除了创新本身吸引力和社会压力外，还有以下原因：

1. 信息学原因 信息是自然界、人类社会和人类思维活动中普遍存在的一切物质和事物的属性，它是客观世界中各种事物的存在方式和运动状态的反映。因此，人们得到了某个事物的一些信息，就对该事物有所认识和了解，对它的不确定性就会减少，得到的信息越多，对该事物知道得越多，对它不知道、不肯定的东西就越少。因此，信息可以增加人们对事物的认识，减少人们对事物的不确定性，这是信息的主要功能。正是信息的这一功能，才促使人们对信息进行收集、传播和利用。在农村社会系统中，也正是信息能减少农民对新事物的不确定性，才促使农业创新信息在农民之间的广泛扩散。

2. 社会学原因 从社会学的角度分析，一种新事物被引入一个原本稳定的系统，由于其“新”必然会引起某种不稳定或不确定性，既对固有秩序和结构会造成一定的冲击，又引起某种秩序调整以重新达到平衡的潜在要求。通过信息交流可以减少或消除不确定性，这是创新扩散得以进行的重要动力。因而，当一项农业创新被传播到一个乡村以后，这个村的农民很想知道它有什么特点、增产增收效果如何、能不能学会，等等。由此农民心理上产生了许多不确定性的问题，要解决这个问题，他们就要相互询问、交流，促进创新的扩散。

3. 心理学原因　人的需要可分为生理、安全、归属、自尊和自我实现需要等层次，除了生理需要有赖于物质满足之外，其他需要的满足都有赖于社会或他人的酬赏，而且这种酬赏是双向的。人和人之间必须既有取又有予才能维持持续不断的人际关系。农民之间的信息交流是满足自身需要和维持人际关系的一个重要途径。农民在闲谈聊天中，自然而然地就将自己所知道的事情讲了出来，使信息得到扩散。农业创新信息许多也是作为人际交流的内容而被扩散。当然，如果创新有非常显著的增产增收效果，有些采用者农民由于某种原因，不会轻易告诉外人。但当亲朋好友询问时，若不告诉他们，心里又会紧张不安，只有说出来心里才会平静。因而这类创新信息一般不是在人多的闲谈中扩散，而是在与亲朋好友的交流中扩散。

二、农业创新扩散的影响因素

1. 创新因素　农业创新扩散是创新在一个系统中农民之间相互交流、相互学习的过程。创新的效益优越性、技术易学性、使用方便性等直接影响采用创新农民的使用效果及其评价，影响准备采用创新农民的认识、态度以及采用行为，从而影响创新的扩散速率。例如，浅免耕技术省本易行，在短时间（3～4 年）就达到采用高峰；而模式化栽培技术复杂难学，在较长时间（7～8 年）才达到采用高峰（图 5-10）。

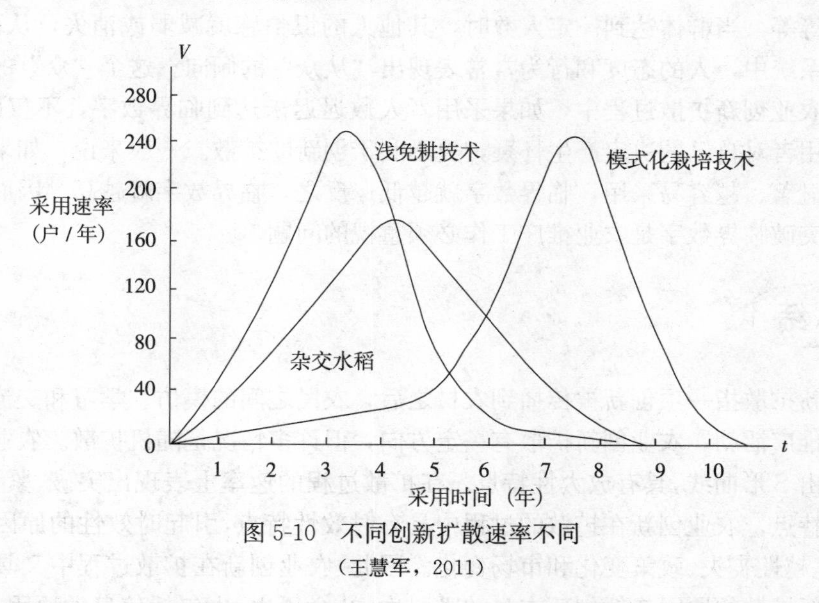

图 5-10　不同创新扩散速率不同

（王慧军，2011）

2. 人际网络　从社会学的观点看，一个农村社会系统中有许多初级群体，每个农民都属于相应的群体，群体内的成员常是亲朋邻里，容易接近相处，因而创新的扩散常在群体内部成员之间进行。但是，如果某群体的人际网络由彼此相互联系的个体组成互锁式人际网络（图 5-11A），这虽能使一项创新很快在群体内部得到扩散，但很难从群体外部获得信息，在封闭落后的山区常常出现这种人际网络。而有些人际网络有一个焦点人物，其他人都和焦点人物有联系，但彼此之间互不关联，这被称为辐射式人际网络（图 5-11B）。在辐射式人际网络中，每个人都可能是焦点人物，都可能接触不同的人，获得不同的信息，都可能成为扩散源。因此，就一个农村社会系统而言，鼓励农民打破封闭式交往格局，建立开放、外向、辐射式人际网络，有利于整个农村社会系统的创新扩散，在沿海发达地区的农民中，常常见到这种人际网络。

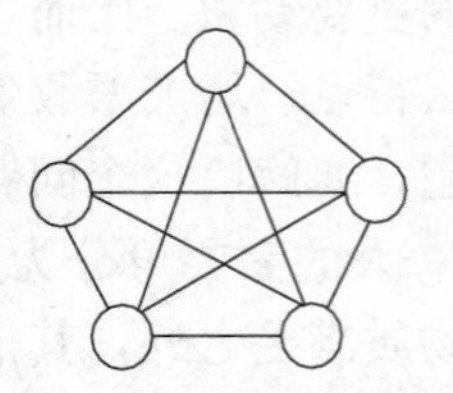
A.互锁式人际网络

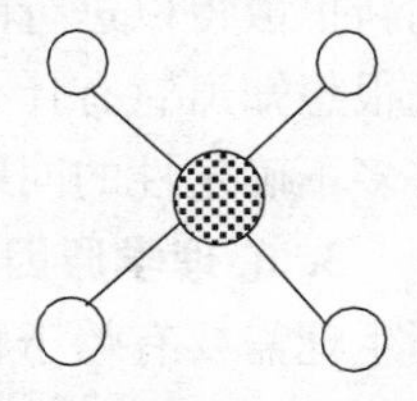
B.辐射式人际网络

图 5-11 互锁式人际网络和辐射式人际网络

3. 意见领袖 意见领袖是一个社会系统中在某一件事或大多数事情上对其他系统成员的态度和行为具有较大影响力的人物。意见领袖的形成不是因为其担任某个职务，而是人心的一种自愿跟随。意见领袖具有人际交往广泛、社会活动能力强、信息来源多、理解信息能力强、容易接受新事物、有独立见解、对某一群体具有责任感的特点，常是这个群体的代言人。他们常是影响创新在该群体扩散的核心人物。在一个农村社会系统中，不同的群体常有不同的意见领袖。在农业创新的采用和扩散上，有经验、有文化、善经营的科技户、专业户常是所属群体的意见领袖。在农业创新传播中，要注意认识、评估及合理利用不同群体的意见领袖，发挥他们在农业创新扩散中的纽带作用。

4. 临界数量 临界数量是一个数字点，当系统中创新采用人数达到这一数字时，创新扩散就可以自动地进行下去。现实生活中，很多现象的发生发展都有一个类似“门槛”的数字，过了这一“门槛”，事情的发展就可以自我延续。如横穿马路，有1～2人闯红灯时，其他人可能会观望，当有3～4个人闯红灯时，其他人可能就会跟着去；再如政治集会、游行、考试作弊，等等，当群体达到一定人数时，其他人的惧怕感就减弱或消失，从而主动加入。在一个社会系统中，人的态度和行为常常表现出“从众”的倾向。这个“众”的起点就是临界数字。在农业创新扩散过程中，如果采用者人数迟迟未达到临界数字，不仅跟随者很少，还会使已采用者对自己的决定产生怀疑，更不利于创新的扩散。一般来说，如果创新的增产增收效果越显著、越容易采用，临界数字就越低；反之，临界数字就越高。因而如何促使创新扩散尽早突破临界数字是农业推广工作必须重视的问题。

本章小结

农业创新扩散指一项创新被传播到农村之后，农民之间的模仿、学习和交流过程，是农民的无意识推广活动。农业创新扩散有一定方向，但许多情况是随机扩散。农业创新扩散在结果上表现出S形曲线，具有放大性特点。在扩散过程的速率上表现出突破、紧要、跟随和从众的阶段性特点。农业创新在扩散的过程中具有时效性特点，引起时效性的原因有被新创新取代、创新优越性丧失、政策变化和市场变化。因此，农业创新在扩散过程中又具有替换性特点。农业创新扩散的原因包括创新本身的吸引力、社会压力，也包括信息学原因、社会学原因和心理学原因。创新因素、人际网络、意见领袖和临界数量常常影响创新扩散的速率和结果。

补充材料与学习参考

1. 农业创新扩散的信息度量

教材内容述及，农民通过信息交流扩散，可以减少或消除对创新认识的不确定性。那么怎样来度量在信息扩散过程中农民减少或消除不确定性的数量呢？这就必须进行信息度量。

在信息论中，有两种方法来度量不定性。一个是信息熵 $H(x)$，它是从信源的角度考虑，标志信源总体的平均不定性的量；另一个是从信宿角度考虑，指信宿接受信息后消除不定性的量，或者称为获得的信息量 $I(p)$。

农村社会系统是一个简单巨系统，对于一个由 N 个子系统组成的简单巨系统，考察系统具有可加性的某性质 A，测得总量为 X，每个子系统的测量值为 X_i，它对总量的贡献为 $P_i=X_i/X$，系统关于性质 A 的信息熵 $H(x)$ 的数学表达式是：

$$H(x)=-\sum_{i=1}^{n}P_i\mathrm{Log}P_i \tag{1}$$

在（1）式中，以 2 为底表示二进制单位的数，信息熵 $H(x)$ 的单位为比特（bit）；以“e”为底，即自然对数，表示自然单位的数，信息熵的单位为奈特（nat）。

信息量 $I(p)$ 是信宿接受信息后消除不确定性的量。如果没有受到干扰，信源发出的信息全部被接收，信宿完全消除了对信源的不定度 $H(x)$，信源熵与信宿收到的信息量完全相等。因此，信息量 $I(p)$ ＝信息熵 $H(x)$，信息量的计算公式也就是信息熵的计算公式，它们的单位相同，即

$$I(P)=-\sum_{i=1}^{n}P_i\mathrm{Log}P_i \tag{2}$$

假设某农业创新有 4 个不同的特点，每一次有效交流（指能得到新信息的交流）中可能得到不同的 1 个、2 个、3 个或 4 个特点，因而最多经过 4 次有效交流，可将该创新的特点交流完毕。如果某农民张三同甲、乙、丙、丁 4 个农民交流，每一次交流只能知道一个新特点，则每次交流对总量的贡献是 1/4，根据（2）式可以计算张三在交流中得到的信息量。

由于农业创新的特点个数是自然数，我们对（2）式采用自然对数。

$$I(P)=-[1/4\ln(1/4)+1/4\ln(1/4)+1/4\ln(1/4)+1/4\ln(1/4)]$$
$$=1.386\ (\mathrm{nat})$$

如果张三与甲交流知道了 2 个特点，与乙和丙交流又分别知道了另外 2 个特点，则与甲交流对总量的贡献率为 2/4，与乙和丙交流的贡献率各为 1/4，用类似的方法可以算出张三在交流中得到的信息量为 1.039nat；如果张三与甲交流知道了 3 个特点，与乙交流知道了另外一个特点，则与甲交流的贡献率为 3/4，与乙交流的贡献率为 1/4，则张三在交流中得到的信息量是 0.563nat。因此，对同一农业创新，有效交流次数越多，在交流中得到的信息量越大。

如果某一创新有 6 个、7 个或 8 个特点，每次有效交流只能知道 1 个不同的特点，用同样的方法计算，在交流中得到的信息量分别是 1.792nat、1.946nat 或 2.079nat。这表明，一项农业创新的特点越多、越复杂，在交流中可能得到的信息量越大。

信息量的大小与提供信息的多少并不是一对一的关系。它的大小与原来事件发生的概率有关，也与信息所消除的对事物认识不确定程度有关。原来事件发生的概率越小，所提供的准确性能在较大程度上消除对事物认识的不确定性，因此，这一准确信息的信息量就越大。原来事件发生的概率越大，提供准确信息后，所消除对事物认识的不确定性较小，其信息量就小。就同一创新而言，有效交流的次数越多，某一特点在一次被交流的概率就越小，农民

对这一特点的不确定性程度越大；对不同创新而言，特点越多的创新，某一特点被扩散交流的概率越小，农民对这个特点的不确定性程度越大。由于信息量是消除不确定性的量，因而消除不确定性的量越大，信息量就越大。

2. 案例——农业技术的扩散

湖南省和四川省的杂交水稻种植技术的扩散

胡瑞法根据湖南省和四川省1975—1990年杂交水稻面积资料（表5-1），利用Logistic函数 $n_t=n^*/(1+ae^{-bt})$ 拟合。式中，n_t表示t年的面积，n^*为杂交水稻的面积极限水平，即全部水稻面积均种植杂交水稻为扩散极限。b是转换斜率，表示杂交水稻的扩散随时间而调节的速度。a与基期杂交水稻采用水平有关。截距 $n^*/(1+a)$，表示杂交水稻最初的采用面积。截距越大，表明该地区新技术使用越早。

根据两省杂交水稻种植技术扩散模型的参数估计值（表5-2），可知四川省的n^*与b值分别大于湖南，表明四川省的杂交稻种植面积大于湖南，杂交稻技术扩散速度快于湖南；两个省的最初杂交稻技术扩散截距分别为252.53和0.99，表明对杂交水稻技术的采用湖南早于四川。这也可由实际情况说明。因为杂交水稻技术首先产生于湖南省，因此湖南省也是该项新技术最早采用的地区，而四川则由于与技术发明地不属于一个省，其技术传播有一个过程，使得该项技术在四川的扩散落后于湖南。

表5-1 湖南省和四川省的杂交水稻扩散资料（10 000×667m²）

年份	湖南省	四川省	年份	湖南省	四川省
1975	0.1		1983	1 182.7	1 422.9
1976	84.2	0.5	1984	1 512.9	1 829.9
1977	114.5	20.0	1985	1 354.9	1 859.7
1978	1 181.7	195.9	1986	1 652.0	1 924.2
1979	1 014.8	480.3	1987	1 978.2	2 100.5
1980	941.6	679.7	1988	2 294.5	2 454.3
1981	1 057.4	847.6	1989	2 061.4	2 616.1
1982	1 142.1	1 057.9	1990	2 473.4	2 748.3

表5-2 湖南省和四川省杂交水稻技术扩散模型的参数估计

参数	湖南省	四川省
n^*	2 500	2 750
a	8.90	434.76
b	−0.322 6	−0.725 9
截距	252.53	0.99

资料来源：胡瑞法．1998．种子技术管理学概论．北京：科学出版社．

3. 参考文献

高启杰．1997．现代农业推广学．北京：中国科学技术出版社．

刘双，于文秀．2000．跨文化传播——拆解文化的围墙．哈尔滨：黑龙江人民出版社．

盛亚．2002．技术创新扩散与新产品营销．北京：中国发展出版社．

唐永金．2004．农业创新扩散的机理分析．农业现代化研究，25（1）：50-53．

唐永金．2010．农业创新传播、扩散与推广．农业现代化研究，31（1）：77-80．

王慧军 . 2011. 农业推广理论与实践 . 北京：中国农业出版社 .

王雨田 . 1996. 控制论、信息论、系统科学与哲学 . 北京：中国人民大学出版社 .

沃纳·赛佛林，小詹姆斯·坦卡德 . 2000. 传播理论——起源、方法与应用 . 北京：华夏出版社 .

Katz E. 1957. The two-step flow of communication：An up-to-date report of an hypothesis. Public Opinion Quarterly (21)：61-78.

思考与练习

1. 传播与扩散在农业推广中各有哪些作用?
2. 你认为一个农民知道或采用创新后为什么要扩散?
3. 为什么农业创新扩散呈现 S 形的曲线?
4. 在不同扩散阶段应该做好哪些推广工作?
5. 在扩散过程中，引起农业创新失效的原因有哪些?
6. 哪些因素影响创新扩散速度和范围?

第六章　农业推广的心理基础

农业创新的受传者是农民，农民的心理特征影响他们对推广人员、推广内容和推广方法的认识、评价和态度，从而影响他们对创新的采用。认识农民的个性心理和社会心理特点，了解农民的需要，熟悉农民社会态度和社会动机，掌握与农民心理互动和影响农民心理的方法，可以帮助推广人员有针对性地选择推广内容和方法。

第一节　农民个性心理与农业推广

个性指一事物区别于他事物的特殊品质。农民的个性心理是指农民在心理方面所表现出的特殊品质。从推广上讲，农民的需要、动机、兴趣、理想、信念、价值观和性格这些个性心理成分直接影响对创新的态度及采用创新的积极性。

一、需要

（一）需要的概念、类型和特点

需要是人对必需而又缺乏的事物的欲望或要求。人的需要是多种多样的。根据需要的起源，可分为自然性需要和社会性需要。

自然性需要主要是指人们为了维持生命和种族的延续所必需的需要，表现为对衣、食、住、行、性等方面的需要。它具有以下特点：①主要产生于人的生理机制，与生俱有；②以从外部获得物质为满足；③多见于外表，易被人察觉；④有限度，过量有害。

社会性需要是在自然性需要的基础上形成的，是人所特有的需要，表现为人对理想、劳动道德、纪律、知识、艺术、交往等的需要。它具有以下特点：①通过后天学习获得，由社会条件决定；②比较内含，不易被人察觉；③多从精神方面得到满足；④弹性限度大，连续性强。

农业创新的增产增收结果，一定要在某种程度上满足农民的自然性需要，否则农民不会采用所推广的创新。在农业创新传播过程中，增加农民的科技文化知识，增加对创新的认识和了解，传授创新的操作方法，尊重农民的人格、风俗习惯、社会规范，与农民建立良好的人际关系，满足农民社会性需要，有利于他们态度和行为的改变。

（二）需要的层次

美国心理学家马斯洛（A. Maslow）于 1954 年把人类的需要划分为 7 个层次：生理需要、安全需要、社交需要、尊重需要、认知需要、审美需要和自我实现需要。

1. 生理需要　这是人类最原始、最低级、最迫切也是最基本的需要，包括维持生活、延续生命所必需的各种物质上的需要。

2. 安全需要　当生理需要多少得到满足后，安全的需要就显得重要了。它包括心理上与物质上的安全保障需要。农村社会治安的综合治理、农村养老保险、医疗社会统筹、推广项目论证等，都是为了满足农民的安全需要。

3. 社交需要　包括归属感和爱情的需要，希望获得朋友、爱人和家庭的认同，希望获得同情、友谊、爱情、互助以及归属某一群体，或被群体所接受、理解、帮助等方面的需要。在农村，家庭、邻里、群团组织、文娱体育团体、农民专业合作组织、农民专业技术协会等，都是满足农民社交需要的组织或群体。

4. 尊重需要　是因自尊和受别人尊重而产生的自信与声誉的满足。这是一种自信、自立、自重、自爱的自我感觉。在农村，农民希望尊重自己的人格；希望自己的能力和智慧得到他人的承认和赞赏；希望自己在社会交往中或团体中有自己的一席之地。在推广中，一定要注意到农民的尊重需要，不要伤害了农民的自尊心。

5. 认知需要　对获取知识、理解知识、掌握技能的需要。农民主动参加教育培训，千方百计送子女读书；农民对不知事物的询问，对新奇事物或现象的聚群观看，主动探索解决生产问题的方法，创造新方法、新技能和新产品等，都是认知需要的表现。农村的学校教育、农业推广教育与培训、指导与咨询活动都在某种程度上满足农民的认知需要。

6. 审美需要　对秩序和美好事物的需要。不少农民房屋装饰美观，家里布局有序；逢年做客穿新衣，过节来客做清洁等都是农民生活上审美需要的表现。不少农民种植作物时，垄直行正，地平土细，清理田边，去除杂草，也是生产上审美需要的表现。

7. 自我实现需要　是指发挥个人能力与潜力的需要。这是人类最高级的需要。在农村，农民希望做与自己相称的工作，以充分表现个人的感情、兴趣、特长、能力和意志，实现个人能够实现的一切。

同一农民一般同时存在几种强度不同的需要。不同农民对各层次需要的强度不同。对温饱问题没有解决的农户，穿衣吃饭满足生理需要是最重要的需要，而对温饱问题解决之后的农户，增加经济收入，解决子女上学，满足认知需要等变得更为重要。因此，农业创新传播时，要了解当地农民的需要层次和强度，有针对性地选择传播内容，才能引起他们的兴趣和采用动机。

（三）需要的阶段

社会经济发展的阶段性，导致人们需要结构出现阶段性变化的特点。在我国短缺经济年代，食品需要是主要需要，其他需要是次要需要。在社会物质条件丰富后，增加经济收入的需要是主要需要，其他需要变成次要需要。我国农户需要也出现阶段性变化的特点。胡继连(1992）研究表明，按照需要强度的大小，我国农民在1952—1957年，粮食需要＞其他生活资料需要＞合作需要＞其他需要；1958—1978年，粮食需要＞经营自主权需要＞其他生活资料需要＞其他需要；1979—1991年，货币需要＞就业需要＞口粮保障需要＞其他需要。在农业推广上，要根据农民需要结构的阶段性特点，在不同阶段，选择不同的推广项目，充分满足农民各阶段的第一需要。

（四）需要的差异

因自然生态和社会经济条件差异很大，农民之间的需要差异也很大。于敏（2010）对浙江宁波511户农民的培训需要调查，需要农业生产技术的占43.0%，市场营销知识占26.0%，政策法规的占13.0%，创业知识占11.0%，进城务工技能占5%。据刘海燕等（2010）对江西瑞金山区196个农村居民培训需求调查，需要农业实用技术的占64.28%，法律知识等文化素养占27.04%，市场营销知识占17.86%，绿色证书培训占16.84%，人力资源转移培训占11.73%，其他知识占1.02%。因此，农业推广要针对农民需要的差异性，对不同农民推广不同的内容。

二、动机

（一）动机的概念、作用、类型和特征

动机是行为的直接力量，它是指一个人为满足某种需要而进行活动的意念和想法。动机对行为具有以下作用：①始发作用。动机是一个人行为的动力，它能够驱使一个人产生某种行为。②导向作用。动机是行为的指南针，它使人的行为趋向一定的目标。③强化作用。动机是行为的催化剂，它可根据行为和目标的一致与否来加强或减弱行为的速度。

人的动机非常复杂，按照不同的方式，可以分为不同的类型。根据动机的内容，可以分为生理性动机（物质方面的动机）和心理性动机（精神方面的动机）。根据动机的性质，可分为正确的动机和错误的动机。根据动机的作用，可分为主导动机（优势动机）和辅助动机。主导动机是一个人动机中最强烈、最稳定的动机，在各种动机中处于主导和支配地位，而辅助动机能够对主导动机起到补充作用。根据动机维持时间的长短，可分为短暂动机和长远动机。短暂动机是为了短小的目标利益，作用时间较短；而长远动机是为了一个远大的目标利益，作用时间较长。根据引起动机的原因，可分为内部动机和外部动机。内部动机是由于活动本身的意义或吸引力，使人们从活动本身得到满足，无需外力推动或奖励。外部动机是一种因人们受到外部刺激（奖或惩）而诱发出来的动机。

由于人的需要是多种多样的，因而可以衍生出多种多样的动机。动机虽多，但都有以下特征：①力量方向的强度不同。一般来说，最迫切的需要是主导人们行为的优势动机。②人的目标意识的清晰度不同。一个人对预见到某一特定目标的意识程度越清晰，推动行为的力量也就越大。③动机指向目标的远近不同。长远目标对人的行为的推动力比较持久。

（二）动机产生的条件

（1）内在条件，即内在需要。动机是在需要的基础上产生的，但它的形成要经过不同的阶段。当需要的强度在某种水平以上时，才能形成动机，并引起行为。当人的行为还处在萌芽状态时，就称为意向。意向因为行为较小，还不足以被人们意识到。随着需要强度的不断增加，人们才比较明确地知道是什么使自己感到不安，并意识到可以通过什么手段来满足需要，这时意向就转化为愿望。经过发展，愿望在一定外界条件下，就可能成为动机。

（2）外在条件，即外界刺激物或外界诱因。它是通过内在需要而起作用的环境条件。设置适当的目标途径，使需要指向一定的目标，并且展现出达到目标的可能性时，需要才能形成动机，才会对行为有推动力。所以，动机的产生需要内在和外在条件的相互影响和作用。

在农业推广中，要根据农民的需要选择推广项目和推广内容，这是农民产生采用动机的前提，也是搞好农业推广工作的基础。推广人员必须坚持：①深入调查，具体了解农民的实

际需要。②分析农民当前最迫切的需要，借以引起能够主导农民行为的优势动机。③所选创新实现的目标与农民的需求目标一致。④进行目标价值和能够实现目标的宣传教育，发挥目标对满足需要的刺激作用，以促使产生采用动机。

三、兴趣

（一）兴趣的概念和作用

兴趣是人积极探究某种事物的认识倾向。这种认识倾向使人对有兴趣的事物进行积极的探究，并带有情绪色彩和向往的心情。兴趣是在需要的基础上产生和发展的，需要的对象也就是感兴趣的对象。兴趣是需要的延伸，是人的认识需要的情绪表现。对事物或活动的认识愈深刻、情感愈强烈，兴趣就会愈浓厚。

兴趣与爱好是十分类似的心理现象，但二者也有区别。兴趣是一种认识倾向，爱好则是活动倾向。认识倾向只要求弄懂搞清这一现象，却没有反复从事该种活动的心理要求；而活动倾向则有反复从事该种活动的愿望。当兴趣进一步发展成为从事某种活动的倾向时，就成为爱好。

一个人对某事物或活动感兴趣时，便会对它产生特别的注意，对该事物或活动感知敏锐、记忆牢固、思维活跃、想象丰富、感情深厚，克服困难的意志力也会增强。所以兴趣是认识活动的重要动力之一，是活动成功的重要条件。

（二）兴趣的培养

兴趣不是与生俱来的，它和其他心理因素一样，都是以一定素质为前提，并通过后天实践活动中的培养训练而发展起来的。

（1）兴趣是在需要的基础上产生和发展的。所以，培养人的兴趣一定要设法与其需要相联系。要使农民对所传播的创新感兴趣，传播的创新要能满足他们的需要，解决他们面临的问题。

（2）胜任和成功能增强信心、激发兴趣，不断失败则会降低兴趣。所以，在推广某项创新时，帮农民创造有利于成功的条件，给予成功的经验，要使他们感到自己也能成功。一般来说，创新的实施难度与农民现有能力和条件相适应，易使他们产生兴趣。

（3）兴趣与人的知识经验有密切联系。熟悉和理解的事物容易使人产生兴趣。因此，提高农民科技文化素质，可以提高他们对农业创新的认识理解能力，有利于科技兴趣的培养。

（4）人们对有经历的事物因怀旧而产生兴趣，也对特殊事物因好奇而产生兴趣。在农业创新传播时，从农民经历的或利益相关的事件说起，或从某些稀奇事物说起，都可能引起他们的兴趣。

（5）不同感觉方式产生兴趣的程度不同。一般来说，看比听、做比看易使人产生兴趣。农业推广中，采用示范参观和亲自操作的方式，容易使农民产生兴趣。

四、理想、信念和世界观

1. 理想　理想是人对未来有可能实现的奋斗目标的向往与追求。理想包含三个基本要素：①社会生活发展的现实可能性；②人们的愿望和要求；③人们对社会生活发展前景的或多或少的形象化的构想。这三个基本要素分别体现了人们的认知、意志和情感，即真、善、美三个方面。

理想是多层次的、复杂的追求系统。在这个系统中，生活理想、职业理想是个人理想，是低层次的内容。社会理想是社会成员的共同理想，是人类追求中最高层次的内容。在一个农村社会系统中，几乎所有农民都有着追求美好生活的理想，推广创新要能帮助他们实现这个理想。

2. 信念 信念是个性心理结构中较高级的倾向形式。它表现为个人对其所获得知识的真实性坚信不疑并力求加以实现的个性倾向。信念不仅是人所理解的东西，而且也是他深刻体验到并力求实现的东西。实践表明，信念是知和情的升华，也是知转化为行的中介和动力。信念是知、情、意的高度统一体。

信念在生活中的作用是巨大的。信念给人的个性倾向性以稳定的形式。信念是强大的精神支柱，它可以使人产生克服艰难险阻的大无畏精神，是身心健康的基石。在农业推广中，坚定农民科学种田与科技致富的信念，可以帮助他们接受和采用创新。

3. 世界观 世界观是人对整个世界的总的看法和根本观点，是个性倾向的最高表现形式，是个性心理的核心，也是个人行为的最高调节器。

世界观对心理活动的作用主要表现在：①它决定着个性发展的趋向和稳定性。②它影响认识的深度和正确性。③它制约着情绪的性质与情绪的变化。④它调节人的行为习惯。⑤它是个体心理健康最为深刻的影响因素。就农民而言，世界观的形成受个性心理、家庭、学校、社会舆论和自己经历的影响。不少老年农民因生产经验和经历的影响，对农业生产及其技术形成一套比较固定、保守的看法，这种观念增加了创新推广的难度。

五、性格

（一）性格特征

性格是指一个人在个体生活过程中所形成的对现实稳定的态度以及与之相应的习惯了的行为方式方面的个性心理特征。但并不是任何一种态度或行为方式都可以标明一个人的性格特征。所谓性格特征是指那些一贯的态度和习惯了的行为方式中所标明的特征。如一个农民具有诚实的性格特征，那么他就会在待人接物的各种场合都表现出这种特点，对他人诚心诚意，对农业生产严肃认真，对自己老老实实。人的性格是千差万别的，人的性格差异是通过各式各样的性格特征表现出来的。

1. 性格的态度特征 人对事物的态度特点是性格特征的主要方面，表现为对社会、对集体、对他人的态度的性格特征。如富于同情心还是冷酷无情；是公而忘私还是自私自利；是诚实还是虚伪；是勤劳还是懒惰；是有创新精神还是墨守成规；是节俭还是奢侈等。

2. 性格的意志特征 性格的意志特征是指人对自己的行为进行自觉调节方面的特征。如在行为目的性方面，是盲目还是有计划，是独立还是易受暗示；在对行为的自控水平方面，是主动还是被动，是有自制力还是缺乏自制力；在克服困难方面，是镇定还是惊慌，是勇敢还是胆怯等。

3. 性格的情绪特征 性格的情绪特征指一个人经常表现的情绪活动的强度、稳定性、持久性和主导心境方面的特征。如在强度上，是强烈还是微弱；在起伏和持久性方面，是波动性大还是小，持续的时间是长还是短；在主导心境方面，是积极还是消极等。

4. 性格的理智特征　它是指人在感知、记忆、想象、思维等认识过程中所表现出来的个人的稳定的品质和特征。如在感知方面，是主动观察还是被动感知，是分析型还是综合型，是快速感知还是精确感知；在想象方面，是幻想型还是现实型，是主动还是被动；在思维上，是深刻型还是肤浅型，是分析型还是综合型，等等。以上各种性格特征在每个人身上都以一定的独特形式结合成为有机的整体，其中性格的态度特征和意志特征占主要地位，尤其态度特征又显得更为重要。

（二）性格类型

性格类型是指在某一类人身上所共同具有的或相似的性格特征的独特结合。目前较为常见的有以下几种分类：

（1）根据知、情、意三者在性格中哪一种占优势来划分的性格类型，有理智型、情绪型和意志型。理智型的人，一般是以理智来评价周围发生的一切，以理智来支配和控制自己的行动；情绪型的人，一般不善于思考，言行举止容易受情绪所左右，但情绪体验深刻；意志型的人，行为目标一般比较明确，主动积极。

（2）根据个人心理活动倾向性来划分的性格类型，有外向型和内向型两大类。外向型的人，心理活动倾向于外部；内向型的人，心理活动倾向于内部。在现实生活中，极端的内向、外向类型的人很少见，一般人都属于中间型。即一个人的行为在某些情境中是外向的，在另一些情境中则是内向的。

（3）根据个人独立性的程度来划分的性格类型，有独立型和顺从型两大类。独立型的人较善于独立思考，不容易受外来因素的干扰，能够独立地发现问题和解决问题，有时则会把自己的意见强加于别人；顺从型的人较易受外来因素的干扰，没有主见，常常会不加分析地接受别人的意见而盲目行动，应变能力较差。

在农业推广上，要了解受传者农民的性格特征，寻找那些具有热情、诚实、勤劳、主动、稳定、具有创新精神性格特征的农民作为科技户或示范户；对理智型和情绪型，内向型和外向型，独立型和顺从型等性格反差大的农民，应该采取不同的推广策略和方法。

六、选择性心理

受传者的个性心理特点影响对信息的接受，表现出对信息进行选择性注意、选择性理解和选择性记忆。

1. 选择性注意　选择性注意，指受传者会有意无意地注意那些与自己的观念、态度、兴趣和价值观相吻合的信息，或自己需要关心的信息。这种现象在农村很常见，如西瓜专业户的农民会对西瓜的技术、价格、销路等信息特别注意，种蔬菜的农民对相应的蔬菜信息很关注。因此，我们在传播农业创新信息时，一定要重视当地农民的需要，重视他们对信息的选择性注意。

2. 选择性理解　选择性理解，指不同的人，由于背景、知识、情绪、态度、动机、需要、经验不同，对同一信息会作出不同的理解，使之与自己固有的观念相协调而不是相冲突。我们在推广中发现，不少农民在采用新技术时会“走样”，“走样”的原因多与他们的选择性理解有关。他们对创新信息的理解是在原有技术和经验的基础上进行的，选择性理解使新信息与旧经验相协调，结果常常会产生许多“误解”。因此，推广人员在传播创新信息时，尽量使语言通俗易懂，不要产生歧义，要将新旧技术的不同点逐一比较；要及时收集不同类型农民的反馈信息，一旦发现信息被误解，要立即采取措施，消除误解。

3. 选择性记忆 选择性记忆，指受传者容易记住对自己有利、有用、感兴趣的信息，容易遗忘相反的信息。当然，选择性记忆并不全面，如生活中某些特别重要的信息（对己并非有利、有用或感兴趣）也会记得很牢。但就一般信息而言，选择性记忆还是反映了人们的某些记忆特征。农业创新信息许多属一般的农业生产经营信息，它们必须能引起农民的兴趣，使农民感到有用，并给自己带来好处时，才可能引发农民对它们的选择性记忆。因此，推广人员必须站在农民的角度收集和选择传播的信息；在传播时充分利用首因效应、近因效应和重复的原理，把重要内容放在突出的位置并给予强调，尽量增加选择性记忆在农业创新传播中的作用。

第二节　农民社会心理与农业推广

在农村社会系统中，农民心理受他人和社会现实的影响，在社会动机、社会认知和社会态度等方面形成相应的社会心理。社会心理是指人们在社会生产、社会生活、社会交往中产生的心理活动及其特征。

一、社会动机

社会动机是由人的社会物质需要和精神需要而产生的动机。社会动机与其他动机一样，是引起人们社会行为的直接原因。社会动机是有目标指向性的意识活动。意识性是社会动机的主要特点。社会动机决定于社会需要。社会需要的内容和满足方式随着社会历史的发展而变化，因此，反映社会需要的社会动机也具有社会历史性。例如，在我国加入WTO（世界贸易组织）后，农产品市场范围扩大，沿海许多农民由此产生了从事出口农业生产的动机。

社会动机可以分为交往动机、成就动机、社会赞许动机和利他动机。

1. 交往动机 交往动机表现为个人想与他人结交、合作和产生友谊的欲望。沙赫特（S. Schachter）的研究表明，交往动机与焦虑有关。威胁性的情境使人产生焦虑，而个人在焦虑的时候交往动机也较强烈，交往动机的满足可以增加安全感。在农村，当某个农民在农业生产中遇到困难时，与他人交往的动机就会增加，如就会产生参加技术培训活动、参加专业技术协会、参加专业合作社的欲望。

2. 成就动机 成就动机是指个人或群体为取得较好成就、达到既定目标而积极努力的动机。成就动机是在与他人交往的社会生活中，在一定的社会气氛下形成的。在农村，营造一种科技致富的社会气氛，有利于农民成就动机的提高，有利于农村的发展。

3. 社会赞许动机 如果做了事情得到别人的许可、肯定和称赞，就会感到满足，这种动机称为社会赞许动机。为了取得别人的赞许，人们便会力图做好工作，减少错误。研究表明，通过赞许可以强化良好行为、削弱不良行为。社会赞许动机给人带来巨大动力，促使人们做出可歌可泣的英雄事迹。在农业创新传播中，对农民每一个正确理解，每一次正确的操作方法或做法，给予表扬和赞许，会强化他们对创新的采用动机。

4. 利他动机　以他人利益为重，不期望报偿、不怕付出个人代价的动机叫利他动机。在农村，利他动机促使许多先掌握创新技术致富的农民，有意识帮助贫困落后的农民掌握创新技术，使后者通过创新技术的采用摆脱了贫困，这也使创新在农村得到了扩散。

二、社会认知

认知就是人们对外界环境的认识过程。在这个过程中，人们对事物的认识从感觉、知觉、记忆到形成概念、判断和推理，这就是从感性认识到理性认识的过程，也就是一个认知过程。通过认知过程，人们对客观事物产生了自己的看法和评价。如果是对社会对象的认知，就称为社会认知。社会对象是人和人组成的群体及组织，所以社会认知还可分为对人的认知、对人际关系的认知、对群体特性的认知以及对社会事件因果关系的认知等。在农业推广中，农民对推广人员、推广组织有一个认知过程，对推广内容也有一个认知过程。他们认知的正确与否直接影响着对推广人员和推广内容的态度，也影响到推广工作的成败。人的社会认知一般具有以下特点：

（一）认知的相对性

每个人对社会事物的认识并不是完全清楚的，有的认识到事物的一些特性，有的认识到事物的另一些特性。人们往往根据自己对事物的认识形成一定的看法和评价。因此，当我们提供农业信息时，要注意到农民对信息的看法或评价都来自他所能认识到的那部分内容。

（二）认知的选择性

人们对社会事物的认识是有选择的。每个人主要注意到他感兴趣的或要求他注意的事物。生理和心理因素也促使人们对外界事物加以选择性的注意。农业推广人员要将推广的重点内容通过强调、重复等方式以引起农民的注意。

（三）认知的条理性

人们在认知过程中，总试图把积累的经验、学到的知识条理化，也试图把杂乱无章的知识变成有意义的秩序。因此，推广人员进行推广教育时，要条理清楚、层次分明，以便农民理解掌握。

（四）认知的偏差

这是人们在认知过程中产生的一些带有规律性的偏见。主要因首因效应、光环效应、刻板效应、经验效应和移情效应等心理定势所致。

1. 首因效应　指第一印象对以后认知的影响。这个最初印象“先入为主”，对以后的认知影响很大。通常，初次印象好，就会给予肯定的评价；否则就会给予否定的评价。因此，推广人员在与农民交往时，注意在言谈举止等方面要给农民一个好印象；开始推广的创新要简单、便于掌握，能够获得明显的收益。

2. 光环效应 又称为以点概面效应，是人或事物的某一突出的特征或品质，起着一种类似光环的作用，使人看不到他（它）的其他特征或品质，从而由一点作出对这人或事物整个面貌的判断，即以点概面。例如，某个作物品种的产量很高，农民通常忽视它的品质、抗性、生育期等方面的不良性状，而认为它是一个好品种。

3. 刻板效应 指人们在认知过程中，将某一类人或事物的特征给予归类定型，然后将这种定型的特征匹配到某人或某事上面。具有这种偏见的人常常不能具体问题具体分析。例如，某农民知道不纯的杂种会减产，当推广人员说杂交种是利用杂种优势时，他就认为杂种只会减产，不会有优势。

4. 经验效应 指人们凭借过去的经验来认识某种新事物的心理倾向。如在推广免耕栽培技术时，不少农民一开始会用传统耕作经验来拒绝这项新技术。

5. 移情效应 指人们对特定对象的情感迁移到与该对象有关的人或事物上的心理现象。如农民对某个推广人员不感兴趣，常常对他所推广的创新也不感兴趣。

认知的偏差存在于农民的社会认知过程中。作为农业推广人员，一方面要克服自己的认知偏差，另一方面要帮助农民克服认知偏差。同时，还要善于推广，避免农民因认知偏差而对推广人员或推广内容产生误解，从而产生推广障碍。

三、社会态度

（一）社会态度的概念

社会态度是人在社会生活中所形成的对某种对象的相对稳定的心理反应倾向。如对对象（人或事物）的喜爱或厌恶、赞成或反对、肯定或否定等。人的每一种态度都由三个因素组成：①认知因素。这是对对象的理解与评价，对其真假好坏的认识。这是形成态度的基础。②情感因素。指对对象喜、恶情感反应的深度。情感是伴随认识过程而产生的，有了情感就能保持态度的稳定性。③意向因素。指对对象的行为反应趋向，即行为的准备状态，准备对他（它）作出某种反应。在对某个对象形成一定的认知和情感的同时，就产生了相应的反应趋向。

（二）社会态度的功能

1. 对行为方向性和对象选择性的调节作用 态度规定了什么对象是受偏爱的、值得期望的、所趋向的或逃避的。例如，农民喜欢某个推广人员，就乐于接近他，如果不喜欢，就尽量避开他。同时，农民总是选择采用他持肯定态度的新技术、新成果，拒绝采用持否定态度的农业创新。

2. 对信息的接受、理解与组织作用 一般来说，人对抱有积极态度的事物容易接受，感知也清晰，对抱有消极态度的事物则不易接受、感知模糊，有时甚至歪曲。研究表明，当学习的材料为学习者所喜欢时，容易被吸收，而且遗忘率低；否则，学习者容易产生学习障碍，难以吸收。

3. 预定行为模式 有些态度是在过去认识和情感体验的基础上形成的，一经形成便会使人对某种对象采取相应的行为模式。例如，待人热诚、持宽容态度的人，容易与人和睦相处；而对人持刻薄态度的人，容易吹毛求疵，苛求于人。由此可见，态度不是行为本身，但它可预定人的反应模式。

（三）社会态度的特征

1. 社会影响性　一个人的态度受到社会政治、经济、道德及风俗习惯诸方面的影响，还包括受他人的影响。

2. 针对性　每一个具体的态度都是针对一个特定的对象的。

3. 内潜性　态度虽有行为倾向，但这种行为倾向只是心理上的行为准备状态，还没有外露表现为具体的行为。因此，人们不能直接观察到别人的态度，只有通过对其语言、表情、动作的具体分析，推论出来。

4. 态度转变的阶段性　人们社会态度的转变一般要通过服从、同化和内化三个阶段。

服从是受外来的影响而产生的，是态度转变的第一阶段。外来的影响有两种：①团体规范或行政命令的影响；②他人态度的影响，主要是“权威人士”或多数人的影响。在农村中，所谓“权威人士”是指有名誉、有地位、在决策中起重大作用的人，如村长、村民小组长、科技示范户、宗族首领、意见领袖等，这些人的态度对农民的态度影响很大。

同化比服从前进了一步，它不是受外界的压力而被迫产生的，而是在模仿中不知不觉地把别人的行为特性并入自身的人格特性之中，逐渐改变原来的态度。它是态度转变的第二个阶段。但这种改变还不是信念上、价值观念上的改变，因而是不稳固的。在农业推广中，有些农民头年采用了某项新技术尝到了甜头，第二年、第三年他可能还会继续采用，这就是处于同化阶段。但他尚未形成科学种田的新观念，因此，若遇某年出了风险，他就会对新技术产生怀疑了。

内化是在同化的基础上，真正从内心深处相信并接受一种新思想、新观点，自觉地把它纳入自己价值观的组成部分，从而彻底地转变原来的态度。这是态度转变的第三阶段。例如，农民已产生了科学种田、科技致富的观念，便会主动、积极地去引进采用新方法、新技术，即使受到挫折，也不改变自己的态度。这时，他对科学技术的态度便已进入内化阶段了。

（四）社会态度的改变

1. 影响态度改变的因素

（1）农民需要状况的变化。农民的需求在不断变化，凡是能直接或间接满足农民需要的事物，农民就会产生满意的情感和行为倾向，否则反之。因此，需要的变化会引起价值评价体系的变化，是态度变化的深层心理原因。

（2）新知识的获得。知识是态度的基础，当人接受新知识后，就改变了态度所倚赖的基础，其情感因素和行为倾向有可能发生变化。

（3）个人与群体的关系。个体对群体的认同度越高，就越愿意遵守群体规范，群体态度转变，个体态度也可能跟着变化。否则反之。

（4）农民的个性特征。性格、气质、能力等个性特征作为主观的心理条件经常影响态度的改变。

2. 改变态度的方法

（1）引导参与活动。引导农民参加到采用农业科技的活动中，使其尝到甜头。一方面通过行为方式的改变和习惯化，促使认知、情感、行为倾向之间出现失调而发生态度变化；另一方面通过行为结果的积极反馈，促使认识和情感的改变，进而改变态度。

(2) 群体规定。通过村规民约、群体要求等，形成群体压力，逐渐改变农民态度。

(3) 逐步要求，“得寸进尺”。将大改变分成若干小改变，在第一个小改变的要求被接受后，逐步提出其他改变的要求。

(4) “先漫天要价，后落地还钱”。先提出使对方力所难及的态度改变要求，再提出较低的态度改变要求，权衡之下，较低的要求会很容易被接受。

(5) 说服宣传。利用威信高的媒介或个人，传播真实、符合农民需要、有吸引力的信息，从理智和情感两个方面去影响农民，容易促进农民态度的改变。

第三节 农业推广过程心理

一、农业推广者对农民的认知

(一) 通过外部特征认知农民心理

外部特征主要指面部、体型、肤色、服饰、发型等方面的特点。根据这些外部特点，可以推测农民的性格、兴趣等心理特征。一般来说，肤色白皙、体型发胖、肌肉松弛的农民，具有好吃懒做的心理特点；肤色黝黑、体型中等偏瘦、手茧多的农民，具有诚实、勤劳的心理品质。奇装异服、独特发型、发染异色、手身文图的青年农民，具有外向性格、喜新厌旧、易变不稳的心理特点。

(二) 通过言谈举止认知农民心理

言谈举止主要包括言语、手势、姿态、眼神、表情等。通过言语行为可以了解人的性格特点。喜欢说的农民常具有性格外向的特点；一被揭短就发火骂人的农民具有情绪性的性格特点；说话不慌不忙，待别人说完后，才一一道来的农民，常是理智型农民；不喜欢发言，一说话脸就红，言语结巴的农民，多具性格内向特点。通过言语内容可以了解农民的个性倾向性和社会心理。从农民的言谈内容中，可以知道他的需要、兴趣、动机、态度趋向，可以知道他的经历、认知等影响心理因素的情况。如果是在传播创新之后，还可从他的谈话内容知道他对该创新的认知和态度情况。手势能够反映人的自信与自卑。坚定有力的手势常是自信的表现；犹豫无力的手势，常不够自信。身体姿态多变、站坐不安、东张西望的农民，心神不宁，有事在心，听不进创新推广者所讲的内容。眼神无力、犹豫不定、怕接触推广者目光的农民，多性格内向或不够自信。舒展畅快的面部表情，常反映出一定程度的理解和喜欢；紧缩凝重的面部表情，常反映出一定的思考和犹豫。

(三) 通过群体特征认知农民心理

物以类聚，人以群分。同一群体往往具有共同特点，通过这些共同特点可以推测其成员所具有的共同心理。如一个棉花专业协会会员，他对棉花技术的需求心理与其他成员大同小异；青年农民热情好学，喜欢交往，喜欢新事物，但许多不安心农村和农业，不喜欢见效慢的长效技术；老年农民常凭经验办事，接受新事物的能力较差，常对传播的创新持怀疑态度；农民妇女容易倾听与轻信，但行动上胆小谨慎，缺乏自信与坚持。当然，通过群体特征认识农民心理，这是从一般到特殊的认识方法，但不能据此肯定所面对的农民个体就一定具有这些心理特征。在现实社会中，也有许多与众不同的农民个体心理，这是农业推广中应该注意的。

（四）通过环境认知农民心理

人的心理受遗传和环境因素的影响。通过环境状况，可以间接认知农民的心理状况。在东部沿海地区，农民处在经常与外界接触的环境下，具有开放包容心理，容易接受新事物；而在西部封闭的山区农民，很少有机会与外界接触交往，封闭的环境常使许多农民具有封闭、保守的狭隘心理，很难接受新事物。一个群体没有核心人物，没有严格的管理制度，在这种环境下，成员常缺乏群体意识，常不受群体约束。在一个乐善好施的家庭熏陶下，许多成员会以助人为乐；在一个科技致富的家庭环境中，成员感受到采用创新的好处，对创新常持积极态度。

人逢喜事精神爽，遇到不幸心力衰。突发事件是影响农民心理短期变化的因素。在农业推广中，农民在高兴时，对推广人员十分热情，也容易倾听和接受所传播的创新；农民在不高兴时，没有心情倾听传播，更不易接受创新，若遇这种情况，应待他心情恢复正常后传播。

二、农业推广者与农民的心理互动

农业推广活动是推广者与农民的双边活动。在这个活动中，双方在认知、情感和意志等方面都有相互影响，彼此不断调整自己的心态和行为，使交往活动中断或加深。

（一）认知互动

认知互动是双方都有认识、了解对方的愿望，并进行相互询问、思考等活动。农业推广者需要认识和了解农民以下几个层次的情况或问题。第一层次，农民的生产情况、采用技术情况、生产经营中的问题，目前和以后需要解决的问题等；第二层次，农民的家庭人口、劳力、农业生产资料、经济条件及来源等；第三层次是农民身体、子女上学或工作、父母亲身体、生活习惯等。推广农业创新的直接目的是解决农民第一层次的问题，但农民第二层次的问题又常常影响到创新的采用及其效果，第三层次是生活方面的问题，也间接影响创新的采用。农民希望认识和了解推广人员以下几个方面的情况或问题：①所推广的创新情况，创新的优点与缺点，别人采用情况，所需条件等。②农业推广员的情况，诚实与虚伪、热情与冷漠、为民与为己、经验与技术、说做能力、吃苦精神等。③其他情况，如推广人员的单位、其他创新或技术、目前生产中问题的解决办法等。①、③方面的问题可以从推广人员的谈话中认识和了解，问题②更多地是从推广人员的举止表情中认识和了解。

为了取得农民的信任，推广者可以注意以下几点：①服饰、发型等要入乡随俗，农忙时不要西装革履，在外观上给农民亲近感；②对农民态度和蔼可亲，平易近人，在心理上让农民觉得是自己人；③谈话通俗易懂，多举农民知道的例子，让农民听得懂，相信你说的是实话；④多用演示、操作和到田间现场解决问题的方法，让农民觉得你业务精、能力强。

（二）情感互动

农业推广人员与农民的关系不同于售货员与顾客的关系。在我国，一个推广机构的推广人员常相对固定在一个县的一个片区（一个或几个乡镇）或试验示范基地从事推广活动，与农民感情距离越近，越有利于以后开展推广活动。即使进行一次性创新技术推广活动，也必须与农民建立良好的情感关系，因为有了情感就能拉近双方的距离，有了情感就能增加农民对推广人员及其推广的创新的信任程度。

为了与农民建立密切关系，拉近距离，可以注意以下几点：①以共同话题开头。利用接近性原理，以双方认识的人、相似的经历、同乡同龄等开头，消除戒备心理。②以关心对方的话题开头。如小孩读书、老人健康等。③善于倾听。对对方的谈话即使不感兴趣，也要耐心听完，不要打断对方或心不在焉。④心理换位。多从对方的角度考虑问题，多表示同情或理解，帮助他们寻求解决办法。⑤信任对方。信任对方会使对方觉得你把他当自己人，也就增加了对你的信任。

（三）信念互动

当某些创新处于农民（如科技示范户）的某个采用阶段时，推广人员也许会碰到以下问题：推广人员任务重，无暇顾及；或因市场变化，创新的效益不如期望的那样；或采用农民因某种突发事件，暂时无钱购买创新产品或配套物质；或农民迟迟不能掌握创新技术等。这些推广过程中的变故，常常影响推广员或农民的采用信念。信念不坚定者，往往半途而废，信念坚定者，常常成功。实际上，农民信念是否坚定，是否有信心和毅力坚持下去，受推广员影响很大。同时，农民的需求、渴望、期待、厌烦、失望等心理也影响推广员。信念互动，就是利用积极互动关系，防止消极互动关系。为此，推广人员应该注意以下几点：

（1）认真选择创新，科学制订方案，坚定成功信念。只要事先选择的创新符合农民、市场需要和政府导向，制订的实施方案合理可行，就一定要坚持下去，让农民采用成功。

（2）努力克服自身困难，不要让农民感到推广人员已经对他采用创新失去信心。推广人员因组织上的原因或家庭原因或个人原因影响所指导的农民采用创新时，要克服困难，要从农民的热情、信任、尊重、期待、盼望中吸取力量，克服困难，坚定信念。

（3）帮助农民提高认识水平和技术能力，增强他的成功信念。有些农民因认识不到位，或因技术不熟练，有时会对自己能否成功表示怀疑。推广人员应该帮助提高他们的认识水平和技术水平，带他们参观成功农户，以坚定他们的采用信念。

（4）帮助农民解决具体困难。当农民依靠自身力量不能解决有些困难时，他们采用创新的信念就会动摇。如果推广人员及时帮助他们解决了创新采用上、生产上或生活上的困难，农民就会对推广人员产生信赖感，坚定采用信念。

三、农业推广者对农民心理的影响方法

（一）劝导法

劝导就是劝说和引导，使被劝导者产生劝导者所希望的心理和行为。主要有以下几种方式：

1. 流泻式　这是一种对象不确定的广泛性的劝导方式，如同大水漫灌、自由流淌一样，

把信息传遍四面八方，让人们知晓和了解。一旦传递的信息与接受者的需要相吻合，就会引起他们的兴趣，激发他们的动机，使其心理发生变化。利用大众媒介传播农业创新就属于这种方式。流泻式劝导的针对性差，靠“广种薄收”来获得劝导效果。

2. 冲击式 向明确对象开展集中的专门性劝导方式。具有对象和意图明确、针对性强、冲击力大等特点。在合作性技术传播中，对个别不配合的农民，常采用这种劝导方法。

3. 浸润式 是通过周围环境和社会舆论来慢慢影响传播对象的方法，作用缓慢而持久，使传播对象在周围环境的缓慢熏陶下，心理和行为发生变化。在农业推广上，采取集中成片示范、请采用创新成功者介绍经验、进行采用创新技术效果竞赛、表彰先进等措施，形成一个科技种田光荣、科技能够致富的环境氛围和舆论氛围，可以慢慢改变那些保守落后农民的心理状态。

（二）暗示法

暗示是用含蓄的言语或示意的举动，间接传递思想、观点、意见、情感等信息，使对方在理解和无对抗状态下心理和行为受到影响的方法。在推广人员明确告诉农民自己的看法而不起作用时，或在不方便明说时，常采用暗示的方法来表达自己的意见，从而影响农民心理。如让农民参观新旧技术的对比效果，暗示农民应该采用新技术；表扬某农民采用某创新增加了产量和收入，暗示其他农民应该向他学习；介绍某品种需肥多、易感病、易倒伏，暗示农民不要采用该品种；介绍某项技术省工省力、节本增收，许多农民都在采用时，暗示农民也应该采用。

暗示是间接传递信息，要使农民理解推广人员的真实意思，必须做到以下几点：①暗示的方法对方能够理解。如一个眼神、一个表情等，对方知道代表什么意思。②暗示事物的对比性强，能够被对方认识。如暗示农民采用的新技术，农民能够看出它明显好于其他技术。③暗示的内容与对方的知识经验相吻合，才易被理解接受。因此，要针对不同对象采用不同的暗示内容和方法。

（三）吸引法

在农业创新传播时，引起农民注意、兴趣等心理反应的方法称为吸引法。常见的有：

1. 新奇吸引 用农民不常见的传播方法和创新内容来吸引农民。如在VCD机面市后，马上用来播放农业创新碟片，吸引农民观看。农民一般以栽插的方式种植水稻，如果推广水稻抛秧技术，许多农民也会因好奇来参观学习。种棉花的农民都知道，棉铃虫常常使棉花减产，农民不得不大量施用农药来防治。如果向其传播一种抗虫棉，不需要施用农药，农民也会因好奇来接受传播。总之，好奇之心，人皆有之。推广人员要正确利用这种心理来影响农民，传播创新。

2. 利益吸引 推广的创新能给农民增加实在的经济收益，能够满足农民的需要，能够长期稳定地吸引农民采用创新。在创新传播上，从采用创新的直接利益和比较利益角度宣传创新的优越性，就是通过利益吸引来影响农民心理。

3. 信息吸引 如果推广人员能够为农民提供许多有用的信息，并帮助他们分析问题，提供解决问题的建议，农民会对推广人员产生信息依赖心理，增加对推广机构和推广人员的兴趣。

4. 形象吸引 推广人员热心服务、技术水平高，传播的创新效果好，在农民心中有强大的形象吸引力，农民就会对其产生崇拜和敬重心理。农资企业良好的产品形象，会吸引农民选用该企业的产品。总之，良好的组织形象、产品形象、服务形象，会在农民心理上产生良好的影响。

（四）激励法

激励就是激发人的动机，使人产生内在的行为冲动，朝向期望的目标前进的心理活动过程。也即通常所说的调动人的积极性。

1. 适度强化 强化就是增强某种刺激与某种行为反应的关系，其方式有两类，即正强化和负强化。正强化就是采取措施来加强所希望发生的个体行为。其方式主要有两种：①积极强化。这是利用人们的赞许动机，在行为发生后，用鼓励来肯定这种行为，如对农民每一个正确观念、想法和做法给予肯定和表扬，使他受到鼓励。②消极强化。当行为者没有产生所希望的行为时给予批评、否定，使产生这种行为的心理受到抑制。在农业推广中，多用正强化，少用负强化，能使更多的人心情舒畅、心态积极。

2. 恰当归因 海德（Heider）认为，人对过去的行为结果和成因的认识对日后的心理和行为具有决定性影响。因此可以通过改变人们对过去行为成功与失败原因的认识来影响人们的心理。因为不同的归因会直接影响人们日后的态度和积极性。一般来说，如果把成功的原因归于稳定的因素（如农民能力强、创新本身好等），而把失败的原因归于不稳定因素（如灾害、管理未及时等），将会激发日后的积极性；反之，将会降低日后这类行为的积极性。

3. 适当期望 美国心理学家佛隆（Vroom）认为，确定恰当的目标和提高个人对目标价值的认识，可以产生激励力量。即：

激励力量（M）＝目标价值（V）×期望概率（E）

激励力量是指调动人的积极性，激发内部潜能的大小。目标价值是指某个人对所要达到的目标效用价值的评价。期望概率是一个人对某个目标能够实现可能性大小（概率）的估计。目标价值和期望值的不同组合，可以产生不同强度的激励力量。

本章小结

农民个性心理是指农民在心理方面所表现出的特殊品质。在这些品质中，需要、动机、兴趣、理想、信念、价值观和性格对农业推广影响较大。农民社会心理包括社会动机、社会认知和社会态度，它们有不同的类型和特点，对农业推广有直接或间接的影响。农业推广者可以通过面部、体型、肤色、服饰、发型等外部特征认知农民心理，也可通过言谈举止、群体特点和所处环境来认识农民心理，从而在内心深处认识和了解农民；可以与农民在认知、情感和信念上产生心理互动，建立和加深与农民的感情；可以通过劝导法、暗示法、吸引法和激励法影响农民心理，以便他们采取相应的行为，达到推广目的。

补充材料与学习参考

1. 农民改变态度的心理原因

（1）平衡理论。平衡理论是海德于1958年提出的。海德将构成一体的两个认知对象的关系称为单元关系。通常，个人对单元关系中的两个对象的态度可能一致，如农民喜欢某个推广人员，则对他推广的创新也喜欢；不喜欢他时，对他推广的创新也不喜欢。态度也有可能不一致，如喜欢某个推广人员，但不喜欢他推广的创新；或喜欢这个创新，但不喜欢这个推广人员。对两个对象看法一致时，认知处于平衡状态；不一致时，认知处于不平衡状态。认知不平衡时，就引起内心的不愉快或紧张。人们总试图消除这种紧张感。而消除这种紧张的办法是：看在喜欢推广人员的面子上，喜欢这项创新，或这项创新确实好，看来这推广员还是不错。这样认知一致了，处于平衡状态了，也就产生了态度的转变。在实践中，许多情况下，农民都是因相信推广人员而相信其创新的。

（2）认知失调理论。认知失调理论认为，人的每一种看法都是认知元素，而两个认知元素之间具有协调、不协调和不相关的三种关系。例如：认知元素A，下周一要交推广项目方案，应加紧准备。认知元素B，我想通宵工作，进行准备。认知元素C，我疲倦，想休息。认知元素D，张三该当先进。A、B协调，A、C不协调，A、D无关。认知理论认为，认知元素之间的不协调会造成心理上的紧张，人们会产生一种内趋力，促使自己采取某种行动以减轻或消除这种不协调。这样就会产生态度的转变。而消除不协调的方法是：①改变不协调中的任一认知元素，使之协调。如上例中，不休息，坚持工作；或推迟交方案的时间。②增加新的认知元素，缓和认知不协调。如上例中A不能改变，则可以通过喝咖啡等手段振奋精神，降低不协调程度。

2. 案例——农民对新技术的认知、意愿和采用

颜丙昕（2010）对江苏省邳州市农民就水稻精确定量施肥技术的认知、意愿和采用情况进行了调查。结果如下：

（1）农民认知该技术的途径与原因。在被调查的农户中，64.14%的农户知道水稻精确定量施肥技术，对该技术一无所知的农户占35.86%。其中60.69%的农户通过农民培训得知，19.31%的农户通过农民技术协会或合作社知道，通过政府组织的农技推广宣传了解该项技术的占18%，通过其他途径包括广播电视媒体、示范户带动、亲朋好友介绍的占2%。不知道精确定量施肥的农户原因很多，28.97%的人称从未有机构和人员介绍过，34.48%的农户以为技术太难，不想深入了解，而认为费用太高，不愿了解和知道的仅占5.51%，出于其他原因的占31.04%。调查表明，精确定量施肥技术掌握的难度一定程度制约着这项新技术的推广应用。

（2）农民采用该技术的意愿。对于该项技术不知道的农户中，经过培训，78.62%的农户表示比较愿意采用，15.17%的农户对此持无所谓的态度，表示不太愿意或拒绝的仅有6.11%。不愿意的原因多种多样，主要认为搞农业不需要科学，自己有施肥经验，农业生产的效益低，采用了也不会明显增加水稻产量，同时也有农户表示田太少，没必要采用。

（3）农民采用该技术的方式与原因。41.38%的农户表示是最先采纳的，而别人采纳后有效果就采纳的农户占到57.24%，不采纳的仅占1.38%。选择愿意采纳的农户中，52.45%的人认为多学一门技术有好处，39.31%的农户认为可以提高水稻产量，其他的则认为别人采用了，我也会采用。

（4）农民采用该技术后的效果。农户在使用水稻精确定量施肥技术后，72%的农民普遍认为增加了水稻产量，70%的农户反应节约了肥料的使用量，但是30%的农户表示使用该技术过程中，肥料成本较以前有所增加。

（5）影响农民采用该技术的因素。①农户个人特征。一是年龄、性别和身份。50 岁以下农户对该项技术的认知程度比较高，男性农户普遍比女性农户接受能力强，农业从业人员中，村干部、退伍军人、种植大户的热情较高。二是文化程度。采用精确定量施肥技术的农民中，约 2/3 的高中文化农户，1/3 的初中文化农民以及 1/4 的小学文化农民采用过该技术。②农业经营规模。人均耕地在 2 亩以上的农民 80％采用了该技术，而人均耕地低于 1 亩的农户中，仅有 20％的农户采用。③家庭收入来源。完全从事水稻种植与从事水稻种植的农户中，80％的农户采用了精确定量施肥技术，而兼营蔬菜、水果及其他农副产品生产经营的农户在技术应用的人员比例则为 40％。

资料来源：颜丙昕．2010. 邳州市农民培训对水稻精确定量施肥技术推广中农民意愿与行为影响调查．经济研究导刊（7）：38-39.

3. 参考文献

贺云侠．1987. 组织管理心理学．南京：江苏人民出版社．

胡继连．1992. 中国农户经济行为研究．北京：农业出版社．

胡荣华．2000. 农户兼业行为研究——以南京市为例的分析．南京社会科学（07）：88-93.

孔令智，汪新建，周晓虹．1987. 社会心理学新编．沈阳：辽宁人民出版社．

梁福有．1997. 农业推广心理基础．北京：经济科学出版社．

刘凤瑞．1991. 行为科学基础．上海：复旦大学出版社．

刘海燕，朱冬莲．2010. 山区农民教育培训需求分析及对策研究．中国电力教育（22）：14－16.

王慧军．2002. 农业推广学．北京：中国农业出版社．

王慧军．2011. 农业推广理论与实践．北京：中国农业出版社．

王益明，耿爱英．2000. 实用心理学原理．第 2 版．济南：山东大学出版社．

于敏．2010. 农民生产技能培训供需矛盾分析与培训体系构建研究——基于宁波市 511 个种养农户的调查．农村经济（2）：90－94.

唐永金．2002. 认知、态度理论及其在农业推广中的应用//第三届中国农业推广研究征文优秀论文集．北京：中国农业科学技术出版社：323-327.

朱明芬，王磊，李南田．2000. 农业劳动力兼业行为及发展趋势．调研世界（06）：18-21.

诸培新，曲福田．1999. 土地持续利用中的农户决策行为．中国农村经济（3）：32-35，40.

■思考与练习

1. 选择有代表性的老中青年农民各 2～3 名，调查他们采用了哪些农业创新技术，效果怎样，然后进行比较分析。

2. 观察分析有代表性的老中青年各 2～3 名农民的外貌，试分析他们的心理特点。

3. 你认为认知、态度与需要、动机对农民行为的影响有何不同？

4. 你认为采取哪些方法影响农民心理的效果比较好？为什么？

5. 怎样归因农民采用技术成功或失败可以调动他们的积极性？

第七章　农业推广程序与方式

农业推广工作要有条不紊，取得预期的效果，必须按照一定程序进行。学习农业推广程序及其各环节的方法，有利于掌握农业推广规律，培养农业推广能力，搞好农业创新的推广工作。农业推广可以采取不同的推广方式，不同农业推广机构和推广人员，要根据自身和当地情况，采取适合的组织形式和推广方式，才能达到相应的推广目的。

第一节　农业推广程序

农业推广程序是农业推广的先后顺序。这个顺序在不同时期是一个变化过程。在20世纪50～80年代前期，农业推广基本上按照“试验、示范、推广”的程序进行。从80年代中期开始，我国教材提出“项目选择、试验、示范、培训、服务、推广、评价”7个步骤，这7个步骤适用于我国80年代中后期开始的国家项目推广方式，对非项目的农业创新推广并不适用，且用推广作为一个步骤来解释推广的程序，并不科学。

根据《农业技术推广法》，农业技术推广，是指通过试验、示范、培训、指导以及咨询服务等，把农业技术知识普及应用于农业产前、产中、产后全过程的活动。

唐永金（2010）认为，农业推广的程序是“选择创新、试验、示范、普及、总结”。选择创新就是确定每一次推广的内容；试验、示范是推广的前期工作；普及是推广的中后期工作；总结是在一次推广活动结束后，进行全面系统的分析和评价，找出经验教训的过程。

一、选择创新

与前面的农业创新不全相同，这里的创新指当地农民很少或没有采用的农业技术，不包括理论知识型和信息型创新。

（一）选择创新的原则

在农业推广中，要根据推广目的来选择创新内容，选择不同内容创新时应坚持不同的原则。王慧军、田奇卓等（2010）认为，选择作物品种类、肥料类和农药类等不同创新应坚持不同的原则。

1. 选择品种类创新的原则

（1）品种生产潜力与土壤肥力和施肥水平相适应。高产、超高产品种适应高肥力水平，中产、稳产品种多适应中等肥力水平。

（2）品种抗旱特性与水分条件相适应。在缺乏灌溉的易旱季节或干旱地区，要重视选用耐旱或抗旱品种。

（3）品种生态特性与当地气候特点和生产季节相适应。如小麦、油菜有冬性、半冬性、春性的生态适应型，不同生态型适应不同地区；水稻有早稻、中稻和晚稻，它们有不同的温光反应特性，适应不同的栽培季节。

（4）品种抗逆特点与当地自然灾害发生规律相适应。如抗旱或抗寒品种在干旱或冷害条件下才具有优越性，抗某种病或虫的品种，适应于该种病或虫易发地区。

（5）品种生育期和株型与种植制度相适应。同一块田复种指数越高，品种的生育期应越短；早播用晚熟品种，晚播用早熟品种；成行成带间作、套作种植的品种株型要紧凑。

（6）专用和优质品种的经济收益要高。许多专用或优质品种产量不高价格高，单位面积的纯收益应高于普通品种。

2. 选择肥料类创新的原则

（1）根据土壤养分特点选用。黑土、棕土、紫色土、黄土和红土，砂土、壤土和黏土有不同的养分特点，要有针对性地选用氮磷钾肥和微量元素肥料。

（2）根据作物和品种类型特点选用。水稻、玉米、棉花、小麦、油菜等生长发育规律和养分需求不同，选用肥料种类是不同的。

（3）根据气候特点和生长季节选用肥料。

（4）根据肥料种类和特点选用。不同肥料的功能作用不同，速效肥与缓释肥不同，单一肥与复合肥不同，通用肥和专用肥不同，大量元素肥料与微量元素肥料不同，要注意选用。

（5）根据肥料施用方式、方法选用。底肥和追肥，全面施与集中施，浇施与喷施，具有不同的养分分解利用特点，因而要重视选择施用。

3. 选择农药类创新的原则

（1）重视选用绿色生态农药。在有机食品、绿色食品和无公害农产品生产基地，一般选用无残留、环境友好的农药，尤其是生物农药。

（2）重视选用新剂型。如悬浮剂、水乳剂、干悬浮剂、缓释型和微胶囊等新剂型。

（3）重视选用新的农药施用方法。超细雾滴、超低容量、选择性施药、局部施药和隐蔽施药等新技术，防治效果优于传统的喷雾等施药方法。

（二）选择创新的程序

一般而言，选择创新技术要经过 5 个阶段：①调查现状。通过调查，了解农民和市场的需要，明确需要解决的问题。②收集技术信息。根据问题症结所在，有针对性地收集解决该问题的技术信息。③分析筛选。对收集到的信息汇总分析，去掉情况不明、脱离实际和效益差的技术。④效益预测。对初步筛选出的技术，用科学的方法预测三个效益的大小，做到心中有数。⑤评估决定。根据效益预测情况，选择效益高的少数技术进行全面评估，选择决定最适宜推广的农业创新技术。

二、试验

（一）农业推广试验的概念与类型

1. 概念 农业推广试验是对所选创新进行生态生产适应性验证、推广价值评估和配套措施完善的过程。由于各项农业新技术都是在特定的生态条件和生产条件下形成的，具有一定的局限性，而农业生产的地域性强，不是任何技术成果在当地都能适应。因此，应对所选创新技术进行试验，以确定新技术的推广价值和可靠程度，并且可以在试验中根据生产条件进行改进或辅之以配套措施，以便在示范推广中更切合生产实际。

2. 类型　根据试验目的、内容和方法等，可以分为适应性试验与生产试验，单因子试验与多因子试验。适应性试验是将所选创新技术在当地进行小规模的试验。其目的是探讨该项新技术的生态适应性和推广价值。生产试验是在适应性试验的基础上，扩大试验面积和试验范围，进一步考查技术的生产适应性和在大面积生产上的配套技术，为今后的示范推广奠定基础。生产试验的要求同适应性适应的要求基本相似，特殊之处在于试验处理少（通常2～3个），试验面积较大（通常是适应性试验的10倍以上），采用的措施是根据当地条件来尽量满足成果的要求。单因子试验是在同一次试验中，只研究某一种因素（因子）的若干处理（水平）的效应，其他条件要求一致的试验。农业推广中，单因子试验很多，如品种比较试验、某种肥料试验、某种农药试验、某种栽培技术试验等。多因素试验就是同一试验中研究两种或两种以上因素的效应及因素间的交互作用，通过试验筛选出最优处理组合，从而对试验作出比较全面的结论。如密肥试验、品种密度肥料试验。

（二）农业推广试验的特点与要求

1. 特点　农业推广试验是以田间试验为主的试验，也是生物学试验。研究对象是农作物，不同作物和品种有自身的遗传特性和环境反应特性，并且试验是在自然条件下进行。这些使农业推广试验表现出明显的特点：①季节性强。作物生长的季节性强，决定了农业推广试验具有季节性强的特点。各种试验措施要按照作物生长的季节特点，按时及时进行，否则难以达到试验的目的。②环境影响大。农业推广试验是在自然条件下进行，不同于工业试验，也不同于控制性农业研究试验，受农业气候、土壤、生物、生产条件等多种因素影响。因此，农业推广试验要尽可能选择与拟推广区相似的试验条件，减少人为因素的影响。

2. 要求　由于环境条件尤其是自然因素很难控制，试验结果常常受到干扰。为了尽量排除这些干扰，使试验结果能真实地反映客观实际，试验必须满足以下条件：①目的明确。要知道每次试验是解决什么问题，达到什么目的。②选好对照。以当地大面积采用技术作对照，以便对所选创新技术进行评价。③差异唯一。试验的各处理间只允许存在比较因素之间的差异，其他非处理因素尽可能一致。在设计和管理上要排除非处理因素的人为影响。④代表性强。包括试验条件的代表性和试验材料的代表性。试验条件的代表性是指试验时的自然条件（如试验地的土壤类型、地势、土壤肥力和气候条件等）及农业生产条件（如耕作制度、施肥水平等），能够代表将来拟推广地区的条件。试验材料的代表性是指试验所选用的材料能够反映生产上的实际情况，如栽培试验所用品种必须是当前推广品种，而且品种的纯度要高。⑤结果可靠。农业推广试验受气候等不可控因素影响大，重现性较差；但推广试验结果应能反映试验因素的真实效应，在相似条件下，能够得到相似的结果。因此，推广试验必须尽量减少试验误差。

（三）农业推广试验方法

1. 准备

（1）编制试验实施方案。内容包括试验名称、目的、材料、设计方法、试验经过、试验要求等。实施方案要详细具体，可以操作。

（2）试验设计。设计原则和方法与农业研究试验基本相同。但在农业推广试验中，多因素试验设计复杂，常因实施困难、结果可靠性难以保证而不受推广人员欢迎，基层推广人员多采取对比设计、间比设计、单因素随机区组设计的方法。

（3）试验材料准备。肥料、农药、农膜、品种等单因子试验，各处理所用材料质量必须一致。有些材料，如肥料、种子等，要将各处理的用量称到小区，以保证试验的准确性。

（4）编制田间记载册。每一次田间试验都应有田间记载册来记录试验方案、田间区划、播种管理、观察记载和有关田间调查资料。其作用一是积累资料，二是供写总结时参考。

2. 实施

（1）选择试验地。试验地的条件应能代表拟推广地区的条件；试验地肥力均匀，前作要一致；试验地交通方便但又不受汽车尾气和灰尘的影响；试验地不受禽畜、遮光和渗水的影响。

（2）试验田的整地、施肥。原则上和生产田相同，但严格要求均匀一致。

（3）确定小区面积和形状。试验小区的面积可以根据作物种类、试验内容等方面来决定。试验小区的形状有长方形和方形两种。方形区四周边行较长方形所占的面积小，边际影响较小。但长方形小区容易均衡各小区间的差异，各试验小区都可能摊得不同的地力，能适当减少误差。在实践中多用长方形小区。

（4）设置保护行和走道。在一个区组两端头的小区旁边，种植 3～5 行，称作内保护行。内保护行的重要作用是消除边际效益——端头小区有一边与走道相邻，因占有较大的空间而表现出的差异。同时，在整个试验区周围还要种植 2m 宽以上的保护区，称作外保护行。外保护行的主要作用是保护试验材料不受人畜损坏。为了观察记载和田间作业方便，试验区和外保护行之间要设走道，区组之间要设走道，但小区之间一般不设走道。矮秆作物走道宽 0.5～1m，高秆作物走道宽 1～2m。

（5）绘制田间种植图。在选好试验地、确定了小区面积和保护行及走道以后，要根据试验地形状、土壤肥力变化趋势，按照试验方案和试验设计要求，绘制田间种植图。在图上绘出试验地的形状和周围标志物，有的还应标明方向。田间种植图的重点是试验区组、小区、走道和内外保护行的分布状况及尺寸大小。田间种植图既是一个实施操作图，又是一个备忘图。

（6）播种和田间管理。播种时应有专人负责，先检查各小区种子袋的编号与田间小区木牌号是否相同，核对无误后按田间种植图和种子代号依次播种。对于移栽作物，要严格核对秧苗和区号是否相符。田间管理方法同大田生产，基本要求是，除处理因素外，其他措施尽量做到一致。

（7）田间观察记载。田间观察记载的项目和内容，要根据试验的目的和条件确定。一般有气候条件观察记载、田间管理记载、生育期的观察记载、性状观察记载、异常现象的观察记载。

3. 结束

（1）收获前的全面调查。包括成熟期、株高、穗位高、倒伏情况、小区实有株数或穗数、果穗病虫害情况等。

（2）收获考种材料。试验收获前，每小区先随机收取有代表性的植株（通常 10～30 株），扎结成束或装入袋中，挂上标签，记明区组和处理小区，作为室内考种用。

（3）收获计产材料。计产材料的收获面积，根据试验要求而不同。有的将一个试验小区全收，有的只收小区中间几行。各小区要单收计产，不要混杂。

（4）室内考种和计产。有些性状，如每穗小穗数、穗粒数、荚粒数、千粒或百粒重、铃重、籽粒颜色、籽粒类型和饱满度、棉花纤维长度等以及其他许多品质指标都需要在室内测定，测定内容按试验要求进行。

（四）农业推广试验总结

1. 试验资料的整理和分析 根据试验设计，采用相应的统计计算方法分析试验资料。根据计算分析结果，评价试验技术的适应性特点、相对优越性情况、进一步试验或示范的价值。

2. 试验总结报告 在试验资料分析完成后，写出试验总结报告。农业推广试验总结报告主要包括：①试验目的。通过试验希望达到的目的，准备解决当前或近期生产发展中的主要技术难题。②试验概况。包括试验背景基础和基本条件两部分。背景基础指试验地点、试验地的地形地貌、前作等。试验基本条件指肥力、水源、气象、自然灾害等。③试验材料处理和方法。试验采用材料和方法，包括设计方法、整地施肥及栽培管理措施等。④试验结果分析。包括产量结果的分析和记载考种资料的分析两部分，这是试验报告的主要内容，尤其要注意与对照的比较分析。⑤试验结论和评价。结论包括处理的主要效应、产生这种效应的主要原因等。同时对试验结果的适应范围、应用价值、应用条件和要求作出客观的评价。

三、示范

在试验证明创新技术比对照具有显著优越性以后，就可进行示范。农业推广示范是指在推广人员的指导下，由科技示范户采用在当地试验成功的某项创新技术，使其优越性和技术效果在大田生产中展示出来，引起周围农民兴趣，鼓励他们效仿采用的过程。这种方法又称成果示范。

（一）示范的基本原则

1. 计划性原则 计划包括示范要解决的问题，达到的目标，采取的主要技术措施。要让示范户了解什么、掌握什么、如何去做，这也应该包括在计划中，因为示范主要靠示范户向周围农民解答问题。

2. 技术可靠原则 示范要选用那些已经过当地适应性试验、生产试验，证明是正确的、有效的、可靠的技术。不能选用那些没有把握，刚引进尚属试验性的技术，否则一旦失败会起到相反的效果和作用。

3. 目标一致原则 示范的技术为当地农民和当地政府所需，能解决生产上需要解决的问题。示范要达到的目标要同当地农民和政府的目标一致。只有同农民的目标相一致，才能激发农民的兴趣，受到农民的欢迎。只有同当地政府的目标一致，才能得到他们的支持，从而鼓励和组织农民去参观、去采用。

4. 力量匹配原则 要根据技术力量、农资供应、生产资金、产品销售等配套服务条件考虑示范规模。不要因为规模、技术指导、农资供应、产品销售等方面的原因影响示范推广效果。

（二）示范的基本程序

1. 制订计划 包括示范内容、时间、地点、规模、预期指标、生产资料保障、技术保障、组织参观等，计划要考虑周到，可以操作，便于实施。

2. 确定地点和农户 首先布点合理，每个点示范成功后要能推广得开。其次，示范地要有代表性，要反映出当地大多数土地的基本情况。示范地最好选择在集镇或交通要道附近，以便农民参观。最后，示范户确实能够做好示范工作。要选择那些乐于采用新技术、工作责任心强，有一定文化知识、农业技术知识和生产经验，具有完成示范所需投入的物质基础和劳动力，在当地有威信、乐于助人、有良好人际关系的农户作为示范户。

3. 选好示范田，树好示范牌 成果示范可以进行同田对比，也可以采用不同田对比。同田对比要选用地块较大、肥力均匀的田块，一边是示范区，一边是对照区。采用不同田对比示范时，一般把周围田块作为对比。因此，要求示范田要有代表性，除了示范因素（如品种、施肥、密度等）不同外，其他条件（如土壤、地势、栽培措施等）要与周围田块相同或相似。这样，农民能够自己观察、比较、分析示范因素的长势长相和增产情况。要立示范牌，在牌上说明示范题目、面积、内容、方法、时间、示范指导单位及示范户姓名等，以便过往参观的农民初步了解示范情况。

4. 作好技术指导 在示范过程中，推广人员应与示范户保持经常的联系，了解成果示范措施的落实情况。实施新措施的关键时刻必须亲临现场指导和检查，并给他们技术和知识上的帮助，协助他们解决物资、资金等方面的问题，使示范户有信心把示范工作进行到底，并防止因技术失误或示范配套物资缺乏而导致示范失败。

5. 作好记载 示范主要是将技术成果的生产表现展现出来给农民看，使农民在看中受到潜移默化的教育。但是，大多数农民不是天天看，许多只是在关键时期来看1～2次，而且也只能看到表观的东西，以前的生长情况没有看到，具体的数据也看不到。因此，应要求示范户详细地、系统地作好观察记载，要把示范地的具体栽培措施、整个生长期间的表现记录下来，并公布给群众，给农民增加比较和评价的依据，使示范更能发挥出无声的教育作用。

6. 组织参观 在示范期间，要选择几个适当时间（尤其是创新效果最明显的时间）组织周围干部和农民进行参观，主要由示范户进行介绍，让群众听取示范户的经验。并在参观前印好说明材料，内容包括该新技术在当地的试验增产情况和参观前的表现情况等，参观时发给农民，以便为大面积的推广作好宣传工作。此外，在示范过程中要加强宣传报道，以吸引更多的人来参观。

7. 组织现场验收 有些示范特别是高产示范，在成熟后收获前，推广单位要组织有关单位和人员对示范地和对照地进行现场收获，严格测量收获面积和计称鲜重，取样晒（烘）干重或现场测其产品的含水量，最后换算成单位面积的产量。参加现场验收人员一般是从事农业科研管理、农业科学研究、农业教育和农业行政管理的领导和专家，也应有农民代表。只有通过现场专家和领导的验收，示范结果才有说服力。

8. 写好示范总结 示范结束后，要进行全面的总结，编写一篇连贯的总结报告。总结的内容包括：示范背景、范围、计划、程序、比较结果、讨论分析、存在问题、群众反映、现场验收和评价等，并附上原始记录和照片的资料。对于成果示范成功的经验和示范户，要注意利用各种会议及媒介进行宣传，扩大示范成果的影响，吸引更多的农民去注意和效仿采用。由于成果示范的地点在本地，大家都知道当地和示范户的姓名，真实可靠，农民容易接受。

四、普及

在创新技术示范成功后，就要大力开展该技术的普及活动。在现代汉语词典中，普及有两个方面的含义，一是普遍地传播；二是普遍推广，使大众化。在农业推广中，普及是在创新技术取得良好的示范效果后，采用一切方法扩大技术应用范围和面积的过程。创新技术只有在当地普及，才能使创新技术的增产增收潜力得到充分发挥，也才能使广大农民增产增收。

在农业推广中，人们常采取以下方法进行普及活动：

1. 媒介传播，广而告之　通过广播、电视、报刊、网络、标语等媒介，宣传创新技术的优越性及在当地的试验示范效果，使拟推广区农民家喻户晓、人人皆知。

2. 集会宣传，大造声势　在集会上，众多的大幅标语，营造激励、鼓动的渲染气氛；科技人员当场讲解和试验示范农民现身说法，使广大农民身处跃跃欲试的氛围之中。

3. 培训教育，配套服务　在采用技术较多的乡村，开办各种形式的培训班，并进行技术指导和配套物质供应服务，使采用农民在技术和物质上得到保障。

4. 巡回下乡，集市咨询　推广人员利用科技大篷车，在推广区各乡镇赶集时，进行集市咨询，解除农民的疑难困惑。

5. 费用补贴，经济刺激　对一些需要一定资金投入的技术，而多数农民开始不愿投入时，采取政府或企业给予采用技术农户一定资金补贴的措施，可以促进农民采用。四川省平武县在山区藏乡推广玉米地膜栽培技术时，连续三年无偿资助地膜费用，使玉米地膜栽培技术在山区藏乡得到普及。

6. 产品包销，促进采用　新技术生产出来的农产品是否有市场，是多数农民关心的问题。推广机构应主动与运销、加工企业联系，与农民签订购销合同，使他们无后顾之忧，可以加快普及速度。我国杂交水稻、杂交玉米制种技术在种子生产区的普及，许多地方优质小麦、优质水稻、专用玉米生产技术的普及等，均是采用这种方法。

五、总结

创新技术的推广过程，是推广人员的传播过程，也是农民的采用和扩散过程。在这个过程中，不同技术和不同推广方式所需的时间和获得的效果是不同的。四川省杂交水稻的推广用了10～15年时间，四川省遂宁市推广旱育秧技术用了6～7年时间。每一次创新技术推广，都应有一个总结，分析和评价推广效果和推广方法，总结经验教训，以便下次创新技术推广时借鉴参考。总结分析的内容主要包括以下几个方面：

（一）分析三个效益

分析三个效益，就是分析采用创新技术增加的经济效益、社会效益和生态效益。经济效益就是经济效果。社会效益是农民素质、就业率、生活水平及农村稳定程度等的改善和提高。生态效益是农村生态环境、资源利用效率等的改善和提高。在选择创新时分析的经济效果是预测效益，总结中分析的经济效益是实际效益。实际效益分析中，土地生产率增量、新增总产量和新增纯收益的计算方法与创新效益预测的计算方法相同。分析社会效益和生态效益时，要根据技术特点，分析计算技术推广前后或与对照比较相应指标的增减情况，一般用相对效果表示。在三个效益分析中，可以采取比较分析（新旧技术对比）、综合评分等方法计算分析。

（二）分析农户的技术效果

同一项技术，不同农户采用的技术效果不同。这里的技术效果是指农民采用技术后所达到的产量水平或增加的产量。如果把最好与最差效果的农户排序，一般表现出逐渐下降的曲线（图 7-1aa'）。图 7-1 是山东莱州 137 小麦新品种推广后的农民技术效果分布情况。农民群体的技术效果常常表现出以下几个特点：①农民最好的技术效果一般低于技术产量潜力或产量高限（如图 7-1cc'线）。因为技术产量潜力是在最好环境和最佳管理条件下取得的，农民一般难以达到实现技术产量潜力的生产要求。同时也说明，即使技术效果最好的农户，也是有进一步提高产量的可能。例如农民采用莱州 137 获得的最高产量只是产量高限的 77%左右。②农民之间的技术效果差异很大，见图 7-1 中的 aa'。例如莱州 137 在农民之间的技术效果相差 400kg/667m^{2}左右。

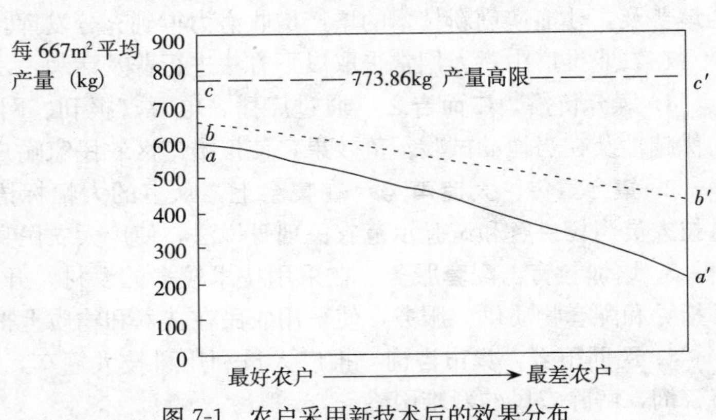

图 7-1　农户采用新技术后的效果分布

（王慧军，2002）

一次成功的推广，应该表现以下特点：①最好农户的技术效果与技术的产量潜力差异越小越好。②最好农户的技术效果与最差农户的差异越小越好。③推广中缩小了农户平均技术效果与技术产量潜力的差距。如将图 7-1 中的 aa'线提升到 bb'线。

（三）分析推广程度

1. 推广规模　就是实际采用新技术的面积或数量大小。

2. 推广度　是反映创新技术推广程度的指标。推广度＝（实际推广规模/应推广规模）×100%。推广规模可以是作物面积、果树株数、农户数量等。推广度在 0～100%变化。根据某年实际规模算出的推广度为年推广度；在有效推广期内各年推广度的平均推广度为该技术的推广度。

（四）分析推广方法

不同推广方法具有不同的推广效果。范燕萍等在湖南研究表明，20 世纪 90 年代初期，不同推广方法的效率由高到低依次是示范参观、技术培训、印刷品宣传、巡回指导、咨询服务、科普宣传、物质刺激、声像传播。在每一次创新技术的推广中，应总结采用了哪些推广方法，分析、比较和评价每种方法的效果，为以后推广类似创新选用适宜的推广方法提供依据。

（五）分析推广组织与管理

分析该项技术推广中参与机构、部门和推广人员的主动性、积极性、业务素质、能力素质、思想素质、协作精神，推广资金管理和利用效率是否合理，推广设备是否充足、及时，推广信息收集和传递是否迅速，推广档案的建立和使用制度是否健全等。

（六）分析农民行为改变情况

分析通过推广，农民对创新技术的认知水平有无提高，采用创新积极性有无变化，农民对技术的使用情况和熟练程度，哪些因素影响农民对该技术的使用及其效果，农民对该技术及其效果的反应和评价，等等。

（七）编写总结报告

根据以上分析情况，编写总结报告。报告包括该技术推广的背景、目的意义，技术要点或特点，主要解决的问题；起止推广时间，各阶段的工作要点和效果，总的推广效果；逐一分析推广经验和原因，推广中存在的问题、原因及建议等。

第二节　农业推广方式

一、项目推广方式

《农业技术推广法》规定，推广农业技术应当制定农业技术推广项目。在实践中，技术项目在当地县级政府或上级相关部门批准作为推广项目后，作为项目推广方式，可以获得财政资助。没有被批准的技术项目由农业推广机构日常推广经费资助，不作为项目推广方式。在基层农业推广机构，推广财政专项资助的技术项目是重要的工作任务。目前，项目推广方式已经成为我国农业推广的重要方式，并且在一些大型推广项目中，中央和地方政府还有配套政策促进和鼓励农民采用项目技术，突显项目推广的巨大优越性。

（一）农业推广项目的选择

作为项目推广的创新技术选择与一般推广的创新技术选择既有相同点，又有不同点。最大的不同点是，一般推广的创新技术选择，首先考虑的是当地农民需要，而作为项目推广的创新技术，首先考虑国家和地方政府的需要。目前，与农业推广关系密切的项目计划有“丰收计划”“星火计划”“农业综合开发项目”“国家科技成果重点推广计划”“农业科技成果转化资金项目计划”和“科普惠农兴村计划”等农业项目。每一段时期，国家相关部门要根据国家社会经济发展及对农业发展的要求，出台选择项目指南，只有符合指南的技术项目才有可能被批准立项。

1987年，农牧渔业部、财政部共同组织实施了侧重于推广先进的实用技术，促进农牧渔业大面积增产增收的“丰收计划”。下面主要介绍“丰收计划”项目的立项原则，作为农业推广项目选择的原则。

1. 提高产量和品质的原则 项目紧密围绕行业和区域农业生产突出问题，为保障粮食安全生产，以种植业为主，优先选择关系国计民生的粮、棉、油及主要农牧渔业产品高产、优质、高效的项目，特别是水稻、小麦、玉米、大豆和油菜等新品种的推广以及名特农产品栽培技术推广等。

2. 又快又好的原则 技术安排上，以《全国农牧渔业丰收计划立项指南》为依据，与农业产业结构调整相结合，选用的科技成果先进实用，投资少，见效快（1～2年见效），效益好，作用大，实用范围广，能带动区域经济或相关产业发展的农业重大技术体系。如农作物专用品种生产技术、果树高接换种技术等。

3. 节本环保的原则 能够显著提高农牧渔业的产量和品质，降低能源和原材料消耗，提高劳动生产率，降低成本，如农业生态良性循环利用技术等。

4. 农民增收的原则 经费安排上注重增加农民收入，突出优质专用品种推广，如双低油菜、面包小麦、高油玉米、高蛋白玉米、经济园艺，无公害蔬菜和茶叶，退化天然草地植被改良，水稻、玉米收获及稻秆还田机械化等。

5. 集中连片的原则 一般以一个县或一个县若干乡为单位集中连片实施，适当控制年计划实施规模，年度项目实施规模一般控制在本省、自治区、直辖市（以下简称省区市）适宜推广范围的10%以内，并对周围县（乡）以至本省或跨省区市适宜推广区域起辐射和推动作用。加速科技成果大面积、大范围推广应用。

（二）农业推广项目的申报

根据项目选择原则和指南确定的项目，需要编制项目申报书。不同项目申报书的格式和内容大同小异。下面以农业部“丰收计划”项目申报书内容为例介绍编制方法：①项目名称。②承担单位及主要参加单位。③推广的主要技术来源及获奖情况（包括获奖或鉴定日期，奖励名称，登记、授奖部门，目前国内外水平对比）。④该项目技术推广地区的应用现状及前景（包括应用范围，规模，经济、社会、生态效益，产品的市场现状及前景预测）。⑤项目主要内容及技术经济指标。⑥项目实施地点、规模及分年度计划进展。⑦采用的技术推广方法、措施及技术依托单位。⑧预期达到的目的。包括经济、社会效益。⑨经费概算。在专家评审意见通过和农业行政主管部门批准后方可立项，由项目下达单位与承担单位签订项目合同，标志申报成功。

（三）农业推广项目的实施

1. 制订实施方案、签订实施合同 项目承担单位（如县农业局）根据申报书安排和与项目下达单位签订的合同，制订切实可行的实施方案。方案包括任务分解与承担部门（如农业局农技站、土肥站、植保站等）和人员、推广方法、经费安排等。承担单位与下属的承担部门签订实施合同，按照责权利相结合的合同管理。

2. 落实方案，监督检查 承担单位的相关部门抓好示范乡、示范村和示范样板田建设等各种推广措施，落实实施方案。承担单位检查承担部门的方案落实情况，检查评估示范田建设、推广措施、推广效果等，及时总结经验，发现问题，解决问题，保证推广方案的顺利实施。监督检查一般采取两种方法：①定期报告，由承担部门在各个阶段定期向承担单位报告，承担单位向项目下达单位报告；②现场检查，由承担单位组织各部门现场检查，项目下达单位组织有关专家和管理人员深入田间地头实地考察。

（四）农业推广项目的总结

在一个项目推广结束后，要进行总结。搞好推广项目的总结，主要是为项目的验收鉴定提供依据。项目总结一般包括以下几个内容：

1. 立项的依据和意义　主要阐述项目的根据是否可靠，立题是否正确、针对性是否强，任务从何而来，项目是否对农业生产和农村经济具有积极的作用和重大意义等，以便进一步检验确定项目的准确性和必要性。

2. 项目取得的成绩　指自项目实施以来，在技术的推广面积、范围、产量水平、增产幅度等方面是否达到项目合同规定的指标，有何重大发现和突破，取得多大的经济效益、生态效益和社会效益。

3. 项目的主要技术与改进　指项目实施中所采取的技术路线和原理，以及有何创新、改革和发展。

4. 项目实施采取的工作方法　主要包括建立健全的组织领导体系，采取哪些推广方法，哪些方法有创新或改进。

5. 评价和建议　主要运用重要技术参数同国内外同类技术进行比较，并进行综合评价。同时根据项目实施的实际情况、项目技术的科学性和可行性、农业的现状、条件与将来发展趋势等因素进行综合分析，提出对项目技术的改进意见。

（五）农业推广项目的验收与报奖

1. 验收的概念与材料　农业推广项目验收是项目下达单位，根据项目合同书，对项目承担单位任务完成情况的一种考核。验收必备的材料有：①推广项目计划任务书或合同书；②项目推广实施工作总结报告；③项目技术总结报告，附技术资料或示范试验资料；④环保部门出具的环保证明；⑤各项目实施单位应用情况报告；⑥业务部门和生产单位出具的形成生产能力和实现经济、社会、生态效益的证明材料；⑦行业主管部门要求具备的其他材料（包括与项目有关的论文、照片、样品等）。

2. 验收的方式

（1）现场验收。是由项目下达单位组织有关专家考察推广现场、分析验收材料，对照合同逐项审核、评议，并作出验收结论的过程。

（2）会议验收。指验收专家组通过会议的方式，审查验收材料，听取验收汇报，对照合同逐项审核、评议，并作出验收结论的过程。

通过验收并达到地市、省、国家级成果水平的推广项目，可以申报相应的科学技术进步奖。如承担农业部“丰收计划”项目的，可向农业部申报丰收奖。

（六）农业项目的技术推广模式

前面讨论了项目推广的一般程序，不同项目技术在实践中可能采取不同的推广模式。例如，钱坤（2010）总结安徽推广“世行农业科技项目”采取了企业为主体、农民专业合作社为主体和政府为主体的三种技术推广模式（图 7-2）。因此，不同项目应根据内容特点采取相应的技术推广模式。

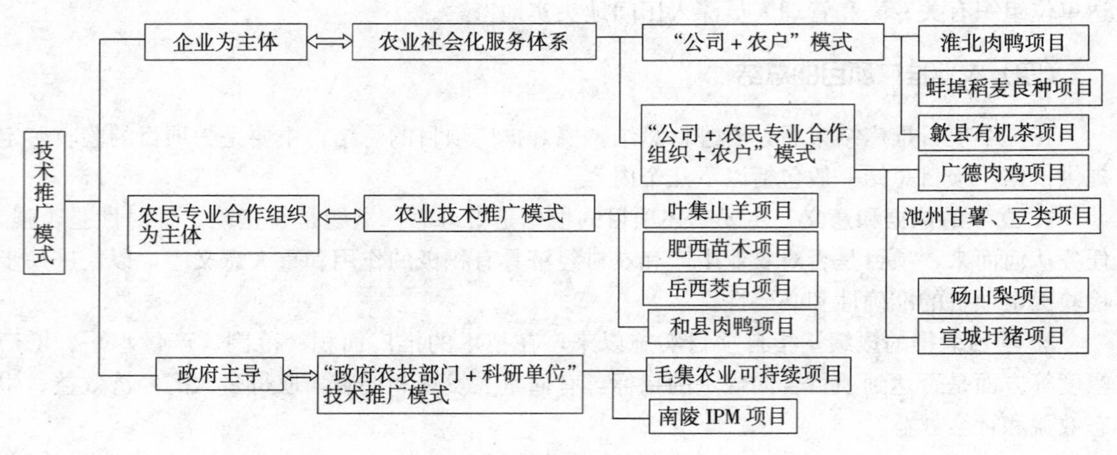

图 7-2　项目技术的推广模式

二、其他推广方式

1. 科技示范场　科技示范场是农业科技人员在一定规模的土地上开展农产品生产、经营和新技术试验及应用工作，把采用新技术后农业生产、经营的效果展现给周围农民，使之学习模仿的示范推广场地。这是我国 20 世纪 90 年代后期不少地区探索的新型农业推广方式。科技示范场的土地经营者是农业科技人员，他们直接在自己经营的土地上用新技术进行生产和经营，用自己的增产增收效果来影响周围的农村干部和农民。安徽省天长市、江苏省徐州市贾汪镇、江苏省洪泽县高良涧镇、河南省临颍县大郭乡等县、乡农技站都比较成功地开办了农业科技示范场。主要有以下做法：①租赁土地。有的农技站从农民那里反租倒包土地，有的租赁村集体新开荒地，有的租赁县、乡农场或养殖场，租期多在 10 年以上，规模多在 150 亩以上。②股份合作。为了解决资金来源，多采取入股的办法，在此基础上进行贷款或外借。有的以农技站自有积累资金为基础，站内职工集资入股。有的地方村上出土地，县、乡开发办出资金，农技站负责生产、技术和经营。③兴办产业园。不少示范场兴办各种产业园。如徐州贾汪镇农技站示范场里就办有果树、绿化苗木育苗圃，花卉、盆景园，无性扦插工厂化育苗基地，农业示范园（包括设施农业、观光农业、市场农业等）；江苏洪泽县高良涧镇农技站示范场办有稻麦良种繁育场，大棚无公害蔬菜科技园和无公害蔬菜集散中心等；河南省临颍县大郭乡农技站示范场办有日光温室、塑料大棚、苗圃、良种繁育田、鱼苗池模式化栽培示范园等。这些园区的产品许多都是市场紧俏商品。④市场经营。所有示范场都以市场为导向，根据市场需要组织生产，引进新项目和新技术。例如，安徽天长市农业局派专人驻南京、上海、合肥、扬州等大中城市农贸市场，了解市场行情，提供产后销售服务。

2. 技术承包　技术承包是推广单位或推广人员与生产单位或农民在双方自愿互利的基

础上签订承包合同，推广农业技术的方式。这种方式在我国20世纪80～90年代十分流行。

根据承包的主体不同分为个人承包、团体承包和集团承包。个人承包是由一个推广人员承包一个乡村的生产技术指导，承包人可以是科技人员，也可以是专业户或种田能手。团体承包是由几个人或一个推广机构承包一个乡镇的生产技术指导，承包人可以是县农业推广机构、科研院校，也可以是一些种田能手。例如，20世纪90年代，四川三台县几个种棉能手，俗称“棉花大王”，就到四川射洪县一些乡镇承包棉花技术指导。集团承包是由若干团体或机构组成的大型技术承包推广团体。例如，在20世纪80年代，许多县组织技术、行政、物资供销、财政金融等人员组成集团，承包全县农业技术推广和产量。

根据承包报酬形式，可以分为达标奖励、定产定酬和超产提成。达标奖励，主要是集团承包的产量，达到政府规定的指标，政府给予一定资金奖励参与承包人员。定产定酬是承包方达到合同规定的产量，农户按照合同规定给予报酬。超产提成是承包达到的产量超过承包前的产量，超过部分按照合同规定的比例提取报酬。

根据承包的内容，可以分为全包、半包和临时包。全包是承包方包技术、物质和劳务，如植保站承包病虫诊断、防治技术，以及防治所需的农药、机械和劳务，农户按照面积交纳费用。半包是承包方承包技术，不承包所需物质和劳务。临时包是承包方根据对方要求，临时进行技术承包。如植保站针对某种突发性病虫害的防治承包。

3. 技物结合　技术与物质结合是我国20世纪80年代中后期开始进行的农业技术推广方式。这种方式改变了我国以前由农业推广部门负责技术，供销社农资公司负责化肥、农药等生产物资的局面。技物结合的一种形式是推广机构兴办经济实体，即开办农资经营门市部，销售化肥、农药、种子、农膜等，实行“既开处方又卖药”的推广方式。这种方式避免了以前技术推广与物资供应不配套的弊端，提高了技术普及应用的速度。但后来不少推广机构出现了“重物资经营，轻技术推广”的现象，这违背了技物结合、配套服务的初衷。技物结合的另一种形式是技术人员在承包技术服务的同时，承包所需配套物质供应。这种方式能够保证承包技术的落实。但这种方式在实践中有两个问题：①不少配套物质的价格偏高；②技术要求的物资使用量可以获得较高的技术产量，但增加了农民的成本，增产不增收。

4. 商业化运行　商业化方式是指对某种技术性强的物质或采用技术的产品进行商业化运行，达到推广技术的目的。这种方式有两种表现形式：①技术性强的生产物资商业化。例如，江苏省海安县农业局在推广水稻抛秧技术过程中，采取商品化供秧，改变了一家一户育秧成本高、秧苗质量难保证、抛秧质量差的问题，使抛秧技术得到迅速推广。在我国，育种技术成果的推广，常以种子、种苗、种猪、种禽等商品化物质的方式进行，使我国良种的研究和推广不断取得新进展。②技术产品商业化。例如，江苏省无锡市郊区南站镇综合服务站，开发推广蚯蚓养殖技术，他们与某制药厂签订了供货合同，使农民养殖的蚯蚓有销路，能赚钱，促进蚯蚓养殖技术的推广。在市场经济条件下，技术产品商业化的农业技术推广方式表现出越来越明显的优越性。

5. 科技下乡　科技下乡是在有关部门组织下，科技人员短期深入乡村进行农业创新的推广活动。与常规推广方式相比，科技下乡具有两个特点：①科技下乡推广的时间短，从1天到2～3年不等；②地点不固定，常一次一个乡村。

根据科技下乡的主体和推广内容不同，可以分成以下几类：①大学生下乡，进行科技宣传。②科研人员下乡，推广自己成果。③市县科技人员下乡，进行科技咨询。

在20世纪90年代后期，科技下乡发展了新的形式，主要有以下三种：①进村入户，挂职推广。例如，安徽省广德县农业局，1998年组织80多名科技人员分别担任村农业科技指导员，短期负责该村的科技推广。1999—2000年，西南科技大学农学专业学生，在校期间在四川安县塔水镇挂职“科技副村长”，利用节假日对挂职村进行科技推广。②集中力量，科教兴村。就是集中一个农业院校、科研单位或推广机构的力量，开展一个或几个村的科技推广工作。中国农学会1996年和1998年分别组织农业机构，在全国33个村和123个村开展科教兴村活动。参加的单位有各地农学会、相关大学、农业中专、农科院所、农业企业等。这些单位集中力量，在当地政府支持下，依靠科技，走产业化发展道路，促进了所在村的科技推广、农业发展和农民增收。③科普惠农兴村。中国科学技术协会在财政部的支持下，从2006年开始的“十一五”期间，每年在全国筛选100～300个农民专业协会、100～300个农村科普示范基地、100～300名农村科普带头人，进行“以点带面、榜样示范”的推广活动，这些单位和个人通过引进新品种、新技术，扩大产业规模，开展科技培训、技术推广，带动了更多农民依靠科技致富。

6. 农民参与式　参与式农业推广是参与式发展理论在农业推广上的应用，强调农民是农业推广和农村发展的主体。推广人员在项目选择与决策、项目实施与管理等各环节中，既充分尊重农民的需要和意愿，又让他们参与讨论、参与执行、参与管理，实现在认知、态度、观念、行动层面的双向互动，使农民在参与中知识得到提高、态度得到改变、技能得到提高、价值得到提升、利益得到实现、行动更加努力。通过参与，即使项目完成后，参与者也会通过自我采用，使项目技术得到延续发展。

景丽（2009）认为，可以让先进农民和科技示范户组成农户兴趣小组，参与农业推广。农户兴趣小组的作用包括：参与生产技术的乡村本底调查、土地利用规划的制定、种植栽培管理等工作；促进农民与技术人员之间的双向信息交流；为科研单位、专家教授提供建议；收集并保留相关活动的记录；协助科研人员组织并促进农民自助组织的建立和运作。操作流程见图7-3。

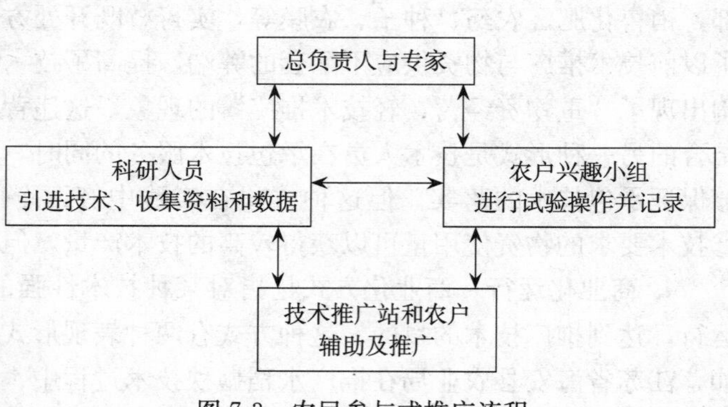

图7-3　农民参与式推广流程

7. 科技特派员　以科技特派员方式进行农业推广主要有两种形式：①科技县、乡长从决策和管理层面推广农业创新。这些科技县、乡长多是农业院校、农业科研单位派出的致力支援农村的专业技术人员。他们处在政府管理部门，通过自身的影响，增强了基层管理部门和人员的农业科技意识和农业科技观念。②技术特派员从技术、经营等方面推广农业创新。这些技术特派员多是县、市农业技术推广部门的科技人员，受推广部门委派，驻到乡村基地，较长时间内具体负责部分地区（如一个或几个村）农民的农业技术和经济发展指导工作。目前主要有“科技特派员＋种养大户”“科技特派员＋基地＋农户”“科技特派员＋农协＋农户”“科技特派员＋公司＋农户”等模式。

8. 专家大院式　农业科技专家大院是以大学和科研院所为依托，以科技专家为主体，以农民为直接对象，专家扎根农村第一线，开展技术指导、技术示范、技术培训和咨询等服务的农业推广方式。专家大院多建在田间地头，配有生活室、实验室、咨询室等。专家大院的旁边建有试验田和示范田。专家进院能研究和培训，出门能现场指导和大田示范，使科技成果及时应用到农村、服务于农民。

本章小结

农业推广应该遵循选择创新、试验、示范、普及和总结的程序。选择创新要坚持原则，也要按照一定程序进行。农业推广试验是对所选创新进行生态生产适应性验证、推广价值评估和配套措施完善的过程，这个过程包括准备、实施、结束三个阶段，一定要按照试验要求，保证试验的可靠性。农业推广示范是把在当地试验成功的某项创新技术，在推广人员的指导下，由科技示范户采用，将其优越性和技术效果在大田生产中展示出来，引起周围农民兴趣，鼓励他们效仿采用的过程。普及是在创新技术取得良好的示范效果后，采用一切方法扩大技术应用范围和面积的过程。总结是在一个创新推广结束后，分析和评价推广效果、推广方法、组织与管理等，总结经验教训的过程。

我国农业推广方式包括项目推广方式和其他推广方式。项目推广包括项目的选择、申报、实施、总结、验收与报奖等程序。其他推广方式主要有科技示范场、技术承包、技物结合、商业化运行、科技下乡、农民参与式、科技特派员、专家大院等，不同推广方式有不同特点和适应条件。

补充材料与学习参考

1. 农业科技园区

在20世纪90年代中后期，我国借鉴国外现代农业的发展经验，开展了以政府投资为主创建各种类型农业科技示范园区的农业推广开发方式。1994年上海建立了10个市级现代农业示范区。1997年，国务院与陕西省联办了杨陵国家农业高新技术示范区。同年，国家科学技术委员会正式立项启动了北京、上海、沈阳、杭州和广州5个城市的国家工厂化农业示范区项目，1998年国家农业综合开发办公室设立了17个农业高新技术示范区。据不完全统计，到2003年，全国各类农业园区达到3 000多家，几乎每个县市都有园区，有的县还不止一个，试图通过发展农业科技示范园区，寻求一种用高新技术改造传统农业的创新模式，辐射到广大农村地区，探索出一条提升农民科技素质的农业技术推广的新途径。

各地在农业科技园区的建设上，主要有以下做法：

(1) 类似工业高新技术产业区，建立农业科技园区管理委员会。管委会具有相应的行政级别和权力。有的同时成立园区单位领导联席会和专家委员会，对园区的重要工作进行协议、咨询和监督。

(2) 在投资机制上，建立多层次、分级负担的投入机制，多方筹集资金。

(3) 坚持按项目管理，科学组织农业高新技术园的建园工作。其具体做法是：①划定区域。②突出重点。③督促检查。④规范管理。

（4）在建设内容上，突出技术集成创新和技术的典型示范。在农业科技园的项目建设上，注意长短结合、突出重点，把农业科技园项目建设重点放在种子种苗、设施园艺、工厂化农业、节水农业、无公害农艺栽培、生物农药和农产品精加工等高新技术集成组装项目上。

（5）坚持走农业综合开发产业化道路，实行产供销相结合，开发产前、产中、产后综合服务。

从实际情况看，在农业科技园区运作中，相当多的园区偏离了当时的设想目标。一些依靠政府投资的园区蜕变成了不讲求经济效益的当地政府的“形象工程”或脱离市场需求现状的现代高科技农业的展示窗口；一些园区负债经营，没有经济效益，已经名存实亡；另一些通过引进投资商建设起来的农业园区则蜕变成了一个纯粹的营利性农业企业，投资商利用园区优惠政策赚取超额利润。大多进入园区的企业，把园区作为农业新技术研究和开发的基地，作为农产品生产或加工的基地，按照市场机制研制和开发农业产品。他们的资金投入规模和技术投入水平是一般农民不可模仿的，因此，他们的农业经营方式和技术采用方式对广大农民没有示范带动作用或只有很小的示范带动作用。

2. 案例——科技推广新方式

2005年以来，安徽省永城市实施以玉米为主要作物的农业科技入户工程，以培养科技示范户入手，全方位为农民提供科技服务，实现技术人员直接到户，良种良法直接到田，技术要领直接到人，探索出了农业技术推广的新路子。

（1）农技推广模式创新。一是实施“3330”技术推广模式，建立3个服务场所：即建立农业科技入户工作服务站，使之成为农民技术咨询、购买农资产品的场所；创办农业科技示范户之家，使之成为农民进行技术交流的平台；建立科技入户示范户培训基地，使之成为农民参观、学习的场所。推广3个结合：一是科技入户与新型农民培训相结合；二是科技入户同高产开发相结合；三是科技入户与村级植保网站相结合。做到3个到位：即技术培训到位，定期或不定期进行各类技术培训；技术指导到位，技术指导员要进田入户开展技术指导；物资供应到位。实现“零”距离对接：技术指导员与科技示范户、科学技术与农业生产“零”距离的对接。二是建立“1心1站加2户”技术推广网络。“1心”即市农技推广中心，作为技术推广的枢纽，指挥全市的技术推广工作；“1站”即农业科技入户服务站，该站已成为项目区农户信赖的服务组织，它集技术咨询、农资经营于一体，以技术推广经营，以经营保障技术推广，实现了技物结合的有效形式。“2户”即示范户和辐射户，示范户先得到技术去带动辐射户，影响身边户，使广大农户学有榜样，赶有目标，一户丰产百户动心。

（2）农业技术传播手段创新。创立了“四位一体到农户”的技术传播模式。一是“首席专家—技术指导单位—技术指导员—示范户—辐射户—农户”的技术直接传播方式。二是开设电视专题栏目。在市电视台开办了《农业天地》《永城植保》等专题栏目，进行专题技术讲座，扩展了技术服务的空间；三是开办科技110服务热线，把电话号码公布于众，有高级技术人员值班，解答群众提出的问题。四是以农资为载体传播技术。

（3）技术推广队伍管理创新。探索了“三制”的技术队伍管理模式。一是聘任制，同技术指导员签订聘任合同，规定双方的责权利；二是考核制，实行全程跟踪考核，建立健全考勤制度、工作制度、责任追究制度等各项制度，完善《实施考核办法》，利用电话抽查、分组检查、随机抽查等形式对技术指导员进行定期或不定期的考核。三是奖惩制，按照合同签订的内容，年终对每位技术指导员进行全面考核，根据考核结果进行奖惩。

资料来源：徐启凤．2010. 实施科技入户工程创新农技推广机制．安徽农学通报，16（19）：25-26.

3. 参考文献

景丽．2009. 农民参与式农技推广模式的问题探究．科技信息（33）：373-374.

钱坤，戚仁德，王光宇，等．2010. 安徽省世行农业科技项目创新机制与模式初探．安徽农业科学，38（18）：9 829-9 833.

孙建明，唐永金．2002. 农业推广技能．成都：四川科学技术出版社．

唐永金．1997. 农业推广概论．北京：中国农业出版社．

唐永金．2010. 农业创新传播、扩散与推广．农业现代化研究，31（1）：77-80.

王慧军，谢建华．2010. 基层农业技术推广人员培训教材．北京：中国农业出版社．

王慧军．2002. 农业推广学．北京：中国农业出版社．

王征国．2007. 农业科技传播理论与实践．北京：中国农业科学技术出版社．

袁以星．1999. 中国农业科技成果市场化问题研究．北京：中国农业出版社．

苑鹏，国鲁来，齐莉梅．2006. 农业科技推广体系改革与创新．北京：中国农业出版社．

中华人民共和国农业部．2002. 农业技术推广体系创新百例．北京：中国农业出版社．

思考与练习

1. 调查研究一个基层农业推广机构采取了哪些农业推广方式。

2. 在农业推广程序中，为什么要先试验、后示范、再普及？

3. 在推广程序中的选择创新与项目推广中的选择项目有何不同？为什么基层推广机构很少得到上级项目推广经费支持？

4. 参加1～2次学校或当地政府组织的科技下乡活动，并事先作好准备。

5. 参观当地1～2个农业科技示范场和农业科技示范园区，比较它们在农业推广上的不同作用。

第八章　农业推广沟通与人际传播

人际传播是农业创新推广的一个重要方法。沟通是人际传播的主要形式。认识推广沟通的概念与特点，掌握沟通的工具及其使用方法，掌握农业创新人际传播的程序、方式和技巧，有助于搞好农业创新推广工作。

第一节　农业推广沟通的概念与工具

一、农业推广沟通的概念

英文“Communication”在传播学中译为“传播”，在社会学中译为“沟通”。社会学中的沟通是指个人或群体运用媒介彼此交流信息的过程。即指在社会交往中，人们借助共同的符号系统，如语言、文字、图像、记号及手势等，彼此交流各自的观点、思想、知识、技术、经验等各种信息的过程。因此，沟通是一个双向、互动的反馈和理解过程，主要表现在人与人之间的信息交流，常称为人际沟通。由于沟通重视信息交流的双向性和互动性，因而在农业推广上，沟通主要是指推广人员与农民之间以及农民与农民之间的农业创新信息交流过程。

在农业推广上，既需要传播，又需要沟通。我们利用报刊图书、广播电视、电脑网络等大众媒介进行创新的大众传播，利用推广体系进行创新的组织传播，利用教育手段进行创新的集群传播，也需要推广人员与农民的人际沟通。如果我们把大众传播、组织传播和集群传播作为传播看待，把人际沟通作为沟通看待，则传播与沟通之间有不同的特点。

(1) 传播的主体是推广人员，沟通的主体是推广人员和农民。依前所述，传播是农业推广人员的主动推广行为，创新技术、传播对象、传播方法、传播时间等的选择，常常由推广人员确定，因而在传播中，推广人员始终处于主动的主体地位，而农民常常处于被动的、接受的地位。推广人员和农民之间的人际沟通，可以是推广人员主动与农民交流，也可以是农民主动与推广人员交流。而且，在交流的过程中，互有提问和回答，主动和被动常常交替发生，因此，推广人员和农民都会成为沟通的主体。

(2) 传播的信息以单向流动为主，沟通的信息以双向流动为主。无论是大众传播、组织传播，还是集群传播，传播的信息大多是单向流动，即主要从信息的传播者流向信息的接受者。例如，农业报刊、农业广播电视、电脑网络传递的信息，主要是单向流动的信息，即使与受传者面对面的集群传播，如培训班，也主要是信息的单向流动。但人际沟通时，推广人员与农民互动性强，信息反馈及时，推广人员可以根据农民的反馈情况随时调整自己的信息内容、信息重点和难点、语言表达方式、解决问题的方式方法，使双方得以了解和理解。

(3) 传播信息对多数农民的共同性问题针对性较强，沟通信息对个别农民的具体问题针对性较强。在大众传播、组织传播和集群传播中，传播者常常根据多数人的需要来选择传播信息，因此，传播的信息对多数人解决共同性的问题来说，有一定针对性。但因生态、生产条件的差异和不同农户家庭和个人情况的不同，采用传播方式传递的信息常常不能解决不同家庭的具体问题。而采用沟通方式传递的信息，通过面对面的直接交流，双向互动，推广人员所传递的信息常常能解决农民的具体问题，因而针对性较强。

（4）传播使推广人员与农民有业务联系，沟通使推广人员与农民既有业务联系又有情感联系。因为只有在沟通中，推广人员与农民才可能产生认知互动和情感互动，在双方互相了解的基础上产生业务联系和情感联系。

尽管推广沟通与传播是不同的概念，有不同的特点，但因推广沟通的主要目的是推广农业创新，因此，我们把农业推广人员与农民的沟通称为农业创新的人际传播，把农民之间关于创新的沟通称为农业创新的人际扩散。农业创新的扩散第五章已经讨论，本章主要讨论农业创新的人际传播。

二、农业推广沟通的工具

（一）语言

语言是人类用来表达意思、交流思想和情感，由语音、词汇和语法构成的结构化符号系统。人们用语言作为沟通工具，可以使用口头语言和文字语言。不同民族有特定的沟通语言，但也有个别民族只有口头语言而无文字语言，如羌族。在农业推广中，推广人员应根据传播对象、内容和环境合理使用口头语言和文字语言。既要把话说清楚，又要注意农业推广语言的特点和要求。

1. 把话说清楚　把话说清楚，是人际沟通的基本要求，也是搞好农业创新传播的基本要求。一般来说，把话说清楚要注意以下几点：

（1）掌握好词汇。就是掌握较多的词汇，能够随心所欲地表达信息和情感。在农业推广上，还要注意掌握当地农民习惯使用的词汇或说法，增加语言接近性。

（2）使用特定语言。特定语言是将人们理解的内容从总体范畴，缩小到该范畴内的某个特定项目或类别，以阐明意义。与一般性语言相比，特定语言使用的词汇更加具体和准确。特定语言不会产生歧义和误解。在农业推广中，使用特定语言会增加传播内容的针对性和可理解性，也能增加与受传者的亲近性。

（3）提供必要的细节和解释。当对方不能准确理解传播者所用的词汇或传播者没有准确词汇来表达信息时，可以通过详细阐述过程，或举例或比喻来补充说明。如给农民讲作物光合作用时，农民可能不理解，就可以打比喻说，作物的叶子就像一个“加工厂”，叶绿素是机器，太阳是动力，二氧化碳和水是原料，产品就是碳水化合物（粮食的主要成分），这样形象的比喻可以帮助农民理解。

（4）限制专门术语或俚语。农业推广语言是大众化语言，使用专业上的学术词汇农民听不懂，使用俚语或推广人员家乡的“土话”也难使农民理解，在推广上要限制使用或不使用。

（5）说明事件的时间和地点。在传播一个事件时，说明该事件发生的时间和地点，容易让人相信这个事件是真实可靠的。在推广沟通中，告诉别人某年、某地、某单位（农民）购买或采用该产品（技术）的情况或效果，会增加推广者的说服力。

2. 农业推广语言要求 农业推广对象是农民，根据农民和农业生产的特点，农业推广语言一般有以下要求：

(1) 朴实无华，通俗易懂。朴实无华使农民感到推广者的话实在，不夸夸其谈，可以相信，愿意与之交往。通俗易懂，便于农民理解、接受、掌握信息内容，达到传播的目的。例如，将一些技术要点编成顺口溜，农民容易掌握。曾有一位科研人员给农民讲小麦—玉米五尺*带种法，他从用2尺来种3行小麦，剩下3尺种玉米，这样间作套种有什么好处和如何利用光能、提高复种指数等方面讲了一大通，讲完后大家还是摇头。而当地一个乡村推广员上去说："五尺带就是一步迈（当地农民量地一般是一大步5尺），3尺种玉米，2尺种小麦，玉米株不减，白拣一茬麦。"三句话使大家都乐了，连连点头。

(2) 科学规范，事实教育。科学规范包括两个方面：①传播的内容是科学的。因为推广的农业创新大多属于科学技术，要有科学依据，不能胡编乱造、任意夸大，也不能模糊不清。如宣传某新农药能够防治的病虫害及其效果，要实事求是；农药的施用数量，不能使用"一瓶盖""一酒杯"等模糊量词。②语言表达方式要科学规范。语言表达上要符合逻辑和当地的社会规范或风俗习惯。事实教育要求推广人员的语言内容要有事实根据，最好是当地农民知道的事实，这样的语言才具有说服力。

(3) 生动形象，幽默风趣。一些深奥的科学道理、技术要点，若按本身的语言规律表述，农民难以理解。若用一些比喻、借喻手法表现出来，既生动形象，又便于理解和掌握。例如，一位种子公司的农业推广人员去检查玉米制种质量，许多农民询问他什么是杂株，什么是劣株，什么是回交苗。他说："杂株就是羊群骆驼鸡群鹤，媳妇群里的棒小伙；劣株是矮个子又窝脖，豆芽菜细又长，出苗晚，霜打相；回交苗是看着像，又不像，总归要比亲本壮。"几个生动形象的比喻，使农民很快地理解了。

幽默风趣在农业推广沟通中起着一种润滑剂的作用。其作用表现在三个方面：①幽默是自信的表现，是能力的闪光，它综合反映着说话人的思想、能力、气质、心境等，使语言独具艺术魅力。如某推广人员要到6个产枣县指导枣树管理技术，每个县都想让他多去几次，或长住下去。有人问他："这么多县你究竟愿到哪?"他风趣地说："下边一根针，上边千条线，哪边拽得紧，就向哪边转。"人们哄堂大笑，用这种幽默的语言摆脱困境，避免僵局，使人听了也感到舒服。②幽默是对方情绪的降压灵、镇静剂。在推广工作中，难免有时发生争论，双方争执不下，为使交谈不至于陷入困境，不妨说上一句笑话，可以使双方解除"警戒"，形成和谐的气氛。③幽默是交往气氛的缓和剂。有时，在推广交往中，一些人"节外生枝"，提出不必要回答的问题，此时推广人员最好用幽默来对付，达到既不伤害对方，又能收到自解其围的效果。

在农业推广沟通或人际传播中，一般以口头语言为主，文字语言为辅。口头语言传播的主要优点是快捷和反馈及时，如推广中的访问农民、定点咨询、亲身指导、电话咨询等。口头语言传播的主要缺点是，若推广人员对传播内容不够熟练，或传播时紧张，就容易产生误传或漏传现象。文字语言传播也称书面传播，它与口头传播相比，对传播内容和表达方式多加考究。它的主要优点是可以保存查询，如农业推广上的信函咨询、田间插旗等。

* "尺"为非法定计量单位，1尺=0.33m。

（二）非语言

非语言包括身体动作、副语言、自我表现、环境管理等。研究者估计，在社交情景中，60%以上面对面传播的信息含义是通过非语言进行传播的。非语言信息经常伴随语言信息产生，并对语言信息起着重复、补充、替代、强调、否定和调节的作用。因此，在农业推广沟通或人际传播中，既要重视非语言的应用，又要理解农民非语言行为的含义，达到真正沟通传播的目的。

1. 身体动作　是在沟通过程中使用目光接触、面部表情、手势以及姿势来传递信息的过程。

（1）眼神与目光接触。眼神是眼睛的神态，目光接触是如何看和在多大程度上注视与之沟通的人。不同的眼睛移动表明不同的情感。低垂表明谦逊；瞪眼表明冷淡；圆睁表明疑惑、天真、诚实、攻击；不停眨动表明不安；如果对某事感兴趣，眨动的次数会减少，瞳孔会放大。因为人不能有意识地控制瞳孔大小，因此，真实感受和情绪往往在人眼深处流露。眼睛不仅用来传递信息，而且经常起控制交流的作用。人们往往在讲话前避免目光接触，以减少分心，而将注意力集中在话题上。保持目光接触，你能告诉自己人们何时或是否正在注意你、是否在听你说。研究表明，美国讲话者保持目光接触占讲话时间的38%～41%，听众占62%～75%。在农业推广上，推广人员的眼神不要飘忽不定，讲话时应有1/3以上时间注视听众或对方，但不要长时间注视某人或与某人对视（当人被盯视10秒以上时就会感到不自在），听话时要保持2/3以上时间注视讲话者，让人感到你在倾听。

（2）面部表情。面部表情是对信息沟通情绪状态或反应的面部肌肉排列状况。人的脸会带给我们大量最重要的信息。通过观察人的脸，我们可以知道他的性别、年龄及个性特征。面部是最原始的感觉和情绪的非语言传播者，面部表情往往传播出情绪的性质和本质。面部表情可以反映人的7种基本情绪——快乐、悲伤、惊奇、害怕、生气、厌恶及感兴趣。同时，不同的表情具有不同的含义，扬起眉毛表示疑问、惊讶、恐惧；皱眉表示紧张、焦虑或沉思；前额出汗表明不安、紧张或竭尽全力。在推广中，如果农民面部表现严肃庄重，他可能感到推广员说的很重要，如果一副不在意的样子，可能没把推广员说的当一回事。要注意根据对方面部表情调整传播内容和方式。

（3）手势与姿势。手势是手、臂和手指的运动，单独或与语言讯息一起传达含义。一个指示的手指、挥动的拳头，经常寓意强化；伸出握拳的拇指，多表示赞许；不停地摇手，表示不去或不同意，等等。但手势不同于手语，手语是用来进行沟通的身体动作体系。姿势是身体的位置和安排。在农业推广沟通时，推广人员坐着与站着的农民交谈，以及推广人员跷二郎腿与老年农民谈话等姿势，均是不尊重对方的表现。

2. 副语言　副语言是人们讲话中使用的非语言的“声音”或无关的声音和词语。包括声音要素、功能性发声和无关词语。声音要素有音型、音质、音速、音量、音调等，功能性发声有哭、笑、呻吟、叹息、咳嗽、停顿等，无关词语指与说话内容无关的“啊”“这……个……”“对吗”“是不是”“对不对”等习惯性口语词或短语。副语言常常会把语言内容推到第二位，而成为人际相互作用的决定因素。有时候怎么说比说什么更重要。美国学者梅拉比安等实验证明：全部感觉＝7%的言语感觉＋38%的声音感觉＋55%的面部感觉。这足以证明副语言的重要性。听者会根据言语内容进行好坏和喜欢与否的判断，但经常根据声音暗示进行可否相信和能否胜任之类的判断。大声量、高声调和快语速常常被用于表达兴奋或者愤怒的感受；而小声量、低声调、慢语速常用来表达悲痛、消极的感受；洪亮、富于变化的声调和多变的讲话速度，会使人感到积极；重复、口吃、无关词语多，多有焦虑情绪。在农业推广上，要根据不同的场合，使用不同的副语言。例如，在集会宣传上或野外教学上，要声音洪亮而速度较慢；在室内教学上，声音适中，抑扬顿挫；在人际传播上，声音较小，速度较快。改变自己使用副语言的不良习惯，但要适应他人使用副语言的习惯。

3. 自我表现 在人际沟通中，人们常根据外部表现来了解和评价对方。

(1) 体形。人的体形分为丰满（肥胖）型、匀称型和消瘦型。在农业推广上，肥胖体型的推广人员可能被农民认为是很少劳动、很少下乡、行动迟缓的人，而匀称体型的推广人员可能被认为是经常劳动或下乡、自信、有能力的人。

(2) 衣着打扮。在农村中，男推广员西装革履、皮鞋油光闪亮，一尘不染，女推广员裙装下乡、穿金戴银，以这样的衣着打扮向农民推广，是很难与农民沟通的。

(3) 举止。举止是一种风度，表明一个人的自信程度。对多数人而言，紧张会降低自信程度，严重时会怯场、结巴、错说或漏说。农业推广人员在不同场合都要与推广对象讲话，要改正自己一说话就紧张的不良习惯。

(4) 身体接触。指的是在人际交往中握手、亲拍、抚摩、拥抱等行为。握手表示友好和礼貌，亲拍背部表示鼓励。在推广中，当推广人员被介绍给同性农民时以及交谈结束后，推广人员应主动与农民握手，农民会感到你是可亲近的。握手时，不要戴手套，不要嫌农民手上的泥土等，要主动积极，让农民感到与他没有距离。面对异性农民时，如果你是男性推广员，就不要主动与之握手。中老年推广员对同性别的中青年农民，在交谈认识后，方便时可以亲拍其背部，使他们感到亲切和鼓舞。

(5) 时间。在沟通中的时间观念，主要表现在守时和严格时间限制。农业推广人员严格遵守约会时间、会议时间，以及讲话的时间限制，会增加推广对象的信任度；如果经常不守时，推广对象会降低对推广人员的评价影响，也会影响沟通效果。

4. 环境管理 就是寻求或创造一个适宜沟通的环境条件，包括以下几个方面：

(1) 地点。不同的沟通地点给沟通双方不同的影响。在农业推广中，在农民熟悉的地点，如田间、农家等，农民容易交谈。而在农民不熟悉的地点，如推广机构办公室等，农民很难随意交谈。

(2) 距离。在人际交往中，不同交往对象保持的距离不同。一般分成 4 种区域：①亲密区域，0～46cm，知己之间的私人交谈；②熟人区域，46cm～1.2m，熟人之间的友谊交谈；③社交区域，1.2～3.6m，相识而不熟悉人之间寒暄或建立友谊的交谈；④公共区域，3.6m 到目光所及，参加公共活动，如听报告、参加会议等。农业推广人员应根据推广对象与自己的熟悉程度，选择适宜的沟通距离。一般来说，在第一次认识后，推广人员与农民沟通交谈时，采取熟人区域的沟通距离，可以增加农民的亲近感。

第二节 农业创新的人际传播

农业创新的人际传播是农业推广人员与农民单独接触，通过交流传播农业创新的过程。农业种子、肥料、农药等企业的营销人员与销售商或代理商的相关人员单独接触，推销农资新产品的过程，也属于农业创新的人际传播。农业创新人际传播具有以下特点：①交流性强。人际传播绝大多数时间是面对面交流，语言和非语言交流手段并用，传递信息能力强。②针对性强。人际传播多是一对一的传播方式，传播的信息针对特定农民的情况。③反馈性强。人际传播的信息反馈既直接、及时，又集中、明显，并且是不断的互动反馈的过程。④范围小、效率低。人际传播的农民是个别而分散的，一个推广员花大量时间在一个农民身上，单位时间传播对象少，与其他传播方式相比，具有范围小、效率低的弱点。

一、农业创新人际传播的程序

农业创新人际传播一般要经历 6 个阶段：农业信息的准备阶段、编码阶段、传递阶段、接收阶段、译码阶段和反馈阶段（图 8-1）。

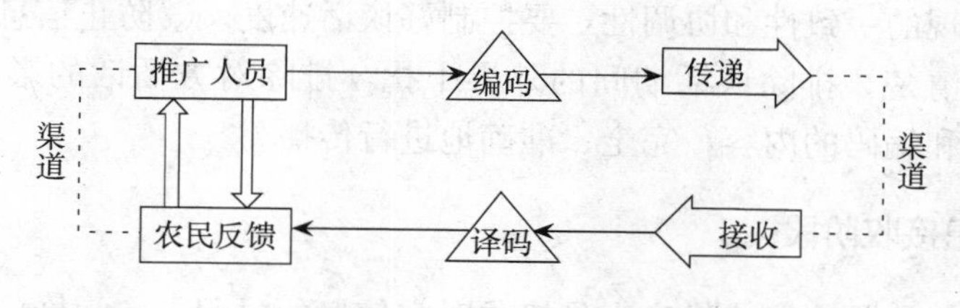

图 8-1 农业创新人际传播的程序
（吕文安，1995）

（一）农业信息的准备阶段

1. 收集、选择、确定传播内容 如新知识、新方法、新品种、新农药等。

2. 确定信息的接收者 如是科技示范户，还是村组干部等。

3. 确定信息传递时间和地点 一般在农民需要且有空闲的时间传播，会引起农民的兴趣。选择农民就近的地点，会方便农民参与交谈。

4. 准备辅助信息 辅助信息是有助于沟通传播的信息，如引人兴致的信息、可以拉近双方感情距离的信息等。

5. 准备辅助传播工具 如实物、模型、照片等。

（二）农业信息编码阶段

1. 农业信息编码的概念 农业信息编码是推广人员把农业创新，以农民或推广对象容易理解的语言进行表达，以便对方接收。许多农业创新技术涉及新的知识、新的技术，这些知识和技术是对方以前不知道的，即使知道了也不能理解和掌握。为了达到人际传播的效果，推广人员必须将这些新知识、新技术所涉及的专业语言、学术语言、书面语言翻译成通俗易懂的口头语言，这就是编码阶段。

2. 农业信息编码的基本要求

（1）真实性。真实是编码的基础，用口头语言传播的创新，没有任何失真的现象。

（2）准确性。要求编码所处理的信息不仅要真实可靠，而且所编制的信号和符号一定要准确客观地反映信息的内容。例如，为了农民理解和记忆编制的顺口溜，不能为了顺口而使准确性降低或丧失。

（3）价值性。即有用性。不同真实信息的价值不同，在传播时间有限时，编码的信息应该具有较高的应用价值。

（4）易解性。编码时应注意信号和符号易于被译读和理解。要根据接收者的经验、经历、文化程度、理解水平等选择信号和符号。

（三）农业信息的传递阶段

农业信息的传递阶段是推广人员利用沟通工具，借助一定渠道，把农业信息传送出去的过程。在农业创新人际传播中，沟通工具是口头语言、文字语言和辅助语言，以空气、纸张、电话等媒介，通过视觉渠道和听觉渠道传递信息。

在传递阶段要注意以下几点：①正确选用传播媒介。尽可能采用空气作媒介的面对面传播，如果确实很忙，可以采用电话或信函传播。②正确使用传播的语言和非语言工具。要注意语言和非语言表现的一致性和协调性，要控制好谈话速度。③防止信息的误传和漏传。谈话交谈时，头脑要清楚，排除谈话期间的外界干扰，排除对方插话的影响，控制好谈话主题，按照信息准备和编码的内容，完全、准确地进行传播。

（四）农业信息接收阶段

农业信息接收阶段是农民或推广人员接收对方信息的过程。作为推广人员，在农民讲话时，接收信息要注意以下几点：①让身心作好倾听的准备，如坐直、身体前倾、停止无关的身体动作、看着对方等。②做到从讲话者角色向听众角色的转变，别人讲话时，不要随便插话补充。③不要因与自己观点或意见不同就终止倾听或表现出不愿听的样子。

（五）农业信息译码阶段

农业信息译码阶段是接受者把得到的信息进行翻译、转换成自己能够理解形式的解释过程。如推广人员传递了水稻抛秧栽培技术的信息，农民就要按照他的知识、经验来理解“抛”及抛后可能出现的情况，这个译码效果的好坏，决定于信息编码和传递阶段。推广人员作为信息接收者，要注意对对方传递信息的内容和感受作出解释。内容解释就是对信息本身的含义及外延意思进行解释。例如，有些农民对传播的技术不愿采用，又不便明说，一般总是说一些客观困难。这些困难是信息本身的含义，而外延意思就是不愿采用。感受解释就是获取与信息内容有关的情感反应。根据农民谈话的声音和速度、眼神、面部表情等可以推测解释他对这项技术的情感。如语速快、谈话积极、眼神发光、面带笑容，多半对这项技术是喜欢的，而慢条斯理，迟迟不说话，眼光游荡、面部表情不大高兴，多半对这项技术不喜欢。

（六）农业信息反馈阶段

1. 农业信息反馈的概念 农业信息反馈是接收者在收到并理解了信息内容后，向传递者作出一定反映的过程。如农民听到传递的创新信息后，经过短暂的思考，可能先提出几个问题，弄清楚不理解的地方，然后说出自己的认识、评价，最后可能直接表明态度，可能间接表明态度，也可能不表明态度，这些都是他的反馈信息。作为推广人员，在农民反馈信息时，要明确自己就是信息接受者，要认真倾听。在听了农民的谈话后，推广人员也应该做好向农民反馈信息的工作。

2. 农业信息反馈的要求

（1）反馈要及时。听了农民的谈话后，应及时回答他所关心的问题，最好提出解决办法的建议；如果收到信函，也应尽可能及时回信。

（2）必要的提问。当对方的有些话不够清楚或不易理解时，可以向对方提问，以便确保理解正确。

（3）必要的解释。根据农民反馈的信息，可以判断他有些地方可能误解或理解不全面，应该给予更正解释或补充说明。此时不要说是对方没有听清楚或理解错误，而应说是自己没有说清楚或说得不完全。不要责备对方，自己承担责任。

（4）反馈的信息要具体。对方需要的是切实的解决办法，因此不要谈一些原则或一般的方法，要明确地提出具体的解决措施。

二、农业创新人际传播的方式

在农业推广中，农业创新人际传播的方式主要有访问农户、田间插旗、定点咨询、电话咨询和信函咨询。

（一）访问农户

访问农户是推广人员到特定农户家里或田间与农民面对面交流，传播农业创新信息的方法。通过访问，可以直接了解农民对创新的需要，了解农民采用创新的情况，帮助他们解决采用创新中的问题。访问农户是一种针对性很强的、主动的农业创新人际传播方式。要搞好农户访问工作，提高访问效果，应注意以下几点：

1. 访问要有计划和准备　访问农户是县、乡推广人员提出并自觉执行的工作。对于刚参加工作的农业推广人员，一定要提前做好计划和准备工作。对访问的时间、地点、对象、内容等，都要心中有数，对推广项目的内容、技术细节和疑难点要了如指掌。要预计农民可能提出的问题，准备正确的答案。

2. 选择合适的访问对象　推广人员要尽可能多地访问农户，但由于农户多，推广人员少，要做到访问所有农民是不可能的。因此，为了提高访问效果，扩大访问的影响，就要访问一些有代表性的农户。访问对象的选择是否合适，就成为访问成功与否的重要一环。访问对象最好要选典型、抓两头。一头是先进的，这是主要对象；另一头是后进的，也要有一定数量的代表。先进农户一般可选择科技示范户。后进的访问对象应有可能促进进步，且有一定的代表性。如果经过耐心工作，把技术推广上的后进户变为先进户，将产生更大的影响。

3. 选择好访问时间　一般要安排在推广人员和被访问农民都有空、并且又能解决当时问题的时间进行。技术性访问多在生产中进行，可以在田间地头现场解决问题。有时，被访问农民很忙，推广员可一边帮农民干活，一边交谈访问，这样既增加了与农民的感情，又可达到访问的目的。

4. 选择好访问地点　农户访问可以在农民住处和田间进行。在农户住处访问时，一般在屋外进行，如果农民邀请，可以在堂屋或客厅进行。

5. 注意细节和礼貌　到农家后，不要因凳子或椅子不干净而反复打扫，也不要因茶杯不干净而畏缩饮用，这样会加大与农民的心理距离。如果是不认识的农民，一般应由熟悉农民的乡村干部介绍，认识后主动与农民握手。称呼对方不要直呼其名，应根据年龄的大小选择得体的称呼。

6. 注意谈话技巧 访问时以轻松愉快或可能使对方感兴趣的事情开头，增加与农民的相似性和共同感。不要冲淡主题，不要错说和漏说重点和要点。

7. 注意倾听和记录 农民说话时，要集中精力倾听，对一些重要问题或数据应作好记录，要表现出同情心和理解的态度。

8. 回答问题要具体明确 对农民的问题，能回答的要给予明确具体的回答，使农民能够理解和掌握。回答不了的问题，要实事求是地加以说明，并把问题记录下来，回去查阅资料或请教专家，再给农民以满意的答复。要严守信誉，切不可搪塞应付，更不能不懂装懂。

9. 要重视再访 在上一次访问中，若某个农民生产或技术中的问题没有得到解决或解决得不好，或者农民提的问题未能给以回答，推广人员回去找到解决或解答办法后，要对该农民及时再访。农民因此感到推广员一心在为自己着想，这将会拉近推广员同农民的关系，为以后的推广工作打下群众基础。

10. 总结评价 每次访问后，要根据目的和计划，分析评价本次访问的优缺点，以后访问应该注意什么。对于新推广员来说，做好访问总结评价工作是非常重要的。

（二）田间插旗

田间插旗是推广人员在田间发现生产技术问题，未遇到当事人而将解决办法写到事先准备好的小纸旗上，插到农户易于发现的地方，传播技术的方法。田间插旗法是一种约定俗成的传播方法，也是推广人员主动传播技术的人际沟通方法。采用此法应该注意以下几点：

（1）旗纸要防水。一般用白色的硫酸纸，既防水又显眼，多远都能看见。

（2）用铅笔书写。铅笔字迹不怕雨淋，干后仍然清楚。

（3）字迹工整，农民能够认识。

（三）定点咨询

定点咨询是推广人员在办公室、经营门市部等固定地点，接受农民的访问或询问，解答农民的问题，向农民传播农业创新的方法。这是一种农民主动求教学习、容易接受推广人员建议的被动传播创新的方式。为了提高咨询传播效果，定点咨询应该做好以下几点：

（1）办公室或门市部要有专人负责咨询。不让农民空跑。

（2）推广人员的业务能力强。农民咨询的问题涉及种植业或大农业的方方面面，接受咨询的推广人员要能回答并解决多数问题。在经营门市部的咨询一般与经营的产品密切相关，推广人员既要懂农药、种子的品种特点，还应该知道它们的使用条件和方法。

（3）作好记录。对一些在咨询中没有解决的问题，作好记录并尽快想办法解决。

（4）利用辅助咨询工具。张贴一些挂图、宣传画，办好黑板报，准备一些小册子、技术明白纸等，可以帮助农民理解和掌握。

（四）电话咨询

随着农村经济的发展和农民收入水平的提高，不少农民已步入小康和富裕阶层，电话已成了一种重要的通信手段。利用电话向推广人员询问农业生产和经营中的技术和信息，已成了一种快速、高效的咨询方式。在经济比较发达的地区，农业推广部门纷纷建立农技110，方便农民询问。其中，浙江省衢州市的做法值得借鉴。该市于1998年11月20日正式成立农业科技110服务中心，随后6个县（市、区）和139个乡镇相继成立农技咨询服务中心，配备专职科技人员180名，场外专家726名，选配村级农技信息员2 976名，联系专业大户3 255户，形成了市、县、乡、村四级信息服务网络。

1. 农技110的运作和管理　为了建设和管理好农技110的咨询工作，该市采取了以下措施：

（1）明确职责，统一管理。农技110在各级党委政府的支持下，由农业局统一管理；同时，争取各部门在设施、科技信息提供等方面的支持，理顺农技110与业务科站关系。明确市、县、乡三级农技110的分工合作关系，及时为农民提供信息、技术等服务。

（2）搞好硬件建设。市、县、乡各级都采用“三个一点”的办法筹措资金，以保证农技110的经费正常来源。全市6个县（市、区），139个乡镇农技110全部配有专门办公用房、电话、电脑等设备，乡镇电脑基本上了因特网，为农技110做好科技信息服务提供了物质保障。

（3）加强制度建设，确保有效运行。各级农技110根据当地农业、农村特点，采用从农业部门现有人员中调剂和返聘退休人员的办法，作为工作人员和场外专家。市中心配备专职工作人员12名（其中科技人员9名），县级配有3～5名专职科技人员，乡级配有专职人员，村级配备农技信息员。同时，各级农技110从工作需要出发，不断建立健全规章制度，如值班制度、反馈制度、情况整理分析制度、规范用语制度、培训制度和考核制度等，保证农技110有效运转。

2. 农技110的服务方式和做法

（1）开通热线专用电话。根据农民对技术、信息需求强烈的情况，在创办市农技110后，相继成立县、乡两级农技110。为便于记忆，各级农技110的专用电话末3位都为110，并向广大农民公布；除正常的工作时间，中午、节假日根据咨询情况调整，安排专家值班，保证电话打得进，有人接。

（2）坐堂咨询、承诺服务。坐堂专家负责接待处理答复农民来电、来访、来信，并对每个咨询登记备案和上网。专家能答复的当场答复，需上网查询的交信息处理中心工作人员上网查询，需其他部门答复处理的转交有关部门，一般两天即反馈处理情况。实行承诺后，保证了事事有回音，件件有落实。

（3）上门指导，开展培训。对农民来电说不清楚的问题，及时派专家上门实地服务，当面传授技术。同时根据农民咨询中反映比较集中的问题，有针对性地组织培训，县、乡两级则结合农事季节和推广重点开展培训。

这种服务方式以农民需要为前提，以农技110为基础，结合信息发布、技术指导、培训、示范等推广方式，把现代推广方法和传统的推广方法有机地结合在一起，把推广人员的理论知识、生产经验、收集和处理信息的能力以及实践操作的能力结合起来，尊重了农民的意愿，解决了农民的问题，确实值得推广部门和推广人员学习。

（五）信函咨询

信函咨询是农民利用信件、电子邮件等文字方式向推广人员请教有关问题，而农业推广人员又以信函方式给予回答的传播方式。它不受时间、地点的限制，农民能够获得比较详细的答案和有保存价值的信息资料，能够增强推广人员和农民的感情。通常，进行信函询问的农民有一定文化程度、喜欢科学种田，对某方面有一定的实践，而在实践中遇到了自己或乡村推广员不能解决的问题，而对所询问的推广人员或机构比较信任，并给予很大的期望。因此，推广机构和推广人员要十分重视农民的信函询问，要有问必答，及时回复，在信函咨询中传播农业创新，提高农民素质和能力。

进行信函咨询时应注意：①推广部门要有专人负责受理农民来信。②回答问题必须建立在了解当地情况的基础上，必要时须进行实地调查和了解，然后再作回答。③对农民提的问题要尽快及时回答，如推广人员回答不了的，要请有关专家回答，不能延压，以免耽误农时和失去信誉；④答复的内容要让农民看得懂，要使用通俗的语言，必要时，可在回信中寄送有关技术资料。

三、农业创新人际传播的技巧

（一）传播之前先“认同”

推广人员与农民交往，必须认同所交往农民的生活方式。认同就是对别人某方面的观点、习惯等表示认可和赞同。认同的过程就是协调人际关系的过程，一般要经历两个阶段：

1. 顺应 是要求一方迁就另一方，作为推广人员，要适应农民的生活环境。如有些农村家庭的清洁状况不如城市家庭，推广人员就不要太讲究卫生。

2. 同化 在生活习惯上，“入乡随俗”“跟着别人做”。如到农村戴草帽、穿胶底鞋、着便装等，在衣着打扮上与农民接近。只有认同后，才能在外表和行为上缩小与农民的距离，农民才可能与你真心沟通。

（二）找熟人“引见”认识

在人际交往中，没有熟人引见，要与一个陌生人进行深入交谈是非常困难的。人人皆有自我防卫的心理特点，与外界交往少的农民，常具有较强的自我保护意识，不会轻易与陌生人交谈。刚到推广机构的大学毕业生，下乡访问农民时，经过老推广员的介绍和引见，可以减少农民的陌生感，减少沟通传播时间。如果没有双方认识的熟人介绍，由推广机构开介绍信到乡村，由乡村领导或推广人员引见农民，也可以在某种程度减少对方的陌生感。

（三）拉近与农民的感情

与农民见面后，要让农民有亲近感，要做到以下几点：

1. 热情礼貌 微笑并主动与传播对象农民及周围农民握手、打招呼、问候，根据农民年龄选择尊重的称呼，对农民有时间与你交谈表示感谢等，消除陌生感。

2. 寻找共同点 利用接近性原理，从地缘、年龄、子女等方面寻找与农民的相似之处，从相似之处寻找共同话题，缩小与农民的心理距离。

3. 以诚相待 言谈举止表现得诚实可靠，让对方觉得你值得信任。要“诚于中而形于外”，切忌虚情假意。

4. 心理换位 站在对方的角度思考问题、分析问题，让农民觉得你确实是在为他着想。

（四）选择农民理解的表达方式

使用通俗易懂的语言，对重点或关键点放慢速度、提高音量，必要时重复。将创新的优缺点与当地大面积使用技术进行对比。借助照片、模型、标本等辅助工具，增加农民的直观认识。用农民知道的地点或人采用创新的事件作为支撑材料，让农民感到可查可信。说话条理清楚，前后一致，互相呼应，没有自相矛盾和前后抵触的地方。

（五）倾听认真，反馈及时

农民说话时偶尔点头和呼应，使对方觉得你是在认真倾听；有理解和同情的表现，使对方觉得你关注他的想法和感受；记住重要信息和需要回答的问题，便于在反馈时有的放矢；找出明显目的、主要观点以及支持信息，仔细分析和认真理解；将听到的事实和推论分开，以便进行正确的分析评价。反馈时多安慰和赞扬，让对方感觉良好；能回答和解决的问题，当场回答解决，让对方觉得你处事果断有魄力。

本章小结

在农业推广上，沟通主要是指推广人员与农民之间以及农民与农民之间的农业创新信息交流过程。语言是沟通的工具，包括口头语言和文字语言。在农业创新人际传播中还要使用大量非语言，包括身体动作、副语言、自我表现、交际环境等。农业创新人际传播是农业推广人员与农民单独接触，通过交流传播农业创新的过程，一般要经历农业信息的准备阶段、编码阶段、传递阶段、接收阶段、译码阶段和反馈阶段。农业创新人际传播的方式主要有访问农户、田间插旗、定点咨询、电话咨询和信函咨询等。推广人员要根据传播内容和目的，结合不同方式的特点，采取相应的人际传播方式。人际传播时，可以采取一些必要的传播技巧，如传播之前先“认同”、找熟人“引见”、拉近与农民的感情、选择农民理解的表达方式、认真倾听、及时反馈等。

补充材料与学习参考

1. 怎样进行工作面试？

（1）获得面试机会。①了解有关工作要求和公司情况。②准备一份专业简历，突出你的技能与成就。③撰写一封有效的附言，表达你对特定工作的兴趣和理由，询问面试的可能性。

（2）准备面试。①做好预先的准备工作。面试前一定要了解公司的产品和业务、公司的经营范围、所有权以及财政状况。②准备一组有关用人单位和工作的问题。例如，“你可以描述一下在典型工作日中，这个职位的具体工作吗？”或者，“这项工作最大的挑战是什么呢？”③排练面试。在面试前几天，要花时间归纳一下工作要求以及你的知识、技能和经验究竟能否满足这些要求。④着装得体。即使用人单位对着装规定比较随意，男性也要穿有领的衬衫（不要穿棉毛衫或T恤衫），穿长裤，扎领带。男性应该修剪面部胡须，显得精神饱满。女性应该身着端庄的裙装和上衣，或女装长裤，或女装裙子，不要佩戴珠宝首饰。男性和女性都应穿着干净、光亮的皮鞋。⑤按时到达。要计划在面试前10～15分钟到达。⑥携带必备的资料。收集并携带你的简历复印件、附信和推荐信以及计划提出的问题。此外，还要准备一个便笺本和笔，用于记录。

（3）面试过程的举止行为。①采取积极倾听的态度。要努力倾听、理解和记住被提问的问题。在倾听过程中，要注视面试者并保持目光接触。②想好再说。用一点时间思考问题，使你的回答能够描述你的技能和经验，而这些技能与经验与工作要求有密切的关系。③满腔热情。④提出问题。在面试接近尾声时，一定要提出你准备好的、还没有来得及问的问题。⑤避免讨论工资与津贴。讨论工资的时间，是在你得到工作的时候。如果面试者有意让你提出来，可以简单地这样说："我对谈论我的经验如何符合你的要求，确实很感兴趣，在我们认为达成了某种共识之前，我愿意推迟讨论工资问题。"

2. 案例——基层农业推广人员的工作

一个村农业技术员

老郭是山西晋中西乡杨村的技术员兼植保员。他生于1955年，是文革期间的初中毕业生，家有5口人，16亩地。其家庭经济地位在村中大致属于中等偏上。

访问中，老郭曾拿出一塑料口袋的证件、证书，以证明自己是有"职称"的。老郭的技术职称评定是通过考试获得的。

在日常的农业技术服务中，老郭获得相关技术知识的渠道主要有二：一是参加政府相关部门组织的会议；二是从地区会议上带回来的技术资料——这主要是一本8开本的农业技术图册。村里种植业中如果遇到了什么病虫害，老郭就在这本书上找答案。访问时老郭特地从里屋捧出这本图册，说：这上面什么都说到了，农作物得了什么病，用什么药，说得可全了。还说，你看，这个是玉米的虫子，你看了之后，知道是什么虫子，再给配药。

老郭据此来满足村民们有关种植业病虫害防治方面的需求。老郭对村民进行农业技术服务所得收入主要来自在村里销售农药和良种所得的批零价差。老郭说，我给村里的各户庄稼看病，是白看。看了就告诉他们用什么药，然后他们买药自己回去打药。

以防治棉铃虫的一种药剂为例。老郭说，他在县城买是两块钱；我拿回来，在我这里也是两块钱。我们村的老百姓也不多出钱，在城里买是那个价钱，在我这里也是一样的。要说我白卖，我也不白卖，卖的地方给我抽的钱。

杂交玉米种子也是这样。老郭说，老百姓上城买是那个价钱，在我这里拿也是那个价钱。我每年卖着三千多斤*玉米杂交种子，我把钱收回来，交到城里去，人家给我钱。那就是百分之六七。2003年，每斤种子有两块二的，有两块四的。总共卖了六七千块钱，他们给你返回四百多。

老郭还拿出一堆各种颜色的小塑料袋装的种子，说：这个种子都是杂交的，这是县里的种子公司的，这是太谷山西农科院的。这一袋能种六七十个洞，一般家里买一袋就够了。

从这个意义上说，老郭这个农业技术员还兼着基层农技产品代理商的职能。用老郭自己的话来说，凡是种子、农药，都是卖多了多拿，卖少了少拿，卖不了给人家退回去。我这里就是县种子公司推销点嘛。

---

* "斤"为非法定计量单位，1斤＝500g，下同。

然而，这种基层代理商并不是每个村都有。老郭说，他也得找。靠得住的话，他才给你，靠不住他不给你。要不然一个是他怕你过后不给还钱，另一个是他怕给他还回去了假种子，那就麻烦了。

老郭还说：当农业技术员，平时不享受补贴。

老郭说，我就是专心农业，靠这个经济。根据市场信息，市场需要什么种什么。反正是县城没有的时候，咱就先拿上去卖的，最早的。这样就可以挣些钱。我种过西瓜、种过早玉米，那也是可以的。他们在技术上不如我，苦也比别人大。卖嫩玉米也可受罪了，骑上自行车，这边一筐是生的，那边一筐是熟的——在家里大锅里煮的，骑上车到县城里面去卖。有的人要的是熟的，有的人要的是生的。

近两年，老郭一家的种植业主要就是杂交玉米和马铃薯。老郭自认为他是全村马铃薯高产第一家。他说，2003 年，我种了 4 亩山药，其中两亩早山药，一亩卖了1 000元。

据老郭自己讲，他家包括为村民提供农业技术服务所得的收入在内，正常年景的年收入大约有六七千块钱。老郭说，这钱，勉强够维持这个家的。

资料来源：苑鹏，国鲁来，齐莉梅 . 2006. 农业科技推广体系改革与创新 . 北京：中国农业出版社 .

3. 参考文献

鲁道夫 · F. 韦尔德伯尔，凯瑟林 · S. 韦尔德伯尔 . 2008. 传播！周黎明，译 . 第 11 版 . 北京：中国人民大学出版社 .

吕文安 . 1995. 农业推广学 . 沈阳：辽宁科学技术出版社 .

马占元 . 1989. 农业推广技能 . 北京：学术书刊出版社 .

许静 . 2007. 传播学概论 . 北京：清华大学出版社，北京交通大学出版社 .

中华人民共和国农业部 . 2000. 农业技术推广体系创新百例 . 北京：中国农业出版社 .

思考与练习

1. 沟通与传播有何不同？
2. 在人际传播中，怎样把话说清楚？
3. 农业推广语言与一般语言有何不同？
4. 怎样做好农业创新的人际传播？
5. 在许多农业创新人际传播方法中，你认为哪些方法比较好？为什么？

第九章　推广教育与集群传播

农业推广教育不同于学校教育，有不同的内容和方式方法。集群传播是农业推广的一个重要方法，也是农业推广教育的主要形式。农民和农民群体是农业推广教育的对象，他们有自身的学习特点和群体特点，这些特点影响集群传播的效果。认识农业推广教育的特点、农民学习的特点和农民群体的特点，掌握农业创新集群传播的方法，有助于提高农业推广效果。

第一节　农业推广教育

农业推广的本质是教育，是通过教育改变农民的知识和态度，自觉自愿采用农业创新的过程。农业推广教育不同于学校教育，有自身的特点、原则和程序；农民学习不同于学生学习，有自身的心理特点和学习特点。

一、农业推广教育的特点与原则

（一）农业推广教育的特点

1. 普及性　表现在两个方面：①对象上的普及性。农业推广教育以广大农民为对象，成年农民、农村基层干部和农村青少年，他们在年龄、文化水平、经济条件、职业内容、学习环境、爱好要求等方面与在校学生不同。②内容上的普及性。农业推广教育内容在知识层次和技术层次上属于科普性内容，与学校教育的专门性、学术性内容也不同。

2. 实用性　农民学习的目的不是为了储备知识，而是解决他们生产经营中的问题，因此，农业推广教育的内容主要是农业生产技术和经营管理方法。这些技术和方法必须实际、实在、管用，能够解决农民的问题，能够取得良好的经济效益、社会效益或生态效益。

3. 实践性　农业推广教育不需要传授较多的理论知识，在教育方法和内容上，农民喜欢“干中学”和“看中学”，这使得农业推广教育表现出很强的操作性和生产性。

4. 时效性　在教育内容上，一方面要选择新知识、新技术，不能选用过期失效的知识和技术；另一方面农业生产的季节性强，要选择农民当前需要，学了能够及时应用的知识和技术。

5. 综合性　农业推广教育涉及农、林、牧、副、渔的生产、储藏、加工、运销、管理等方面的知识、技术和信息，综合性强。

（二）农业推广教学的原则

根据农业推广教育的特点，在进行推广教学时应该坚持以下原则：

1. 理论联系实际　例如，在讲合理密植的增产原因时，应讲当地主要作物的合理密度和株行距配置方法，并说明没有合理密植引起倒伏减产的现象，使农民既知道怎么做，又知道为什么要这样做。

2. 直观形象　就是用农民看得见、想得到的方式进行教学。包括影像、实物、模型、图表等辅助教学工具的使用，也包括具体、生动、形象的描述和比喻等语言工具的使用。

3. 启发诱导　在教学中要充分调动农民学习的积极性和主动性，启发他们思考和发表意见，通过对话、交流，启迪思路，让他们自己发现问题并寻找解决问题的答案。例如，某农民把一高秆大穗型玉米按照中秆紧凑型玉米的方式栽培，没有发挥出大穗的优势。推广人员让他去看示范户的种植方法，再比较自己的方法，该农民就知道原因和该怎么办了。

4. 因人施教　农业推广教育在每次教学过程中，无论受教育人数有多少，都要调查了解受教育者的情况，根据他们的能力层次、个性差异、兴趣、需要以及文化程度的不同，选择不同的教学内容和教学方法。对那些学习热情不高的农民，不能要求过高，操之过急；对那些学习困难较多的农民，要坚定他们的学习信心，给予个别帮助；对学习热情高、接受能力强的农民，要增加理论知识的传授，使他们不仅知道怎样做，还知道为什么要这样做。

5. 灵活多样　教学内容和教学方式方法要根据生产、农民和地区特点，做到因人、因时、因地制宜，灵活多样。内容上要适应农事季节和农民需要的变化；方式上可集中、可分散，可在田间、可在教室；方法上可讲解、可观看、可讨论、可操作。总之，要把讲、看、干结合起来。

二、农业推广教育理论

（一）终身教育理论

构建中国特色的农村成人终身教育体系，是提高农民素质、科教兴农、建设现代农业的重要措施。终身教育思想是著名教育家保罗·朗格朗在20世纪50年代首先提出来的。黄秋香等（2009）认为，终身教育是指人们在一生中所受的各种教育的总和，包括从婴幼儿、青少年、中年到老年的正规与非正规教育和训练的连续过程。它打破了“一次教育定终身”的传统观念及其所垄断的教育格局，其核心要义就在于人们终生持续不断地学习以适应不断变化的社会需要和满足日益上升的个人需要。终生教育的基本观点是，人们为了适应社会的发展，需要“活到老，学到老”。农业推广教育与培训满足了农业推广人员和农民在生产中对农业新知识、新技术的不断需求，通过提高农民科技素质来促进农业科技的应用，促进现代农业建设。农业推广教育与培训是一种非连续的长期的科技教育，既是现代农业推广的重要方式，又是农业推广人员和农民终身教育一种重要形式，为我国建设学习型农村、培养新型农民提供了一种教育资源保障。

（二）人力资本理论

美国经济学家西奥多·舒尔茨是现代人力资本理论的创始人，他把对人的投资形成并体现在人身上的知识、技能、经历、经验和熟练程度等称为人力资本。在经济增长中，人力资本的作用要大于物质资本的作用。人力资本的基本观点是，身体是工作的本钱，素质是干好工作的本钱；人的素质包括知识、能力和思想观念；高素质的人才需要教育和培养。舒尔茨在长期的研究中发现，农业产出的增加和农业生产率提高已不再完全来源于土地、劳动力数量和物质资本的增加，更重要的是来源于人的知识、能力、健康和技术水平等人力资本的提高。他还测定，美国战后农业增长，只有20%是物质资本投资引进的，其余80%主要是教育及与教育密切相关的科学技术的作用。白菊红（2003）认为，农村人力资本积累越高，农业生产率就越高，农民收入增长就越快；教育和培训构成了农村人力资本的核心内容，两者对提高农民收入起着决定性的作用。农业推广教育既是对农民的科技培训，又是对农业推广人员的培训，是将农村人力资源变成人力资本的一种重要手段。

（三）农民学习的元认知理论

1. 元认知的概念 元认知（Metacognition）就是对认知的认知。具体地说，是关于个人自己认知过程的知识和调节这些过程的能力，对思维和学习活动的知识和控制。包括了三方面的内容：

（1）元认知知识。是个体关于自己或他人的认识活动、过程、结果以及与之有关的知识，是通过经验积累起来的。

（2）元认知体验。即伴随认知活动而产生的认知体验或情感体验。积极的元认知会激发主体的认知热情、调动主体的认知潜能，从而影响其学习的速度和有效性。

（3）元认知监控。是指个体在认知活动进行的过程中，对自己的认知活动进行积极监控，并相应地对其进行调节，以达到预定的目标。在实际的认知活动中，元认知知识、元认知体验和元认知监控三者是相互联系、相互影响和相互制约的。元认知过程实际上就是指导、调节个体认知过程，选择有效认知策略的控制执行过程；是人对自己认知活动的自我意识和自我调节的过程。

2. 元认知和认知的区别

（1）活动内容。认知活动的内容是对认知对象进行某种智力操作，元认知活动的内容则是对认知活动进行调节和监控。认知活动主要关注知识本身，元认知活动更多关注掌握知识的方法。

（2）对象。认知活动的对象是外在的、具体的事物，元认知活动的对象是内在的、抽象的认知过程或认知结果等。

（3）目的。认知活动的目的是使认知主体取得认知活动的进展，元认知活动的目的是监测认知活动的进展，并间接地促进这种进展。元认知和认知活动在终极目标上是一致的，即：使认知主体完成认知任务，实现认知目标。

（4）作用方式。认知活动可以直接使认知主体取得认知活动的进展；而元认知活动只能通过对认知活动的调控，间接地使主体的认知活动有所进展。因此，从本质上来讲，元认知是不同于认知的另一种现象，它反映了对于自己“认知”的认知，而非“认知”本身。但在同时也应看到，元认知与认知活动在功能上是紧密相连的，不可截然分开，两者的共同作用促使个体实现认知目标。

农民学习是成人学习，除了具有认知学习的方式外，比学生具有更多的元认知学习。他们具有较多的经验积累、实践体验和较强的调节控制能力，元认知对农民学习活动起着控制、协调、反馈和激励作用。认识这些元认知特点，对搞好农业推广教育十分重要。

（四）成人转化学习理论

梅兹若（Jack Mezirow）认为，转化学习（Transformational Learning）是使用先前的

解释，分析一个新的或者修订某一经验意义的解释并作为未来行动向导的过程。作为已经习得一种观看世界的方式，拥有一种诠释自身经验的途径以及一套个性的价值观的成人，他们在获取新的知识和技能的过程中，往往会持续不断地把新的经验整合到先前的学习中。当这种整合过程造成矛盾冲突时，先前的学习就必定会受到检验，并进行若干的调整以修正自己先前的看法。这个转变不是一般的知识的积累和技能的增加，而是一个学习者的思想意识、角色、气质等多方面的显著变化，其本人和身边的人都可以明显感受到这类学习所带来的改变。因此，成人转化学习的发生过程是成人已有经验与外部经验由平衡到不平衡再到更高层次的平衡的一个螺旋式上升的过程，是通过不断的质疑、批判性的反思，接受新观点的过程。

农民是有一定知识、经验、技能的成人，他们在学习新知识、新技术时，常将这些知识和技术与已有的知识和经验进行整合，在整合中不断检验、评判和修正过去的知识和经验，从而使自己的思想观念、科技水平、生产技术和经营方法等得到不断的提高。

三、农业推广教育的程序

农业推广教育是农业创新集群传播的一般表现形式，是农业创新推广的重要手段，同其他推广方法一样，它也有特定的程序。

（一）推广教育计划的制订

农业推广教育计划是推广机构对一定时间内要进行的教育培训工作的部署和安排。例如，农业部制定的《2003—2010年全国新型农民科技培训规划》，试图通过建立健全农民科技教育培训体系，全面提高农村劳动者的综合素质。已经实施的有“绿色证书”“跨世纪青年农民科技培训”“新型农民创业培植”“农村富余劳动力转移就业培训”（阳光工程）、“农业远程培训”等五大工程，2012年农业部启动了新型职业农民培训工程。培训内容不仅包括提高农民生产技术水平的农业新知识、新品种、新技术，而且包括提高农民环保和食品安全意识的农业环境保护、无公害农产品、食品安全、标准化生产等知识；提高农民经营管理水平和适应市场经济能力的经营、管理和市场经济知识与技能；提高农民职业道德、法律知识和有关政策等；以及提高农民转岗就业能力的所需知识和技能。

基层农业推广教育计划的时间较短，通常为1～3年。在计划安排上应当与当地农民教育计划和创新推广计划紧密配合，一个基层推广教育计划一般包括以下内容：

1. 内容与对象　推广教育内容包括以下内容：

（1）推广创新的内容。当地正在或准备推广创新技术的知识和方法的培训，一般接受教育的对象是先驱者农民、早期采用者农民、科技示范户和乡村干部。

（2）科技知识普及的内容。提高科技素质和常规农业技术的采用能力的内容，接受教育的对象是愿意参加的广大农民。

（3）乡村管理方面的内容。当地有关部门为使乡村干部发挥更好的带头作用和管理作用，针对乡村干部进行专门教育培训，一般包括生产技术、经营管理和乡村行政管理方面的内容。每一次推广教育，针对不同的教育对象，应有不同的教学内容。

2. 规模与方式　确定每次接受教育的人员的数量与教育方式。一般来说，一次推广教育的规模越大，成本越低，效果越差；规模越小，成本越高，效果越好。根据规模的大小，可以采取集会宣传式教育，组班培训式教育，小群体讨论式教育。

3. 时间与地点 确定每次教育的大致时间和地点。因为农业生产周期长，较早确定时间与地点以便对教学所需的示范现场或生产现场及早准备。

4. 设备与费用 根据教育内容和方式，确定需要哪些设备，如扩音器、幻灯机、电脑、投影仪等。进行经费预算，并制订经费筹措计划。

（二）推广教育的实施

1. 落实教师和教学方法 根据教学内容和方式，提前落实教师。推广教师既要有一定理论知识，又要有很强的实践能力，既善于表达，又善于操作。教师落实后，与之协商采取适当的教学方法，如室内教学法、操作教学法、现场参观法等。

2. 落实教学场所和设备 根据教学内容和方法，落实室内场地、操作场地和参观场地，准备好教学仪器设备。

3. 教学内容的安排和通知 若是多门课程，应对每门课程的时间作出具体安排。准备工作做好后，对参加教育培训的人员，提前半个月进行书面通知或提前一周进行电话通知。通知太早，学员容易忘记；通知太晚，学员时间冲突，不能按时参加。

4. 教学过程的管理 授课教师在精心准备下组织教学，具体方法将在后面介绍。教育组织管理人员要检查学员的出勤情况、教师的授课情况和学生的听课情况，并进行适当的信息反馈，以便教学工作的顺利进行。

（三）推广教育的总结

每一次推广教育结束后，要组织学员座谈，了解培训内容是否合适，培训场所、设备、后勤保障是否满意，教学方式方法能否接受、教师是否胜任其职，组织工作的经验教训等。通过调查了解、分析评价，写出总结报告，既作为向上级汇报的依据，又作为以后改进提高的凭证。

四、农业推广常用教学方法

1. 集体教学法 集体教学法是在同一时间、场所面向较多农民进行的教学。组织集体教学方法很多，包括短期培训班、专题培训班、专题讲座、科技报告会、工作布置会、经验交流会、专题讨论会、改革讨论会、农民学习组、村民会等多种形式。这些形式要灵活应用，有时还要重叠应用两三种。

集体教学最好是对乡村干部、农民技术员、科技户、示范户、农村妇女、农村青年等分别进行组织。可以请比较有经验的专家讲课，请劳模、示范户、先进农民讲他们的经验和做法。集体教学的内容要适合农民的需要，使农民愿意参加，占用时间不能很长，要讲究效率、无论是讲课或讨论，内容要有重点，方法要讲效果，注意联系实际，力求生动活泼，使参加听讲和讨论的农民能够明确推广目标、内容及技术的要点，并能结合具体实际考虑怎样去实践。同时，注意改进教学手段，提高直观效果。

2. 示范教学法 示范教学法是指对生产过程的某一技术的教育和培训。如当介绍一种果树修剪、机械播种或水稻抛秧等技术时，就召集有关的群众，一边讲解技术，一边进行操作示范，并尽可能地使培训对象亲自动手，边学、边用、边体会，使整个过程既是一种教育培训的活动，又是群众主动参与的过程。这种形式一般应以能者为助手，做好相应的必需品的准备，以保证操作示范的顺利完成。要确定好示范的场地、时间并发出通知，以保证培训对象能够到场。参加人数不宜太多，力求每个人都能看到、听到和有机会亲自做。有的成套技术，要选择在应用某项技术措施之前的适宜时候，分若干环节进行。对技术方法的每一步骤，还要把重要性及操作要点讲清楚。农民操作后，要鼓励提出问题来讨论，发现操作准确熟练的农民，可请他进行重复示范。

3. 鼓励教学法　鼓励教学法是通过农业竞赛、评比奖励、农业展览等方式，鼓励农民学习和应用科研新成果、新技术，熟练掌握专业技能，促进先进技术和经验传播的方法。这种方式可以形成宣传教育的声势，有利于农民开阔眼界、了解信息和交流经验，能够激励农民的竞争心理，开展学先进、赶先进的活动。

各种鼓励性的教学方式，要同政府和有关社会团体共同组织。事前要认真筹备，制订竞赛办法、评奖标准或展品的要求及条件，并开展宣传活动。要聘请有关专家进行评判，评分应做到准确、公正，评出授奖的先进农民或展品，奖励方式有奖章、奖状、奖金、实物奖等。发奖一般应举行仪式，或通过报纸、广播等方式，以扩大宣传效果。

4. 现场参观教学法　组织农民到先进单位进行现场参观，是通过实例进行推广的重要方法。参观的单位可以是农业试验站、农场、农业合作组织或其他农业单位，也可以是成功农户。通过参观访问，农民亲自看到和听到一些新的技术信息或成功经验，不仅增加了知识，而且还会产生更大的兴趣。现场参观教学，应由推广人员和农民推举出的负责人共同负责，选择适宜的参观访问点，制定出目的要求、活动日程安排计划。参观组织人数不要太多，以方便参观、听讲、讨论。参观过程中，推广人员要同农民边看边议边指导。每个点参观结束时，要组织农民讨论，帮助他们从看到的重要事实中得到启发。每次现场参观结束，要进行评价总结，提出今后改进意见。

第二节　农民学习的特点

一、农民学习的心理特点与期望

（一）农民学习的心理特点

1. 学习目的明确　农民学习的目的通常是把学习科学技术同家庭致富、改善生活、提高社会经济地位等紧密联系在一起。通常每次参加学习都带有具体的期望和解决某种问题的目的。

2. 较强的认识能力和理解能力　农民在多年的生产、生活中形成了各种知识与丰富的经验，从而产生了较强的认识能力和理解能力。他们常常能够联系实际思考问题，举一反三，触类旁通。

3. 精力分散，记忆力较差　农民是生产劳动者，也是家务负担者，还有许多社会活动要参加，精力容易分散，许多年龄较大，记忆力较差。这使他们学得快，忘得也快。只有通过不断学习、重复学习来帮助记忆，提高学习效果。

（二）农民学习的心理期望

在农业推广教学过程中，农民对农业推广人员的期望并不是为了获得求知感或好奇心的满足，而是有着更殷切的心理期望。

1. 期望获得好收成 当农民在生产上遇到了问题，或想改革又没有办法，想致富又没门路时，就抱着很大希望来找推广人员。这时，农民首先期待得到推广人员的热情接待，期望推广人员能关心他的问题、了解他的心情、耐心倾听他的问题。农业推广人员必须使教育的目标与农民致富的要求一致，从而激发农民学习的动机。

2. 期望解决实际问题 农民向推广人员请教，是期望推广人员能够针对他们的需要解决实际问题，而不是空发议论。另外，农民还期望推广人员所提的建议，是他们能够做到的，而不是增加更多的困难。

3. 期望平等相待与尊重 农民是生产劳动者，他们有自己在生产实践中积累的经验，对农业生产有自己的看法和安排，不愿别人围着自己说教，特别是对一些年轻人和经验不多的人。他们不愿意别人指手画脚替他们做主，期望推广人员对他们平等对待，能提出几种可行性建议，帮助自己作决策分析，同时尊重他们的经验和看法。

4. 期望得到主动关心和鼓励 一些年纪较大的农民，对学习新技术缺乏信心，或感到年纪大了还当学生，心里有“屈就”的情绪，因为产生自卑感而不会主动表示对推广人员的期望。这些农民希望推广人员能主动关心他们的问题，同他们亲切地、平等地讨论问题，并且鼓励他们学习新的知识技术。因此，在组织和促进学习过程中，推广人员要为他们创造适宜的学习环境，激发、唤起和保护他们的学习兴趣，教学内容能激发他们的好奇心，使所学知识能学以致用。

二、影响农民学习的因素

（一）个人因素

1. 学习需要与动机 如果农民对学习内容需要迫切，学习强烈，学习主动性和积极性就高。

2. 学习兴趣 如果农民对学习的内容、学习的方式方法感兴趣，学习的积极性就高。

3. 文化水平 文化水平影响农民对培训内容的理解程度，从而影响农民的知识掌握程度和学习兴趣。

4. 年龄 农民是异质群体，年龄之间差异很大，记忆能力、理解能力、心理和生理素质差异很大，不同农民学习的积极性和学习效果不同。

（二）客观环境因素

1. 家庭因素 不同农民家庭经济收入水平、产业结构、在家劳动力、老人和小孩情况等，均影响学习时间、学习精力。一般来说家庭负担重的农民，学习时间有限，学习精力不足。

2. 教学因素 教学内容、教学方法的合理性、适宜性，教师的个性特征、教学水平和业务能力等，影响农民的学习效果和学习积极性。

3. 学习氛围 社区学习氛围、群体学习气氛影响学习积极性。农民学习行为也具有从众性和模仿性的特点。

4. 学习条件和要求 学习条件如就近就时的学习班、图书室、现场技术指导与咨询等，常能满足农民学习需要，激发学习热情。政府倡导、乡村要求与鼓励，也能在一定程度影响农民学习的积极性。

三、农民学习的主要方式

1. 自我学习 自我学习是农民利用自身条件获取知识、技能和创造能力的过程。这些条件包括生产劳动、生活经历、书刊、广播电视、电脑网络等。国家和地方建立乡村图书室，送科技图书下乡，广播电视村村通工程，有助于农民自我学习。随着青年农民文化水平的提高，自我学习科学技术将是农民自我学习的重要内容。在农业推广上，张贴标语、办黑板报、散发小册子和明白纸，都是利用农民自我学习来传播农业创新。

2. 相互学习 相互学习是农民之间在社会交往、生产技术、生活经验等方面的相互交流，常在闲谈、询问、模仿等活动中进行，不少农民喜欢向那些科技示范户、种田能手、“土专家”或某方面的“大王”学习技术。在推广人员把一项农业创新传播到农村后，主要是农民之间相互学习，使创新在当地得到扩散。

3. 从师学习 从师学习是青年农民拜技术精湛的农民为师，学习专门技术的过程，如农村中的木匠、石匠、砖匠、泥瓦匠、理发匠等专门技术技能的学习，多是以师父带徒弟的方式进行。从师学习的技术比较专业化或专门化，一般的相互学习难以学会，需要较长时间专门学习。

4. 培训学习 培训学习是农民参加集会、培训班、现场指导等，学习科技、政策、法律等知识和技术的过程。农业推广教育是农民培训学习的重要形式。农业广播电视学校、农民成人学校、县乡党校、农村职业技术学校、妇联、共青团、农业技术推广部门举办的各种培训班，为农民提供了大量的培训学习机会。

四、农民学习的类型与过程

根据学习动机和目的，农民学习可以概括为知识学习、技能学习和创造性学习三种类型。其中主要是知识学习和技能学习，创造性学习较少。

（一）知识学习

在推广教育中，农民知识学习分为知识的获取、知识的保持和知识的应用三个阶段。

1. 知识的获取 又分为摄取和理解两个阶段。知识的摄取是农民运用各种感知手段听取口头语言，阅读文字符号，观察行为表现，进行生产实践操作等，以获得丰富的感性知识。在获得感性知识后，农民就要分析、考虑、琢磨推广人员语言和非语言的含义、文字信息的含义、事物内部外部特点、因果关系、逻辑关系。理解一般是在现有感性知识、过去知识和经验的基础上进行。由于农民学员在生活和生产中见多识广，已积累不少认识事物的基础，因而较青少学生理解得快。

2. 知识的保持 就是记住所学的知识。农民一般年龄较大，记忆力较差，根据农民选择性记忆的心理特点，结合科学的教学方法，可以帮助农民保持知识。教学方法如下：①促使农民多种感觉器官（眼、耳、口、手、脑）并用。实验表明，单纯视觉的记忆效果为70%，单纯听觉记忆的效果只有60%，而视听结合的效果是86.3%。②多强调和重复，帮助农民复习。有研究表明，人们在学习20分钟后，在不复习的情况下就遗忘41.8%。在推广教育上，对重点和要点进行必要的重复，帮助农民复习，可以降低遗忘速度。③每次要求农民记忆的内容不要太多。研究表明，每次记忆材料过多，遗忘的也多，记忆的效果差。因此，每次教学结束前，要把教学内容进行归纳，用少量、顺口的语言把重点和要点总结出来，方便农民记忆。

3. 知识的应用 农民学习知识的目的在于应用，即运用到实践中去解释生产中的现象，或者形成相应的技能和技巧。这也是加深理解和巩固知识的重要方式。农民应用知识的方式，可以是用言语去解释某种现象，回答自己或别人的问题，如“这种现象原来是缺锌引起的”。也可以用操作的方式去应用所学的知识，如讲了嫁接技术后，让农民亲自操作练习，这就促使其应用所学的知识。

（二）技能学习

所谓技能，是个体在活动中顺利完成具体任务时表现出来的一种显性活动方式或客观存在的一种隐性心智活动方式。根据技能本身的性质和特点，可将农民技能分为操作技能（如嫁接、耕地、施药等）和心智技能（如计算能力、观察能力、分析问题和解决问题的能力）。不同技能的形成过程是不同的，但都表现出由不会到熟练，由低级到高级，由简单到复杂的特点。

1. 操作技能的形成 操作技能形成过程有三个阶段：分解动作或局部动作的学习和掌握阶段；连贯动作或完整动作的学习和初步掌握阶段；连贯动作或完整动作的协调、完善、熟练阶段。在推广教育中，要注意各阶段的内容和重点，以及各操作动作的协调和完整。

2. 心智技能的形成 心智技能的形成也大体分为三个阶段：发现问题；寻找原因（假设、演绎、证明、实验）；解决问题（思考方法、比较方法、确定方法）。在推广教育中，要提高农民的认识能力、分析能力、思维能力和表达能力，多用生产事例或现象，引导农民发现问题，启发农民分析问题，帮助农民解决问题。

（三）创造性学习

创造性学习是学习和培养以奇异的构想、崭新的创见、新颖的观点去解决问题、发现事物新的本质、新的关系的能力的过程。一般认为，人的智能最佳结构分为三层，并成金字塔分布，下层是知识，中层是技能，上层是创造能力。在掌握知识和技能的基础上，开展创造性学习，是成人学习的重要内容。农村不少青年农民外出打工几年，积累了不少经营管理经验，有一定资金和技术积累，回乡自己创业，这也是创造性学习的重要形式。

创造性学习是在创造性思维的基础上进行。创造性思维发展过程有4个阶段：①准备阶段。敏感地发现问题，收集解决问题的资料。②酝酿阶段。冥思苦想问题产生的原因和解决的方法。③明朗阶段。经过长期的酝酿，对问题的原因和解决方法均了然于胸。④修正阶段。进一步验证和完善解决方案。

在创造性培养与学习中应注意以下问题：①不迷信教材和教师。要敢于突破教材和教师的观点与方法，有自己独立的思考和想法。②善于发现问题。学起于思，思起于疑。培养从不同侧面进行全面观察和分析事物能力的，找出疑点，提出问题。③养成超常思维的习惯。要加强求异思维、变通思维、发散性思维和逆转思维训练，并用这些思维方法试着解决问题。④尊重自己与众不同的观点，想方设法证明自己观点和方法的正确性。

第三节 农民群体及其特点

一、农民群体的概念与类型

（一）农民群体的概念

群体是通过直接的社会关系联系起来，介于组织与个人之间的人群集合体。群体成员在工作上相互联系，心理上彼此意识到对方，感情上相互影响，行为上相互作用，各成员有“同属一群”的感受。一辆公共汽车、火车上及其他公共场所互不认识的一群人，他们之间没有直接的社会关系联系，不是群体，而是人群。

农民群体是指农民之间通过一定社会关系联系起来的农民集合体。联系农民的社会关系有血缘关系、姻缘关系、地缘关系、业缘关系、趣缘关系、志缘关系等。农民群体可使成员在心理上获得安全感，满足成员社交需要、自尊需要、生产经营需要，增加成员的自信心和力量感。在农业推广上，农村专业技术协会、专业合作社等农民自发组织的经济或技术实体，既可当作民间组织，又可当作农民群体。

（二）农民群体的分类

根据不同方式，可以把农民群体划分成不同的类型。

1. 初级群体和次级群体 初级群体是那些人数少、规模小、成员间经常发生面对面交往、具有比较亲密的人际关系和感情色彩的群体。如农民家庭、家族、邻里、朋友、亲戚等。次级群体是在初级群体基础上，因兴趣爱好或业务联系而组成的农民结合体，如农村的文体团队、专业技术协会等。

2. 正式群体和非正式群体 正式群体是那些成员地位和角色、权利和义务都很明确，并有相对固定编制的群体，如专业合作社、村民小组等。非正式群体是那些无规定，自发产生的，成员和地位与角色、权利和义务不明确，也无固定编制的群体，如农村的家族、宗族、朋友、亲戚、邻里、文体团队、一些农民技术协会等。农村乡政府、村委会、党团组织等属于组织，不属于群体。

3. 松散群体、联合群体与集体 松散群体是指人们在空间和时间上偶然联系的群体，如农村专业技术协会。联合群体是以共同活动内容为中介的群体，如农村的“公司＋农户”“批发市场＋农户”等。集体是成员结合在一起共同活动，对成员和整体都有意义的群体。这是群体发展的最高阶段。我国农村在20世纪50年代末到70年代末实行的是以队（现村民小组）为基础的集体生产经营模式，在这种经营模式下，每个农民都是集体的成员。1979年以后，农村实行一家一户的家庭承包经营，大多农村除了土地是集体资产外，成员之间已经没有或很少集体经济的联系。近些年一些地方发展起来的专业合作社，可在一定程度上称作集体。

4. 小群体、群体和大群体 根据我国农民分布特点和成员联系紧密情况，以及农业创新传播中一家农户只有1～2个农民接受传播的特点，把农民群体分成小群体、群体和大群体。小群体，指农村中同一处院落、山寨的邻里，日常交往联系紧密，2～20人（户），平均10人（户）左右；群体，由小群体组成，属于同一村民小组，因有土地等共有资产联系较紧密，21～100人（户），平均50人（户）左右；大群体，一个行政村，在村民自治活动中，有一定联系，101～1 000人（户）。在农业创新的集群传播中，为了方便，常根据上述的参加人数分为小群体、群体和大群体，而不考虑他们有无社会关系。

（三）农民基本群体

1. 家族群体 家族是由血缘关系扩大了的家庭，即大家庭。家族一般是以父系为基础而建立起来的。在农村一个家族主要是指不超过“5代”的血缘亲属。在现代农村，家族虽是扩大了的大家庭，但生产生活活动一般以“1～3代”血缘亲属组成的家庭来进行，在家族内，家庭内部成员间的关系非常紧密，而家庭之间成员的关系还是比较松散。不过，浓厚的乡土气息，使农村家族成员间仍然保持着密切交往。特别是逢年过节，或者是家族成员中的某个家庭遇到重要事情（如婚丧嫁娶、生老病死等），家族成员的这种交往就更加突出。另外，在农忙季节，家族成员间相互扶助也比较常见。从推广上讲，由于农业创新影响家庭成员的利益，创新是否采用，一般由家庭户主和劳动成员来决定，家族成员的意见只在某些情况能够起到重要的参考作用，如采用需要其他家庭的配合或对家族名誉、地位等有影响的创新。

2. 邻里群体 邻里是农村居住相近的、相互联系的、一定数量的家庭构成的地缘性群体。这些家庭相距在1 000m范围内，不超过10分钟的路程，大声叫喊就能够听到。地缘关系是这类群体形成的前提。在这一前提条件下，居住相邻的家庭彼此交往频繁，从而产生了一定的社会关系，形成了群体意识。如果仅是距离相近而没有交往联系，即使相邻再近，但家庭间“鸡犬之声相闻，老死不相往来”，也不能构成邻里。在农村，邻里是一个很重要的初级群体，其重要性甚至仅次于家庭，而比亲戚、家族有时更重要。正所谓“远亲不如近邻”。邻里之所以如此重要，是因为这些家庭间相距很近，彼此容易交往，而能做到安全相助，疾病相扶。在生活中，邻里之间常常互通有无，在生产上又互相帮忙，闲暇时又总是凑在一起，谈天娱乐，交流信息。从推广上讲，农民对创新的信息交流和评价，常在邻里成员之间进行；农民采用创新的效果，邻里成员可以经常看到；一种好的生产技术，也先是邻里成员模仿学习，通过感染先在邻里之间采用。因此，邻里在农业创新的扩散中，具有十分重要的作用。

3. 专业群体 通常是由一个村、一个乡或一个县生产经营相同作物或相同动物产品的农民或专业大户组成的技术与经营性群体，如西瓜协会、棉花协会、米枣协会、蔬菜协会、养蜂协会、养鸡协会等。专业群体是农民因业缘关系而联系起来的农业创新自推广群体。农民专业群体成员之间不定期聚会或相互交往，交流生产技术经验、扩散新技术、新方法，传播产品市场信息；群体组织参观、培训、咨询、技术服务、传播科技知识和信息等，进行农业创新的传播和自推广活动。从推广上讲，专业群体是传播专业性创新技术的重要对象，可以利用群体成员间业务联系紧密的特点，将农业创新首先传播给协会牵头成员或有影响力的成员，通过他们向其他成员扩散，可使创新得到迅速推广。

二、农民群体的特点

农民群体由于长期居住在农村，受农村自然生态、历史传统和生产组织等条件的影响，具有与学生、工人等群体不同的特点，主要表现在以下几个方面：

1. 组成上的异质性　一个农民群体，尤其是地缘性群体，成员在年龄、文化、专业、观念等方面差异很大，在家庭经济条件、劳动力资源、土地资源、生产条件等方面差异也很大，这些差异影响成员对农业创新的选择、认识、评价和采用，有的成员对某创新已经采用几年了，可能有的成员还没有采用。因此，使农民群体所有成员的行为都得到改变是很难的，也常常是不可能的。即使是专业群体，成员家庭条件的千差万别，也难使所有成员都采用同一创新技术。在农业推广上，根据农民群体组成上的异质性，积极支持条件好的成员先采用创新，团结争取和鼓励有条件的成员跟着采用创新，允许其他成员在条件具备后采用创新。

2. 居住上的分散性　2010 年，我国约有 6 万个村，2.63 亿户，9.66 亿人农村人口。平均每户 3.7 人，每村1 500人。这些人口的居住是分散的。在农村广大的土地上，农家分布在传统上多采取院落、村寨等小群体式的集群分布。近 30 年来，农民经济收入显著增加，许多农家新建住宅时，摆脱了院落、村寨的限制，有的单家独户，有的松散相连。从农业生产上讲，农民居住上的分散性，有利于农民接近自己承包的耕地，就近劳动和使用农家肥，这在山区和丘陵地区十分常见；但不利于成员交往沟通和邻里相助，也不利于集约土地和公共服务设施的建设。近些年，在城郊、平原和平坝地区，正在发展农村居民集中居住点，这将改变农民群体居住分散的特点。但与学生、工人等群体相比，绝大多数农民的居住是分散的。从推广上讲，这种分散居住，不利于推广人员的下乡指导和农家访问，也不利于群体成员间的密切交流和创新扩散。

3. 联系上的松散性　在学校，一个班或一个专业的同学，因一起居住、学习、开会和文体活动等，成员之间经常交流沟通，使成员之间联系紧密。在工厂，一个车间班组的工人，因流水线的工作联系，因共同活动结果的经济联系，也因居住相近的生活联系，成员之间的联系也非常紧密。而农民群体成员之间，在一家一户生产经营体制下，农民劳动以家为单位进行，农民收入和消费也以家为单位进行，农户之间很少有经济联系，偶尔有劳动联系，也主要通过其他社会交往来进行。因此，与学生群体、工人群体等相比，农民群体成员之间的联系是松散的。在推广上，这种松散性，使我们不能依靠一个或几个农民去要求或强迫另外一个农民采用创新。也不能像 20 世纪 50～70 年代农村集体生产时那样，通过行政命令叫生产队长采用创新，整个群体行为都会得到改变。农村现在虽然有村民小组，但这个小组不负责农民的生产经营活动。因此，农民群体成员联系上的松散性，增加了农业创新传播的难度，也增加了农业创新扩散的时间。

4. 生产上的模仿性　在农民群体中，许多成员心中有一两个自己崇拜的对象或偶像，这个对象或偶像常是他们心目中的能人，这个能人的行为易致他们模仿。不少农民在品种选用、种植方法、经营方式等方面自觉或不自觉地效仿心目中的能人，尤其是附近的能人。有时主动向能人请教，有时完全模仿能人从事生产活动。在农业推广上，如果将这些能人作为试验示范户，利用农民生产技术模仿性的特点，可以加快农业创新的扩散速度。

5. 行动上的从众性　在农业生产经营上，不少农民不知道种什么作物赚钱，从众而行，结果使一个地区某些作物生产大起大落。为什么不少农民要从众呢？这是因为当一项农业创新被早期多数农民采用后，其他未采用农民在心理上逐渐产生“压力”，只有跟着多数人采用了创新，心理上的“压力”才会被释放。推广上要促使创新早期的迅速传播，尽快达到从众的“临界数量”，争取未采用农民早日从众而为。

6. 交往上的情感性 农民群体成员在交往上带有浓厚的感情色彩，这是因为：①群体成员多是血缘、姻缘和地缘关系联结的乡亲，人们倾向于用血缘关系和婚姻关系来称呼，按辈分表现尊重，总是以纯朴、真诚的态度对待他人，为人热情，乐于尽力互相帮助。②农村职业简单，人口流动率低，再加上农村社会规模小，且相对封闭，所以人们多在群体内部交往。成员之间也常因娶嫁喜事、生日祝寿，互相请客送礼，增加了彼此的情感联系。③群体成员交往全面，彼此十分熟悉，一个人的家庭以及个人的经历、道德品质、能力、性格，甚至是兴趣爱好，都为别人所了解，几乎无任何隐私可言。所以在交往中每个人都几乎毫无保留地将自己全部投入进去，说实话，办实事，以保持和增强情感关系。在农业推广上，要重视农民交往的情感性特点，不要漠视和伤害农民的感情。除了热情诚实、礼貌待人外，在城镇街上、乡村路上，对熟悉的农民拉拉手，对认识的农民打招呼，对不认识而向你打招呼的农民多回应，也可以拉近与农民的感情距离，有利于农业创新的传播与沟通。

第四节 农业创新的集群传播

农业创新的集群传播，是推广人员把农民集中起来传播创新的方法。集中起来的农民可能来自同一个群体，如一个邻里群体；也可能来自不同群体，如一个县组织的村干部科技培训班。因此，根据集群人员的特点，集群传播不是群体传播，更不是集体传播。根据传播内容和集群人数，集群传播可以分为集会演讲传播、组班培训传播和小规模传播。与人际传播相比，集群传播具有范围较大、推广效率高、集思广益的优点，但有反馈不够充分、个人要求难以满足的缺点。

一、集会演讲传播

（一）集会演讲传播的概念与要求

农业创新集会演讲传播，是将众多接受创新传播的农民集中在大会堂或开阔地带，以演讲的方式传播创新的推广方法。集会的农民一般在 100～1 000人，人数过多，传播效果较差。

集会传播的主题是当地准备推广或正在推广的创新，集会的目的是希望与会者增加认识、改变态度、采用创新。集会的作用是宣传鼓动，营造氛围，增加了解。因此，会场上多挂醒目的横幅，张贴相关标语，具有功能良好的扩音设备，让与会农民能被现场气氛所感动。

集会演讲的内容主要是推广人员宣传创新的优越性和主要技术要点、科技示范户介绍采用创新的过程和效果。对于复杂的具体技术，集会一般不能解决，演讲中只涉及技术要点，在集会后再采取组班培训或小规模传播的方法解决。

农村集会传播多在户外开阔地带进行，农民多自带凳椅或席地而坐，天气晴阴、冷热常影响农民情绪。因此，一次集会演讲的时间不宜太长，一般不超过 2 小时。

（二）演讲稿的准备

演讲是就某个问题对听众说明事理、发表见解的过程，可以分成解说性演讲和劝说性演讲。解说性演讲是以听众理解为主要目的的讲话。劝说性演讲是一个影响听众感受、信念和行动的过程，使听众与演讲者所主张的立场相一致。农业推广演讲既有解说性演讲，让农民认识和理解所传播的创新，也有劝说性演讲，让农民转变态度，喜欢并采用创新。因此农业创新集会传播的演讲，是解说性与劝说性相结合的演讲。演讲稿是演讲内容的文字材料，对演讲十分重要。

1. 主题　主题是演讲的中心论题。每次集会演讲一般只选择一个主题，几个演讲者可以从不同的角度，围绕主题演讲。在农业创新集会传播中，演讲的主题就是拟推广的创新。

2. 提供信息的原则　演讲稿在撰写上应该坚持以下原则：

（1）智力激励。就是要提供农民比较陌生、认为需要了解的信息，可以启迪智力，增加认识。

（2）新颖性。在演讲稿中，要提供农民感兴趣、可能倾听的新信息，这是利用信息的新奇特点吸引农民倾听。

（3）相关性。提供与农民利益相关的信息。根据选择性心理，农民容易倾听和记住与自己相关的信息。

（4）重点突出。在提供众多信息的同时，突出重点，农民容易理解和记住被演讲者强调的信息。

（5）目标性。明确目标是希望听众相信或做什么时，演讲者就有可能说服听众。因为演讲推广的侧重点是要使农民认同自己的看法是合理的，就应收集和使用相应的信息来解释和说明。

（6）针对性。讲话的目标和信息若能针对听众态度，就有可能说服听众。对持赞成态度的农民，演讲者的任务是要强化他们的信念或激发他们去行动；对没有看法或态度的农民，要引发赞成和支持演讲者的观点；对持反对态度的农民，演讲者应给出自己的理由和根据，帮助他们思考自己的立场。

（7）充分的理由和合理的根据。农民是明辨事理的，合情合理的解释，有根有据的事实，容易获得农民的赞同。

3. 提供信息的方法

（1）说明性演讲或解说提供信息的方法。①定义，让农民明白是什么。定义词语要准确、具体。②过程解释，让农民知道是怎样做的。③说明，让农民知道为什么要这样做。

（2）劝说性演讲提供信息的方法。①提出问题。让农民知道目前采用技术有哪些问题，使他们认识到需要改变。②解决措施。让农民认识到有哪些方法可以解决现存问题，刺激他们产生动机。③效果对比。用试验、示范结果比较新旧技术的增产增收效果。④采用实例。用农民身边的几个采用实例，进一步说明该技术在当地的实用性。

4. 选用材料　根据提供信息的原则和提供信息的方法，选用相应的理论依据和事实材料来说明主题。

5. 开头与结尾

（1）开头。演讲的最初 10 分钟，是吸引听众的关键时间，因此开好头十分重要，一般以情感沟通、提出问题、阐明宗旨、新奇事件、实物展出、共同语言、表扬赞颂、利益相关等话题开头，容易吸引农民。

（2）结尾。演讲应在高潮中结束，结尾的方法有：高度概括主题，加深听众认识；总结要点，精练结论；坚定信心，激励行动。

（三）演讲

演讲前应熟记演讲稿内容。在演讲时，不能照稿宣读，要用自己的口头语言熟练地将演讲稿的内容表述出来。对有经验的推广人员，演讲稿只有要点、数据、提醒事例等，据此打好腹稿，用流畅的语言表述出来。对于新推广员，演讲时应注意以下几点：

1. 语言的应用 有扩音设备时，音量要适中，音量过大会产生噪声；无扩音设备时，声音要洪亮，让听众都能听到。语速要偏慢，不要使用长句，不要在连贯词组间停顿。

2. 非语言的应用 身体端正，手势与语言配合协调，眼光有力，有 1/3 以上的时间注视听众。

3. 自我心理调节 充满自信，不要怯场。内容熟练可以减少紧张、增加自信；平时多在众人面前说话，可以减少怯场现象。

4. 注意听众反应 关注农民对演讲的倾听情况和会场表现，调整演讲速度、节奏、音调和音量，以便引起农民的注意和重视。

二、组班培训传播

组班培训传播，是将农民适当集中起来，比较系统地传播农业创新，有利于理解知识、掌握技能的农业推广方法。集会传播的知识是粗浅的知识，农民只能有初步的认识；集会传播的技能是简单的过程，农民只能初步地了解；集会传播是在农民初步认识和了解的基础上，改变农民态度，促进农民采用。在有些农民决定采用后，就必须让他们对相关知识有深入的认识，对相关技能完全地掌握，这就必须开展组班培训和小群体传播。

（一）组班培训的要求

组班培训是落实农业推广教育计划的主要方式，培训的内容和对象一般是教育计划的内容和对象，也是当前当地推广的创新和愿意采用创新的农民。因此，每一次培训，要具体落实培训内容和培训对象。组班培训的人数多在 20～100 人，一般 50 人左右的培训成本较低、培训效果较好。人数较多，可以降低成本，但效果较差；人数较少，培训效果较好，但成本较高。

组班培训的场地有教室和现场。教室要有相应辅助教学工具，如电脑、投影仪、幻灯机、挂图、实物、标本等，教室的光线充足，桌椅齐全。室外场地如参观现场、操作场地及其材料等已经提前准备就绪。

组班培训的教师对教学内容十分熟悉，能够熟练应用相应的教学方法。一般来说，组班培训的方法主要有三种，即讲授法、操作法和参观法。

（二）组班培训的讲授传播法

讲授法就是推广教师用口头语言向农民传授知识和技能的教学方式。其优点是能在短时间向农民传授大量、系统的知识，缺点是不能及时了解农民理解和掌握的情况。采用此法时要注意：①熟悉所讲知识技术的全部内容和与该技术有关的情况；②要写好讲稿，但不照本宣科；③要富有启发性，促进农民思考，引导他们自己得出结论；④要讲究教学艺术，做到音量适当、速度适中、抑扬顿挫，眼光有神、姿势优美、语言生动，板书整洁、形式灵活、气氛活跃；⑤合理利用教具。根据教学内容，在适当时候利用挂图、照片、实物、模型、影像等，帮助增加感性认识。

（三）组班培训的操作传播法

操作传播法又称方法示范，是对某些技术边操作、边讲解的教学传播方法，如果树嫁接、修枝，水稻旱育秧等技术的传播。操作传播法的程序如下：

1. 制订计划 无论推广教学人员有多丰富的经验，每次操作传播都要根据目的和内容写出传播计划。计划包括：通过操作传播要达到什么样的目的；传播的主要内容是什么；准备的操作材料和工具；列出操作步骤；对观众解答的主要问题；操作传播过程的总结等。

2. 操作传播的实施 操作传播可分为三个阶段：介绍、操作、概要和小结。

（1）介绍。首先要介绍传播者自己的姓名和所属单位，并宣布操作传播题目，说明选择该题目的动机及其对大家的重要性。要使农民对新技术产生兴趣，感到所要传播内容对他们很重要并且很实际，自己能够学会和掌握。

（2）操作。①传播者要选择一个有代表性的材料，一个较好的操作位置，要使大家看得清楚操作动作。②操作要慢，要一步一步地交代清楚，要做到解释和操作密切配合。③声音洪亮，速度要慢，使大家都能听得清楚。语言通俗易懂，大家容易理解。

（3）概要和小结。将操作中的重点提出来，重复说明并作总结。做好这项工作要注意三点：①不要再加入新的东西和概念；②不要用操作来代替作总结；③要劝导农民效仿采用。

3. 农民自己操作练习 在传播人员的帮助下，每个农民都要亲自操作，对不清楚、不理解，或能理解但做不到的事情，传播人员要耐心讲解，重新操作，纠正农民错误的理解和做法，鼓励他们再次操作练习，直至达到技术要求为止。在这些活动中，允许农民提出问题，对带普遍性的问题，要引起大家注意，并当众给予解答。

（四）组班培训的参观传播法

这是组织参加培训的农民到科研生产现场参观，通过实例进行创新传播的方法。参观的单位可以一至多个，可以是农业试验站、科技示范场、科技试验户、示范户、专业户、专业合作组织、成果示范基地等。通过现场参观，农民亲自看到和听到新技术信息及其成功经验，既增加知识又引发兴趣。参观传播法要注意以下几点：①制订计划。包括目的、要求、地点、日程、讲解人员等。②边参观边指导。对参观中农民不懂或不清楚的地方，请当事人解说，或推广教师指点引导。③讨论总结。参观结束时，组织农民讨论，帮助他们从看到的重要事实中得到启发，并进行评价总结，提出今后改进意见。

三、小规模传播

小规模传播是推广人员对少数推广对象或农民传播创新的推广方法。小规模传播的人数一般在 2～20 人。传播对象可以是同一小群体，如邻里，也可以是不同小群体或不同群体的成员，成员之间可能不全认识，但他们对同一创新都感兴趣。小规模传播的方式主要有现场指导和小规模座谈。

（一）现场指导

现场指导是推广人员在生产现场，指导农民认识生产问题、解决生产问题和正确采用新技术的传播方法。现场指导包括一般生产技术指导和新技术的指导。

1. 一般技术指导 在推广人员下乡过程中，某些农民种植的作物出现不正常现象，他们可能三五成群地围着推广人员询问，推广人员现场指导寻找原因，并提出解决办法，如是什么病，应该施什么药，缺什么元素，应该施什么肥等。

2. 新技术指导 推广人员在科技示范现场（如示范户），指导新技术采用时，常有附近少数农民自愿来观看学习，接受指导。

（二）小规模座谈

小规模座谈是推广人员与少数农民座谈，传播农业创新的方法。座谈的主题是农民对创新的认识、态度及他们关心的问题。座谈的目的是让他们加深认识、改变态度。座谈人数较少，每个农民都能发表意见，也能相互讨论，可以消除误解，增加理解。推广人员可以有针对性地回答农民的咨询，解答疑问，使他们在认识明确、理解正确的基础上转变态度。小规模座谈可以在室内进行，也可以在农家附近进行。小规模座谈一般应注意以下几点：

1. 参加人员可以多样化 参加人员可以是采用创新的农民，座谈可以帮助他们解决采用中的问题，或总结采用经验；也可以是没有采用创新的农民，座谈可以帮助他们转变态度。在与没有采用创新农民座谈时，要请个别采用效果好的农民参加，让他们来帮助回答未采用者的相关问题。

2. 说明座谈内容，让农民先发言 先简要介绍此次座谈会的目的和主要座谈内容，然后让农民依次或随便发言。要调动大家的发言积极性，不要冷场。

3. 不要随便插话，打断发言 如果确实要插话解释或询问，插话结束后要让被打断发言的农民继续发言。

4. 注意倾听和分析判断 认真听取每个人的发言，让每个人都感到被重视。作必要的记录，以便记忆，并对每人的发言进行分析，判断其认识和态度是否与自己一致。

5. 总结性发言，解释疑问，阐明看法 归纳出发言中提出的问题、看法，逐一解决问题，并就哪些看法正确、哪些看法错误提出自己的认识，对大家应该怎样认识和看待创新，以及应该注意什么等问题进行总结归纳。最后，在征求大家意见的基础上，形成一致的意见，作为座谈的结果或结论。

本章小结

农业推广教育不同于学校教育，有自身的特点，有相应的教育原则与方法。农民学习不同于学生学习，有不同的学习心理与内容要求。农民群体不同于其他群体，具有组成上的异质性、居住上的分散性、联系上的松散性、生产上的模仿性、行动上的从众性、交往上的情感性等特点。农业创新集群传播是推广人员把农民集中起来传播创新的方法，不同于群体传播。群体传播是群体成员之间的交流与传播。根据传播内容、组织形式和人员多少，集群传播可以分为集会演讲传播、组班培训传播和小规模传播。集会演讲传播是将众多接受创新传播的农民集中起来，以演讲的方式传播创新的推广方法。组班培训传播是将农民适当集中起来，比较系统地传播农业创新，有利理解知识、掌握技能的农业推广方法。小规模传播是推广人员对少数推广对象或农民传播创新的推广方法。

■ 补充材料与学习参考

1. 解说性演讲和劝说性演讲的主要评价标准

鲁道夫.F. 韦尔德伯尔在《传播!》一书中提出以下标准：

(1) 解说性演讲的主要评价标准

——具体目标是以增加受众的信息为目的吗?

——讲话者在观点发展过程中，表现出创新性了吗?

——信息是智力激励的信息吗?

——讲话者表现出信息的相关性了吗?

——讲话者对信息有所侧重了吗?

——用来给出信息的方法适合所给出的观点吗?

(2) 劝说性演讲的主要评价标准

——具体目标旨在影响某种信念或引发受众去行动了吗?

——讲话者给出表达清晰的理由了吗?

——讲话者使用事实和专家意见来支持这些理由了吗?

——组织模式适合目标的种类和假设的受众态度了吗?

——讲话者使用情感式语言来激发受众了吗?

——讲话者在这个话题上有效地构建可信度了吗?

——讲话者在处理资料上合乎道德标准吗?

2. 案例——农民培训新方式

江苏省南通市在2008年开始实施《高效栽培综合技术集成与示范应用》项目，对项目区农民开展了“五个一”的培训方式，主要做法如下：

(1) 一份菜单农民点。围绕《高效栽培综合技术集成与示范应用》项目实施要求，根据主推技术和主推品种，结合农事农情，编制了春玉米培管技术、大棚西瓜的栽培技术、草莓的栽培技术、水稻的育秧培管技术等15个培训专题菜单，让项目区农民“点菜”，农民需要什么就培训什么。

(2) 一批讲师农民选。在《高效栽培综合技术集成与示范应用》课题组成员中选聘25名业务技术骨干组成了培训讲师团，由项目区农民“点将”。讲师团的讲师们为了讲好课，经常深入项目区了解农民在生产经营中的实际问题，有针对性地备课，有的还制作了多媒体课件进行直观培训。他们将一些较深的理论通过打比喻、说实例等群众语言，深入浅出表达出来，通俗易懂，贴近农民，深受农民欢迎。

（3）一场培训村头听。根据项目实施情况和农时季节，组织讲师团讲师进村开展培训，把培训班办到村头、办到农民的家门口。在培训过程中，在“实用、实际、实效”上下功夫，通过“四个转变”实现了“四个过渡”：培训观念的转变，跳出传统的就培训抓培训、就推广抓推广的思路，将培训课堂向田头、菜地、大棚过渡；培训形式的转变，由大规模集中授课培训向定点、进村、入户过渡；培训内容的转变，由大众化的技术培训向按需式“菜单式”辅导过渡；培训成效的转变，由追求培训的数量型向提高素质的质量型过渡。

（4）一套资料免费送。围绕项目的主推品种和主推技术，组织项目课题组成员编印了技术明白纸，在进村培训时免费发放给受训农民，保证参训农民人手一套资料。

（5）一条热线农民询。为方便项目区农民随时解决生产经营中的实际问题，探索农民培训的长效机制，还开通了热线电话，随时接受农民咨询，解决培训长效性问题。通过专用热线电话，实现与农民的零距离互动，为农民提供技术咨询服务。通过电话实现了与项目区农民农业技术资源的共享，被项目区农民称为“农业 110”。

资料来源：钱进，吴九林．2010.“五个一”培训模式助推项目实施的成效与体会．农技服务，27（7）：966.

3. 参考文献

白菊红，袁飞．2003. 农民收入水平与农村人力资本关系分析．农业技术经济（1）：16-18.

何青丽．2010. 梅兹若成人转化学习理论的时代意义．孝感学院学报（7）：125-126.

侯艳红．2009. 试论新形势下农村农业科技教育培训．山西农业科学，37（10）：10-13.

黄秋香，唐意红，方伟红．2009. 构建农民终身教育体系的思考．经济研究导刊，39（1）：65-66.

鲁道夫·F. 韦尔德伯尔，凯瑟林·S. 韦尔德伯尔．2008. 传播！周黎明，译．第 11 版．北京：中国人民大学出版社．

潘寄青，韩国强．2009. 基于人力资本理论的新型农民培育．安徽农业科学，7（25）：12 226-12 228.

唐超群，王思文．1989. 成人教育学习方法论．北京：农村读物出版社．

王慧军．2011. 农业推广理论与实践．北京：中国农业出版社．

王益明，耿爱英．2000. 实用心理学原理．第 2 版．济南：山东大学出版社．

许静．2007. 传播学概论．北京：清华大学出版社，北京交通大学出版社．

张茜．2007. 农村人力资本与农民收入的动态关系．山西财经大学学报，39（3）：27-31.

周金虎，滕杰．2010. 元认知理论与成教学生自主学习能力的培养．中国成人教育（14）：107-108.

Steven A. Beebe，John T. Masterson. 2008. Communication in small groups. eighth edition. 影印版．北京：北京大学出版社．

思考与练习

1. 你认为农业推广教育与学校教育在哪些方面有不同？

2. 农民知识学习和技能学习有何不同？应该采取哪些相应的针对性强的教学方法或措施？

3. 比较农民群体与学生群体有何不同。

4. 集群传播与群体传播有何不同？小规模传播与小群体传播有何不同？

5. 在集会传播中，你认为应当怎样做好演讲工作？

第十章　推广体系与组织传播

因农业推广在发展农业中的重要作用，世界上许多国家都有专门机构从事农业推广工作。从中央到基层，都有相应的推广机构、制度和运行机制，形成相应的推广体系，进行农业创新的组织传播工作。因此，农业创新推广是一种组织传播行为，无论这个组织是公益性组织还是商业性组织，是事业性组织、企业性组织还是群众组织。了解国内外农业推广体系状况，认识不同农业推广组织特点，掌握农业创新组织传播方法，有利于搞好农业推广工作。

第一节　农业推广体系

一、世界农业推广体系现状与类型

（一）世界农业推广体系现状

农业推广体系（Agricultural Extension System）是农业推广机构设置、服务方式和人员管理制度的总称。根据全国农业技术推广中心资料，在全球113个国家200个国家级农业推广机构中，1910年以前仅建立了14个国家级推广机构，占现有国家级推广机构数的7%，且主要在英国、美国和一些发达国家；第二次世界大战以前，约建国家级推广机构48个，占现有数的20%左右，主要在一些中等发达程度的国家；第二次世界大战以后，一些发展中国家为了解决粮食短缺问题，纷纷建立推广组织。世界上约150个国家级推广组织（约80%）都建立于第二次世界大战以后。全世界约有专职农业推广人员54.2万人（中国仅含种植业部分）。其中：非洲约5.9万人，占全世界的10.8%；亚太地区约39万人，约占72.1%；欧洲1.5万人，约占2.7%；拉丁美洲约3.3万人，约占6.1%；北美约1.5万人，约占5.5%；近东地区约3万人，约占5.5%。

（二）世界农业推广类型

根据全国农业技术推广中心资料，世界现有农业推广体系可分为六大类。

1. 以政府农业部为基础的农业推广体系　这类推广体系的特征是，推广体系隶属政府农业部门的直接领导，农业部下属的推广局和推广站（中心）负责组织、管理和实施全国的农业推广工作。

2. 以大学为基础的农业推广体系　这类推广体系的典型代表是美国，其特点是农业教育、科研、推广三位一体，大学建立农业推广站（中心），大学的推广部门负责组织、管理和实施基层推广工作。一些曾接受过美国援助的国家，如菲律宾、印度等也部分地采用了这种推广体系。

3. 商品专业化农业推广体系　这类推广体系是指一些商品生产组织或一些开发机构所

附属的推广体系。如马来西亚的橡胶生产和咖啡生产组织等都建有自己独立的推广体系。

4. 社会组织的推广体系 这类推广体系是指一些协会和宗教组织所属的推广机构，如英国、法国等国农民协会和一些宗教组织经常从事社会经济和家政等方面的推广工作。

5. 私人农业推广体系 这类推广体系是指一些私人企业为推销产品所组建的产品推销部门。如英国、法国等的一些农药、化肥、种子生产企业为推销产品而成立的推销部。

6. 其他形式的农业推广体系 这类推广体系是指在欧洲一些国家的青年组织和妇女组织。他们以农村青年和妇女为推广对象，向他们推广一些实用的农业技术、健康、保健等知识。

在以上 6 类推广体系中，以农业部为基础的农业推广体系占全球推广体系总数的 81%，以大学为基础的农业推广体系占 1%，附属性的农业推广体系占 4%，非政府的推广体系约占 7%，私人推广体系占 5%，其他类型的推广体系仅占 2%。可见，以农业部为基础的农业推广体系仍是当今农业推广体系建立与发展的主流，我国和许多发展中国家都以这种推广体系为主。

二、国外农业推广体系

（一）美国农业推广体系

美国是农业教育、科研、推广三位一体的推广体系，这个体系经历了一个漫长的发展过程。1862 年美国颁布《莫雷尔法案》，法案规定联邦政府向各州赠拨一定数额的土地，各州须以土地出售所得，建立一所“赠地大学”，现发展为州立大学农学院。1887 年通过《汉奇法案》，在赠地大学建立了农业试验站（类似农科院），开展对动植物病虫害防治措施、作物栽培技术、家禽饲养、食品加工等方面的研究；1914 年，美国 63 届国会通过《史密斯和勒沃尔法》，规定美国农业部在州立大学建立农业推广站。经过以上三个法案的实施，形成了以州立大学为依托，农业教育、科研、推广有机结合的“三位一体”的推广体系。

美国从联邦政府到州政府、县政府都设有专门的推广机构。联邦政府推广机构设在农业部。州一级的推广机构设在州立大学的农学院，推广站站长由农学院院长或副院长兼任。州推广站设立专家队伍和顾问委员会，主要职能是对推广项目进行决策，对推广工作进行监督和评估，对下一步工作提出意见和建议。县推广人员由大学推广站组织评审小组，按聘用条件择优聘用。县级推广人员由大学推广站负责培训，他们通过直接或间接的方式向农民推广科技知识。

美国不仅有健全的推广体系，而且还有一支高素质的推广队伍。州一级有推广专家 4 000多名，全部是具有博士学位的教授，县级有推广人员12 000多人，其中 25%具有博士学位，硕士学位占绝大多数。全美现有3 300个推广机构，近 2 万名推广人员，近 20 万自愿者。

（二）日本农业推广体系

1. 政府推广机构 农业推广事业在日本称为“改良普及事业”，主要由农林水产省的农产园艺局负责。这个局设 10 个课，有普及教育课，主管推广体系；病虫防除课，主管病虫监测网络及植物检疫、农药；妇女·生活指导课，主管妇女指导和农村生活改善指导。农林水产省还把47个都、道、府、县按自然区划分为7个地区，分别设立了地方农政局，作为农林水产省的派出机构。地方农政局内设农业普及课，对各地农业普及事业进行指导和监督。

在各都（相当于我国的省）、道、府、县政府，主管农业的机关称为农政部或农林水产部，部下设课，主管农技推广的课称为普及教育课或普及推进课，包括技术指导和妇女·生活指导；病虫测报及农药、检疫管理由病虫防除所负责。在县级负责技术的是专门技术员。全日本共有专门技术员650人左右，主要在县级的有关课、所、试验场。

县以下根据区域设立农业改良普及中心（领导人习惯上称所长），直接属县普及教育课领导。全日本有改良普及中心510个左右，平均每个中心有推广技术员20人左右。全日本约有农户（含兼业农户）330万户，平均每个改良普及员负责330户左右。随着改良普及手段的现代化和农户数的减少，改良普及员人数也在慢慢减少。专门技术员、改良普及员和国立、县立的研究试验所（场）的研究人员，都是公务员。

2. 农协推广机构　农协是农民自主、自助、自治的经济组织。1947年日本制定了《农业协同组合法》，1948—1949年间在全国范围内建立了农协组织。日本农民几乎100%都加入了农协。日本农协经过半个世纪的发展，建立健全了从农户—基层农协—县农协中央会—全国农协中央会的组织机构，为日本农村经济的发展作出了重大贡献。

日本农协的事业范围包括农业生产和生活指导、销售农产品、农资供应服务、信用服务、保险服务、提供设施和设备服务、医疗服务和老年人福利事业8个方面。其中前三项与农业推广密切相关，称为营农指导事业。营农指导是农协事业的基础和主体，基层农协为此配备了大批营农指导员。营农指导员，既是技术指导员，又是农家经营指导员和农产品、农用产品购销员。他与国家农业改良普及中心的改良普及员不一样，普及员是国家公务员，无偿地指导农业专业技术，技术水平高。营农指导员是农协招雇的职员，营农指导员和改良普及员也经常一起商讨工作，一起对农户培训。普及员不参加供销活动，而营农指导员是技术跟着物资走。农协通过营农指导，加强了社员对农协的信赖，因此，营农指导是农协最重要的指导扶助方式。

（三）埃及农业推广体系

埃及是一个发展中国家，埃及农业推广体系由政府的专业推广体系和农业科研机构的推广体系组成。

1. 政府推广体系　政府农业推广体系包括中央、省（17个）、县（200个）、村（4 000个）4级，其龙头是农业部的农业推广管理中心，农业部各专业司局也提供帮助。整个推广体系共计4万人，其中政府推广体系专职推广人员2.5万人，政府农业管理部门和科研单位的专家1.5万人。政府推广人员主要分布在村级推广站，每个村站有2～4名推广员。政府推广体系由农业部垂直管理，其经费全部由国家提供。

2. 农业科研机构的推广体系　农业科研机构是埃及重要的推广力量。埃及农业科学研究中心（相当于国家农科院）直属农业部领导，下辖14个研究所、32个区域研究站，有2.5万多名员工。这些研究所、站都有专门的推广机构和人员，与政府专职推广体系密切合作开展推广工作。该中心下属农业推广与农村发展研究所，该所主要从事推广研究和推广人员培训工作，有100多人。主要从事农业推广与农业、农村发展的理论与实证研究，包括推广政策、推广项目制定与评估、推广方法、农村妇女在农村发展中的作用等方面，涉及农业推广学、农村社会学和农村家政等学科领域。同时，该所还负责组织推广人员的培训，并有较完善的培训设施。

(四) 英国农业推广体系

英国农业推广称农业开发咨询服务，英国在农渔食品部设农业开发咨询局，局内设有农业、农业科学、水土管理、兽医、园艺科学、推广开发等处。前几个处主要由各专业的推广专家组成。推广开发处的任务是帮助开发咨询局有效地展开咨询服务活动，通过各种渠道取得信息，协调推广项目和评价咨询工作。

英格兰和威尔斯都建立了从中央到农户的信息联络网，每个地区设有推广开发组，组长也是全国推广委员会的成员，委员会组织各地区交流信息和经验。县设农业顾问小组，由奶牛、畜牧、养禽、农机、农学、园艺、农场管理、社会经济等方面的专家组成。组长参加上级会议讨论工作计划和部署，顾问要经常深入到下级参加讨论推广项目和进行实地指导与咨询。乡镇级农业顾问是第一级的咨询人员，他们经常到农户去了解情况和解答问题，组织农民小组讨论，指导专项课题的实施，通过各种手段推广本地区需要解决的技术问题，检查推广效果并进行最后评价。英国的推广体系实行垂直领导，农渔食品部开发咨询局领导地区，地区领导县，县领导乡镇，每个乡镇约 500 农户（任晋阳，1998）。

三、中国农业推广体系

(一) 新中国前农业推广体系与农业推广

1. 我国古代农业推广 早在七八千年前的母系氏族后期，我国已产生了原始农牧业，并通过农业技术的自发传播，逐步形成了黄河流域和长江流域两个农耕区域。神农氏开创原始农业，“教民农作”，是我国最早从事农业推广之人。

在 4000 年前的尧舜时代，原始农业的教稼才由自发传播转向自觉推广，逐步形成行政推广体制。尧帝的异母兄弟姬弃，因善于种植五谷而被尧帝拜为“农师”，指导民人务农。自尧舜以后，经夏、商、西周1 300多年的发展，原始农业趋于成熟，作物增多，种植方法不断改进。

公元前 330—前 221 年，我国农业逐步使用铁制农具和牛耕，逐渐转向传统农业。到了西汉（前 206—公元 25 年），我国传统农业技术水平已赶上鼎盛的罗马，到了东汉（25—220 年），我国传统农业技术已领先于世界。

我国古代农业推广主要取得以下成绩：①西汉劝农官赵过首创培训与试验、示范相结合的推广方法；②9 世纪后期宋太宗时代在全国各地设“农师”，指导农民务农，产生最早的区域性推广人员；③历代重视编撰劝农教材，如后魏贾思勰的《齐民要术》、元代孟祺等的《农桑辑要》、明代徐光启的《农政全书》等；④元明之际的黄道婆将海南岛的棉花引种到淞沪，明清之际的陈振龙世家将菲律宾的甘薯引种到福建；⑤清圣祖康熙令李煦在苏州试种双季稻，创造出试验、示范、繁殖、推广的科学程序。

2. 我国近代农业推广 19 世纪 60 年代，我国开始向欧美、日本学习，兴办学堂，引进作物品种与农业技术，创办农场和科研机构。到 1909 年，全国有农业大学和高等农业学堂

6所、中等和初等农业学堂90所。到抗日战争期间，全国有国立和省立农业场所408个，县及以下场所283个，这些场所既搞研究，又搞推广。在清末，中央政府农工部下设农务司，主管全国农业行政，各省设劝业道，各县设劝业员，负责农业推广。国民政府时期，由中央政府实业部、经济部所属的农业促进会或农业推广委员会，总管全国农业推广，部分省和少数县设相应的农业推广机构。到1946年，全国有40%的省和29%的县有农业推广机构，有7 681个乡镇农会从事农业推广工作；全国有农业推广人员2 200多人，中央机构396人，省级350人，县级1 500人，有非政府机构推广人员约700人。

（二）新中国农业推广体系的发展

自新中国成立以来，我国农业推广体系的发展大致经历了以下阶段：

1. 创建阶段（1949—1957） 起初以县农场为中心，互助组为基础，劳模、技术员为骨干组成技术推广网络。后来又大力兴办区农业技术推广站，到1957年底，基本上做到了区区设站。

2. 曲折阶段（1958—1965） 农业推广机构经历了精简、整顿、恢复、发展的曲折阶段，建立地、县农业技术推广站，并完成专业分化。

3. 动乱阶段（1966—1976） 原有推广机构一度瘫痪，四级农业科学实验网兴起，即县办农科所，公社办农科站，生产大队办农科队，生产队办农科小组。农民技术队伍逐步壮大，形成了专家与农民结合的推广网络。

4. 兴盛阶段（1977—1995） 1979年农村经济体制改革，撤公社建乡镇，四级农科网也逐渐解体；乡镇办农技站，县农业局建农业技术推广中心，将原来独立的农技站、植保站、土肥站、种子站并入中心。1991年全国多数县成立了农业技术推广中心。1993年，我国颁布了《农业技术推广法》，农业推广体系有了法律保障。1995年，农业部又将全国农技推广总站、种子总站、植保总站、土肥总站等合并组建全国农业技术推广服务中心。从中央到地方实现了推广资源从分散向综合的转变。

5. 改革探索阶段（1996—） 随着我国社会主义市场经济的发展，社会商业性推广机构不断兴起，公共推广机构不断衰弱，许多乡镇农技站名存实亡，粮食等关系国计民生的农业生产得不到技术指导，由此而探索区域性农业技术推广中心的基层推广机构和乡镇综合性农业服务中心的推广机构改革。

6. 公益性和商业性推广机构并存阶段（2005—） 2012年我国修改的《农业技术推广法》规定，我国实行国家农业技术推广机构与农业科研单位、有关学校、农民专业合作社、涉农企业、群众性科技组织、农民技术人员等相结合的推广体系。国家鼓励和支持供销合作社、其他企业事业单位、社会团体以及社会各界的科技人员，开展农业技术推广服务。

高启杰（2010）认为，我国农业推广组织主要有5种类型，即行政型农业推广组织、教育型农业推广组织、科研型农业推广组织、企业型农业推广组织和自助型农业推广组织。

根据推广组织的服务性质，目前我国农业推广体系主要由公益性推广机构、商业性推广机构和农民自推广机构三大部分组成。

（三）公益性推广机构

1. 公益性推广机构概念 公益性推广机构主要指国家农业技术推广机构，兼职从事公益性农业推广活动的大中专院校和农业科研单位，也属公益性推广机构范畴。《农业技术推广法》规定，根据科学合理、集中力量的原则以及县域农业特色、森林资源、水系和水利设施分布等情况，因地制宜设置县、乡镇或者区域国家农业技术推广机构。国家农业技术推广机构的人员编制应当根据所服务区域的种养规模、服务范围和工作任务等合理确定，保证公益性职责的履行。

2. 公益性推广机构的行为特点 公益性推广机构的行为目的主要有三：①通过推广，实现政府的行为目标。②通过推广成就来获得政府和社会的赞扬，以获得更多的支持或扶持。③利用推广获取一定的机构和成员利益。它的行为目的既表现出公益性，又表现出功利性。

它具有两方面的行为准则：①遵循政府的行为准则；②体现自身利益的准则。后者主要表现在，有利于机构和成员的社会地位、学术地位、经济利益和自身发展的农业创新，就主动积极地推广，否则就消极或拒绝推广。

它的行为方式主要表现在：①为政府农业决策提供咨询和建议；②承担政府资助的推广项目；③一般创新推广，常规技术服务；④提供农业信息，普及农业技术；⑤为农业企业或农民进行有偿技术服务。

3. 公益性推广机构的职责 包括：①各级人民政府确定的关键农业技术的引进、试验、示范；②植物病虫害、动物疫病及农业灾害的监测、预报和预防；③农产品生产过程中的检验、检测、监测咨询技术服务；④农业资源、森林资源、农业生态安全和农业投入品使用的监测服务；⑤水资源管理、防汛抗旱和农田水利建设技术服务；⑥农业公共信息和农业技术宣传教育、培训服务；⑦法律、法规规定的其他职责。

4. 公益性推广体系类型 按行业可分为种植业农业推广技术体系、畜牧业技术推广体系、农机技术推广机构、农垦系统技术推广体系。

（1）种植业农业技术推广体系，从中央到地方各行政区层层设立推广机构，实行业务上的垂直管理。

中央农业技术推广机构。农业部下设综合性的农业技术推广机构——全国农业技术推广服务中心，负责全国性技术项目的推广与管理，重大农业技术推广项目的组织协调和管理由农业部科技司推广处负责。

省（区、直辖市）级农业推广机构。受省政府领导，多隶属于农业厅，业务上受中央级农业技术推广机构的指导，面向全省，直接指导地（市、盟、州）级推广机构的工作。

地（市、盟、州）级农业推广机构。它上承省级机构，相当于省级机构的派出单位，在功能和任务上与省级推广机构相近。目前有相当一部分地市合并推广机构，形成地市级的农业推广中心或技术推广综合性服务站。

县级农业技术推广机构。在近年的农业技术推广体制中，行政部门大力倡导和支持成立县农业技术中心，把栽培、植保土肥等专业推广机构有机地结合起来，发挥推广部门的整体优势。

乡（镇）级农业技术推广机构。它是以技术推广、技术服务为主的基层技术推广组织，大都采用多种专业结合，开展技术推广、技术指导、培训和经营服务一体化的综合技术服务，是农村社会化服务体系中重要的组成部分。未设农技推广机构的乡镇，多以片区农业技术服务中心履行相应职能。

村级农业技术服务组织。有些村还设有专门的技术人员，它上承乡（镇）推广站的技术指导，下联系着广大农民，宣传科技知识，落实技术措施。村级技术组织的主要成员是不脱产的农民技术员，他们不但带头采纳新技术，还向农民传授技艺，做好技术服务工作。

（2）畜牧业技术推广体系。中央级在农业部畜牧司设有全国畜牧兽医技术推广总站，畜牧总站设有推广处。在省、地、县三级设有畜牧三站，即畜牧兽医站、品种改良站（牧区）、草原工作站（牧区）三站经营管理处主抓推广工作。乡级设有各专业相近的畜牧兽医站。

（3）农机技术推广机构。我国农机化事业的特点是科研与推广工作密不可分，许多基层农机研究所也司技术推广之职。中央级有农业机械化推广总站，农业部农机化司科技处协调科研推广工作。目前已在许多省（自治区）、地区（市）和县级建立了农机化技术推广站，乡镇级有农机管理服务站，不少服务站设有推广岗。总体来看，全国农机化体系发展不平衡，基层组织不健全。

（4）农垦系统技术推广机构。农垦系统在中央级由农业部农垦司科技处分管技术推广工作，长期以来，在国有农场系统形成较完整的技术推广体系，一般大型国有农场都设有农业技术推广站。

（四）商业性推广机构

商业性农业技术推广机构指以获取自身利润为主要目的，同时使农业创新得到推广的机构。国家鼓励和支持社会商业性农业技术推广单位及个人到农村开展合法的农业技术推广服务活动。从事社会商业性农业技术推广的单位和个人，必须取得资格证书，必须服从当地农业行政主管部门和国家农业推广机构的监督与管理，所从事的推广活动必须符合当地的推广计划。向农民和农业生产经营单位提供农业技术咨询、培训、指导及信息服务的组织和科技人员，可向农民收取一定的费用，但必须经过充分协商，公平地与服务对象签订经济技术合同。目前，我国社会商业性推广机构主要包括种子公司、农药公司、肥料公司、农业产业化企业、私人农业科技开发服务机构以及学校和科研单位的农业经营性开发推广机构等。

商业性推广机构多以企业等经营性机构的形式存在，它的行为目的主要是利用技术推广服务来获取经济利益，表现出明显的趋利性特征。它以自身利益为行为准则，主要表现在：对商品率高、市场需求强烈、盈利大的项目就积极推广，否则拒绝推广。行为方式主要表现在：①进行技术有偿服务；②技术无偿服务，产品回收销售；③经营配套物资，组织产品销售；④产、供、销一体化经营。

（五）农民自推广机构

农民自我推广组织在农业推广中主要起着农业创新采用和扩散活动，包括村农业技术推广组织、农民专业合作组织和农民专业协会。

1. 村级服务组织　村农业技术推广服务组织是村民自治委员会，根据村农业生产经营需要，自己成立的农业推广组织。他们在公益性农业技术推广机构指导下，宣传农业技术知识，落实农业技术推广措施，为农业劳动者提供技术服务。

2. 农民专业合作社　农民专业合作社是在农村家庭承包经营基础上，同类农产品的生产经营者或者同类农业生产经营服务的提供者、利用者，自愿联合、民主管理的互助性经济组织。农民专业合作社以其成员为主要服务对象，提供农业生产资料的购买，农产品的销售、加工、运输、储藏以及与农业生产经营有关的技术、信息等服务。

农民专业合作社是市场经济条件下发展起来的一种经济合作组织。它是由农民自愿联合，经工商部门依法核准登记的“民办、民有、民营、民受益”独立市场法人主体，拥有生产经营自主权，不具有行政事业管理职能，也不受行政干预。农民专业合作社是营利性经济组织，对内服务，对外经营。

随着我国农业农村经济的发展和市场经济的逐步完善，各类农民专业合作社得到快速发展。在家庭承包经营体制下，专业合作社的发展可以有效解决农户分散生产、规模小、科技推广难、标准统一难等问题，促进农业生产的规模化、专业化、标准化和现代化。“龙头企业＋专业合作社＋农户”已经成为农业产业化经营的一种主要模式，成为当前农业生产经营的发展趋向。

农民专业合作社一般有自己的农业技术推广人员，专门从事新技术引进、试验、示范和普及工作。推广的技术常常与本合作社的特色产品紧密相连，使本专业合作社在激烈的市场竞争中保持优势，并不断地拓展市场。因此，在农民专业合作组织内部建立自己的推广机构是专业合作组织不断兴旺发达的技术保障。

3. 农民专业协会 农民专业协会是以农村专业大户、科技示范户为核心，按照所从事的专业自愿结合，围绕实用技术开展学习、交流和探索的农民自我技术推广组织。如农民养蜂协会、农民蔬菜协会等。一个县或一个乡的专业协会会员可以通过交流会、现场参观、培训会等见面，进行信息、经验、知识、技术等的交流扩散活动。

第二节　农业创新的组织传播

一、农业推广组织与组织传播

1. 农业推广组织 霍尔（Richard H. Hall）认为，组织是有相对明确的边界、规范的秩序、权威的等级、传播系统及成员协调程序的集合体。这一集合体具有一定的连续性，从事的活动与多个目标相关，活动对成员、组织及社会产生效果。

农业推广组织是为服务和发展农业，按照一定制度、经批准成立的集体。农业推广组织中，规范的秩序，确定了组织中部门和成员的分工协作，一个运作良好的推广组织，都有严格的、规范的秩序。农业推广组织的边界是相对明确的，如农业推广组织的办公区域、业务范围、服务地区等。农业推广组织的等级也是分明的，如农业部下设司、司下设处，权威的等级也是权力等级，维持着组织的运作秩序。

2. 农业推广组织传播概述 农业推广组织传播是组织内部、组织之间、组织与外部环境之间的信息交流。如果说边界是组织的皮肤，秩序和权威等级是组织的骨肉，那么信息交流传播系统则是组织的血液。推广组织是通过信息传播联系起来的一个整体，组织内外的信息传播流动才能使组织正常运转。信息在推广组织内部纵向传播，表现为上级向下级布置工作、传达指示和下级向上级汇报决策执行情况、请示工作等；信息在推广组织内部横向传播，表现为各个部门或群体之间以及成员之间交流沟通、协调行动；信息在推广组织之间传播，使推广组织与上级和下级或其他推广组织联系起来，增加创新推广的一致性、联动性和协调性；信息在推广组织与其他组织之间传播，如与当地政府部门、服务部门的传播，使推广组织及时适应环境、调整组织行为；推广组织与农场、农民的信息传播，使推广组织及时服务农业、发展农业。

二、组织内部传播

（一）组织内部传播的基本过程

组织内部传播是指信息在组织内部各组织层次、团体、个人之间的信息交流过程。

但从管理的角度，组织内部传播就是管理者和被管理者之间的信息交流的过程(图10-1)。

组织的显著特点是信息不断传播，活动不断进行。农业推广组织在各种信息传播中有如下 6 个过程，它们是信息传播的基本过程。

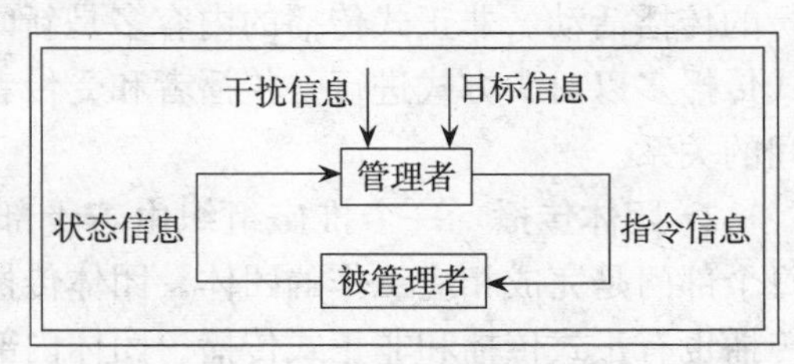

图 10-1　组织内部传播

1. 社会化　主要是指个人如何成为组织中有效一员的过程，也是员工对组织的适应过程。例如，大学毕业生到了一个推广组织后，推广组织进行正式的岗位培训，传播组织制度、纪律、福利、技能等方面的信息，有的推广组织采取“师徒制”，让资深推广员指导新推广员，在推广活动中传播技能信息。而新员工主动寻求组织和工作的有关信息，使自己尽快适应环境、适应工作。因此，社会化过程也是一个信息传播过程。

2. 行为控制　目标导向是组织行为的重要特征，而传播在组织中的重要作用之一，就是对有利于实现组织和个人目标的行为进行协调和控制。例如，一个种子公司为解决当年种子销售不畅的问题召开销售人员会议，共同拟订方案，然后布置各种具体任务，根据任务完成情况进行适当的奖惩等，这些活动既是信息传播过程，也是对员工的行为进行控制的过程。

3. 决策制定　一个组织决策的基础是信息，决策过程也是决策者之间的信息传播过程。只有及时、准确、适用的信息，有说服力的信息传播方式，才可能使传播者的意见和观点得到多数人的采纳，形成相应的决策。

4. 冲突管理　组织中的冲突指持有对立目标与价值观的相互依赖的人们之间的互动，他们将对方视为实现自己目标的潜在干扰。例如，两个推广员为谁该去示范基地而争论不休，某推广员为晋升职称对组织不满等。解决冲突的过程，就是冲突双方或在第三方的调解下，进行信息传播的过程。

5. 知识更新　是推广组织根据科学技术的发展和农业发展的需要，组织员工学习新知识、新技术的过程。这些知识和技术有些本身就是新近的农业创新，如新的作物栽培技术，组织成员在学习这些新技术的同时，也在为传授给农民作准备；有些知识和技能属于工具性的创新，如计算机和网络技术，在提高成员使用工具能力的同时，也使成员提高了农业创新的传播能力。

6. 服务农民　是组织内部团体或成员根据推广组织的安排，代表组织向农民传播农业创新的过程。公益性农业推广组织的基本目标是服务农民发展农业，商业性推广组织的基本职责是服务农民获取利润。要实现其基本目标，必须向农民传播新知识、新技术、新产品。因此，服务农民的过程是推广组织信息传播的基本过程。

（二）组织内部传播的类型

推广组织内部传播可以分成以下几种类型：

1. 正式传播与非正式传播 正式传播是组织为了达到某种目的所进行的传播活动。例如，为了使成员掌握即将推广的农业创新，组织请外边的专家教授来讲课；为了使成员知道自己的推广任务及组织的政策措施，而召开全体员工会议等。正式传播的内容一般与成员的工作、利益及其对组织的影响有密切的关系，一般通过会议、文件、组织谈话等形式进行，传播者多是组织上层成员，受传者多是下层成员。非正式传播是没有通过组织安排或授权进行的传播活动。非正式传播的内容多是新闻、闲话性质，一般与工作没有直接的关系。非正式传播多以口头方式进行，传播者和受传者多是同一层次成员。非正式传播可以密切成员之间的关系。

2. 团体传播 一个推广组织由若干部门组成，如一个县级农业局由若干科站等组成，每个部门是完成相应工作的团体。团体传播包括团体内部传播和团体之间的传播。团体内部传播也有正式传播和非正式传播。团体内部的正式传播如宣布组织分配给团体的任务、安排每个成员的具体工作等，其目的是共同完成好团体的工作任务。团体的非正式传播如团体组织的娱乐活动、旅游、休闲聚会等，使成员相互交流，目的是建立团体与成员的感情，增加凝聚力。团体之间的传播也有正式传播和非正式传播。团体之间的正式传播如按照组织程序或要求进行的信息传播、直接为了工作进行的信息传播。如农技站推广作物免耕栽培技术与土肥站、植保站的技术信息交流。团体之间的非正式传播如团体联欢、文体活动等，其目的是通过传播交流，增加团体之间对工作的协调配合。

3. 关系传播 是组织中人与人之间的信息和情感的相互传递过程。组织内部关系传播有两种类型：①互应型传播。传播对双方的相互作用是平行的。两个地位、资历、状态等平等的推广人员之间的信息传播，多是互应型传播，这种传播可以增加双方的了解和友谊。②交叉型传播。传播对双方的作用是不平行的。两个地位、资历、状态等不平等的推广人员之间的信息传播，多是交叉型传播，这种传播可以使一方接受任务、受到教育或帮助。

（三）组织内部传播的方向

组织内部传播的方向有垂直传播和平行传播两大类。

1. 垂直传播 垂直传播是上下层成员间的传播，如农业局向农技中心站传播，农技中心站向农技站传播，农技站向其成员传播，这是下行传播；也可以反过来由下层向上层逐级传播，这是上行传播。下行传播的信息包括工作任务、政策制度等，上行的信息包括任务完成情况、成员表现与需求等。

2. 平行传播 平行传播是同一层次部门之间、个人之间的信息传播，传播内容大多是协调性质和非正式传播的信息。

实际上，组织传播的方向是复杂的。从图 10-2 可见，一个科长有 6 条主要传播途径，一个员工有 5 条传播途径。这些途径有上行、下行和平行，也有斜上行和斜下行。

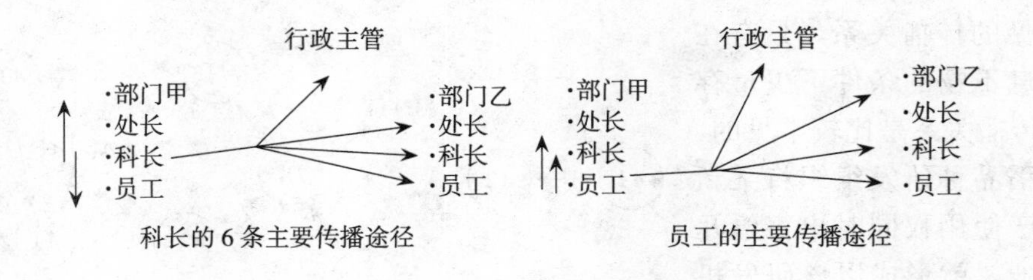

图 10-2 组织内部的传播方向

三、组织之间传播

组织之间传播是推广组织之间以及推广组织与非推广组织之间的联系或合作。

(一) 推广组织之间的传播

主要有上下级推广组织之间的传播，平级公益性推广组织之间的传播，公益性和商业性推广组织之间的传播，商业性推广组织之间的传播。

1. 上下级推广组织之间的传播 如省级推广组织与县级推广组织之间的传播。我国公益性推广组织的机构设置、人员进出及经费开支一般由同级政府管理，推广组织上下级之间的关系是业务指导与管理的关系。上级向下级组织传递的一般是农业及农业推广政策、推广内容、推广任务以及先进的推广方法等，下级向上级传播的是农业生产情况、创新推广结果、创新推广中的问题及经验等。上级向下级传播多采取通知、文件、会议、培训、简讯等形式，下级向上级传播多采取汇报、报告、请示、简报等形式。在我国，公益性推广组织之间的上下级传播，保证了农业创新推广及时、顺利和有效地进行。

2. 平级公益性推广组织之间的传播 如A县农业局与B县农业局之间的传播。传播的内容包括互通情报、观摩学习等。互通情报如相邻两个行政区域的推广组织，当一个区域出现流行病虫害时，该区域推广组织及时向周围其他区域的推广组织通报情况，引起对方的注意和重视。观摩学习是一个推广组织推广某种农业创新取得好的效果时，周围或生态生产条件相似区域的推广组织，主动来参观，学习创新技术和推广方法，可能时在本区域传播推广。

3. 公益性推广组织与商业性推广组织的传播 如某县农业局与某种子企业或农业产业化企业之间的合作。商业性推广组织一般有自己的专职或兼职技术推广人员，但当企业急需大量创新技术产品供应，而自己的生产基地不能满足，或不能临时增加推广力量时，常主动与公益性推广机构交流合作，协助进行创新技术的推广。例如，某稻米产业化企业，自己基地生产的优质稻远不能满足供应时，主动与某县农业局合作，由该县农业局在当地推广优质新品种，该企业负责收购产品，并按收购数量给农业局技术推广费。

4. 商业性推广组织之间的传播 如甲种子公司与乙种子公司之间的传播。商业性推广组织通过传播，实现化敌为友、互通有无、优势互补、互利双赢的合作目的。如一个种子公司某新品种种子供不应求，而另一个种子公司该品种种子大量积压时，两公司通过信息交流传播，就可建立互利双赢的合作关系。

商业性推广组织传播关系有三种基本形式，如图 10-3 所示。成对传播是商业性推广组织中很少见的传播关系，只有在交通和信息不畅的条件下少量存在。相关传播关系是比较常见的，如一个水稻品种研发组织将某新品种的生产使用权同时出售给几个种子企业，就形成以该研发机构与相关种子企业的传播关系。再如，在某些地方，多个种子零售企业，只经营某一个种子公司的种子，也形成相关传播关系。组织间的网络传播是很常见的传播关系。例如，一个生产型企业与多个销售型企业联系，一个销售型企业与多个生产型企业联系，而生产型企业之间、销售型企业之间也相互联系。

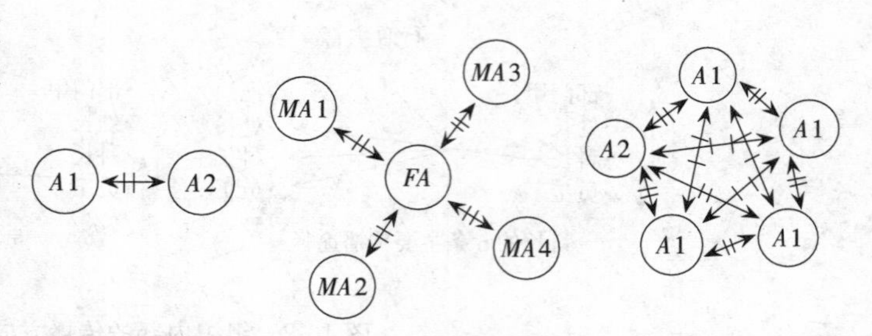

a. 组织间的成对关系　b. 相关组织　c. 组织间网络

图 10-3　组织间传播关系的形式

（二）推广组织与非推广组织之间的传播

推广组织与创新推广相关的非推广组织主动交流沟通，有助于获得他们对推广工作的支持。这些相关的非推广组织有当地政府、财政局、农业办公室、农业或农村开发办公室、气象局、水利局、国土部门、金融机构、广播电视部门等，这些组织具有政策、项目、经费、资源、信息、传播工具等的制定、决定、审批及供给等权力，对农业创新是否能够顺利推广有很大的影响作用。

1. 公益性推广组织与非推广组织的传播　我国农业推广受农业形势、中央和地方政府政策影响很大。一般在农业形势严峻时，农业推广容易受到重视，各种政策也有利于农业推广，而在形势很好时，难得受到重视。公益性推广组织与当地政府相关部门交流传播的目的，是使这些组织始终重视农业，并把农业技术推广作为长期发展农业的工具，争取得到长期稳定的政策和资金的支持，得到项目推广的特别政策和资金；在直接支持推广工作的同时，支持农民采用创新，也使推广工作得到间接支持。推广组织与气象、水利等组织的交流传播，可以得到与创新推广相关的气象信息和灌溉保障，以保证创新推广顺利进行。推广组织与广播电视部门交流沟通，利用公共媒介传播农业创新，可以加快创新传播的速度，扩大创新传播的范围。例如，20 世纪 90 年代，河北省的许多县级农业局，在县电视台的支持下，每周两次在固定时间传播农业技术。这种结合当地实际、生动形象的传播方式，大大促进了农业新技术在当地的普及应用。

2. 商业性推广组织与非推广组织的传播　在社会主义市场经济条件下，商业性推广组织得到了迅速的发展。不少商业性推广组织是在中央和地方法规政策和资金的支持下发展壮大的。例如《中华人民共和国种子法》（以下简称《种子法》）《农业技术推广法》的实施，打破了国营种子公司和政府推广机构的垄断局面；国家支持龙头企业发展农业产业化的政策，使产供销一体化的推广组织得到许多中央和地方政府的资金支持。因此，商业性推广组织与政府组织及其相关部门的交流传播，可以争取一些减免税款，得到一些农业基础设施建设经费，农产品运输的“绿色通道”、土地流转优惠政策等。商业性推广组织与金融部门交流传播，可以增加金融信用，获得所需的资金贷款。总之，商业性推广组织主动与相关的非推广组织交流传播，是一种有目的的组织公关活动，通过公关传播活动，得到这些相关组织的认可，产生良好形象，从而得到他们的政策、资金和信息的支持。

四、推广组织的服务传播

（一）公益性推广组织的服务传播

1. 公益性推广组织服务传播的概念　公益性推广组织的基本职能是向当地农业生产者传播创新，无偿地进行技术服务。组织可以根据传播内容的需要，派遣其成员或团体分片传播、巡回传播、临时传播和长期传播。不论是成员还是团体，他们的传播行为代表的是组织，出了问题一般由组织承担，组织再根据制度确定其成员或团体应该承担的责任。因此，作为国家农业技术推广人员，在传播活动中要具有强烈的组织观念。

2. 公益性推广组织服务传播的方法　公益性推广组织的传播方法有人际传播法、集群传播法和大众媒介传播法，这些方法在相关章节中均有介绍。传播的内容有项目新技术、一般新技术和常规技术。项目新技术按照项目推广方式传播，一般新技术按照农业推广程序传播。常规技术是已经在生产上使用的技术，如当地大面积选用的作物品种、育苗育秧方式、播种时间、播种密度、施肥种类和数量、当地易发病虫害防治方式等。这些技术大多农民已经采用，但有些农民不够熟练，有些农民不够重视，通过传播可以增加农民的熟练程度，引起农民的注意和重视，保证技术的采用和农业增产增收。常规技术传播方式主要有：①生产前的动员会。一般在小春作物或大春作物播种前1个月左右，召开乡村干部和技术人员的会议，传播当年小春生产或大春生产应该采取的农业技术及其要点，通过他们再向农民传播。②生产时的广播会。在播种、管理及发现问题（如病虫害）的重要生产环节，推广员利用乡村有线广播传播技术措施，避免和解决生产上的技术性问题。③散发技术小册子或明白纸。把当年应采取的农业生产技术要点写在小册子或明白纸上，散发给每家农户。④生产检查、巡回指导。在生产关键环节，推广人员分片巡回，检查生产技术实施情况，及时解决技术问题。

3. 公益性推广组织制度对服务传播的影响　基层推广组织的服务传播由农业技术推广人员来进行，而农业推广人员的行为受到组织制度的影响。王建民等（2011）的研究表明：①基层农业技术推广制度对农技员技术推广行为有重要影响，尤其是关注农技员切身利益、技能培训、技术推广过程管理的制度，影响更为重要。②不同制度对农技员技术推广行为的影响差异较大。经费保障制度中，推广业务经费投入对农技员技术推广行为影响显著；工作设计制度中，基层农业技术推广机构要求的农技员最低入户到田天数、填写工作日志以及开展工作交流对农技员技术推广行为影响显著；人员管理制度中，组织的平均培训次数和下乡补贴金额对农技员技术推广行为影响显著；基层农业技术推广机构开展社会化服务对农技员技术推广行为影响显著。③农技员的技能、工作经验与工作保障条件对其技术推广行为有重要影响。为进一步激发农技员技术推广动力、提高农业技术推广效率，应不断加大基层农业技术推广业务经费投入、健全基层农业技术推广管理制度、加快基层农业技术推广机构对外合作发展制度建设。

（二）商业性推广组织的服务传播

商业性推广组织传播创新是有偿服务，是在传播生产技术中或在技术生产的产品中获取利润。我国许多种子企业，在向基地农民传播水稻、玉米、油菜、棉花等杂交种子制种生产技术时，常按面积或产量收取技术指导费用。在销售种子时，又根据传播品种的品牌及技术经济效益，获取不同程度的产品利润。有的种子企业还通过一些特殊配套物质的供应（如水稻制种中用的赤霉素）来获取部分利润。我国不少农业产业化龙头企业，他们在农业生产上传播创新的目的是获取经营性或原料性农产品，无偿传播原料生产技术，通过销售农产品获取利润，如运销型龙头企业；或通过加工农产品增值后获取利润，如加工型龙头企业。我国农药、化肥、农机等企业传播新农药、新肥料、新农机的使用技术时，一般不收费，而是在销售的农资产品中获取利润。一般来说，种子企业和农业产业化经营企业进行创新服务传播时，要与农民签订合同，合同包括技术的有偿服务标准或无偿服务、使用技术后产品的销售及其价格等。

本章小结

农业推广体系是农业推广机构设置、服务方式和人员管理制度的总称。世界上有6类农业推广体系，但80%是政府农业推广体系。不同国家有不同的农业推广体系，我国目前是公益性和商业机构并存的推广体系。组织传播是组织内部、组织之间、组织与外部环境之间的信息交流过程，是农业创新传播的主要形式。组织内部传播是指信息在组织内部各组织层次、团体、个人之间的信息交流过程。组织之间传播是推广组织之间以及推广组织与非推广组织之间的联系或合作。农业推广组织与外部环境的信息交流传播，主要是对农业生产者进行服务传播。公益性推广组织的服务传播是向当地农业生产者传播创新，无偿地进行技术服务，这也是它的基本职能。商业性推广组织的服务传播是有偿服务，是在传播生产技术中或在技术生产的产品中获取利润，一般采取经营传播的方式来传播农业创新。

补充材料与学习参考

1. 组织间传播策略

美国学者汤姆·理查森等在《商业是一项联络的运动》一书中认为，组织间传播应注意以下策略。

（1）一个组织的关系是宝贵的资产，因为和其他资产一样，它们使组织运行达到目的。

（2）组织拥有的任何关系，甚至是那些和竞争对手的关系，都是重要的。

（3）每个组织都有一个独一无二的关系网，因而都有一笔独特的关系资产，它们不能被挪用、复制或窃取。

关系资产管理应用一种系统的、以收益为中心的方法去建立关系，这些关系帮助组织和个人实现目标、增大成功因素和降低风险。

（4）修复关系比大多数人所想象的要简单得多，当然要花费精力去发现问题，然后才能去处理问题。在组织内部以及与相关利益人的沟通是找到并处理问题的主要方法。

（5）对于一个突然恶化的关系，越快修复越好。在这样做的过程中，要承认你所在一方在事件中的责任，做出道歉，提出建议并进行修复。

（6）在准备恢复一个暂时中止或早已破坏的关系时，要复查历史情况，找出这一关系在何时、基于什么原因达到了顶峰以及何时、为了什么出现恶化，然后开发出一个基于目前现实的、新的收益方案。

（7）事实上所有关系都要经历磨难。这些磨难并不意味着某种关系要放弃，而是表明这个关系需要修补。

（8）一些关系必须终止。不履行职责的人占据着位置、导致关系恶化、向组织索取高价回报，而如果是那些出卖他人或缺乏道德的人情况会更糟。

2. 案例——基层农业推广体系改革与实践

湖北省武穴市2005年开始进行了农业技术推广体系改革，主要做法如下：

一、改革组织结构

将原来的各级农技站统一更名为“农业技术推广服务中心”，对市农业技术推广组织构成进行了规范，明确市农业局下辖市农业技术推广中心和市植保站、市土肥站、市环保站等市级农业技术推广机构。市农业技术推广中心内设办公室、粮油站、棉麻站、经作站和科教站等5个业务站室，同时明确各自的单位职责，为开展农业技术推广工作提供组织保障。

二、科学实行“三定”

定岗、定员、定编。市政府明确了镇处农技推广中心实行“管理在市、服务在基层”的市级农业技术推广服务中心派出管理体制，按每万亩耕地面积1名农技人员标准，确定56名农业公益性服务人员，由财政全额供给，确保了农技站改革顺利开展。市农业局成立了镇处农技站改革领导小组，科学制订改革方案，对原农技站96名农技干部，择优录用56名从事农业公益性服务工作。

三、落实工作经费和配套资金

为确保全市镇处种植业公益性服务经费，市委、市政府坚持“执行政策规定，结合武穴实际，确定分配基数，全额分配到位”的总体原则，对省级财政“以奖代补”经费、市级每亩1元的推广经费，全部落实到位。

四、解决农技人员的待遇

把全市镇处农技推广服务中心现有在岗56名农技人员，全部纳入市农技中心人员编制管理，列入财政全额预算，全员参加保险。自2006年1月起，市财政对其岗位工资、薪级工资、津补贴实行直接打卡到账，切实解决农技干部后顾之忧，稳定农技干部队伍。全市12个镇处农技推广服务中心，全部实现“五有四确保”，即有固定的办公场所、有现代的办公设备、有定额的工资收入、有保障的养老保险、有推广服务中心的示范基地；确保农技推广网络健全，确保服务机构正常运转，确保农技推广服务质效，确保工资待遇稳步提升。

资料来源：孙先明，郭治成，梅金先．2010. 武穴市农业技术推广体系改革与实践．科技创业（8）：158-160.

3. 参考文献

高启杰．2010. 多元化农业推广组织发展研究．技术经济与管理研究（5）：127-129.

国务院．2006-09-06. 关于深化改革加强基层农业技术推广体系建设的意见．中华人民共和国农业网站/政策法规．http：//www.moa.gov.cn.

胡河宁．2006. 组织传播．北京：科学出版社．

黄俊．2011. 对我国农业科技创新体系建设若干问题的思考——美国农业科技创新体系的启发与借鉴．

农业科技管理，30（3）：1-3，19.

李维生，郭庆法，陈晓，等. 2010. 创新机制，加强我国多元化农业技术推广体系建设——日本农业技术推广的经验和启示. 山东农业科学（9）：112-114.

全国农业技术服务中心. 2001. 国外农业推广——十二国经验及启示. 北京：中国农业出版社.

任晋阳. 1998. 农业推广学. 北京：中国农业大学出版社.

王慧军，谢建华. 2010. 基层农业技术推广人员培训教程. 北京：中国农业出版社.

王建明，李光泗，张蕾. 2011. 基层农业技术推广制度对农技员技术推广行为影响的实证分析. 中国农村经济，3：4-14.

王西玉，赵阳. 1996. 中国农业服务模式. 北京：中国农业出版社.

许静. 2007. 传播学概论. 北京：清华大学出版社，北京交通大学出版社.

苑鹏，国鲁来，齐莉梅. 2006. 农业科技推广体系改革与创新. 北京：中国农业出版社.

中华人民共和国农业部. 2000. 农业技术推广体系创新百例. 北京：中国农业出版社.

思考与练习

1. 比较我国与美国的农业推广体系的不同，并讨论其原因。
2. 为什么商业性推广组织在我国会得到迅速的发展？
3. 公益性和商业性推广组织在对农业生产者传播上有哪些相同点和不同点？
4. 公益性推广组织为什么要进行上下和横向传播？
5. 商业性推广组织为什么要与非推广组织交流传播？

第十一章　大众媒介与创新传播

利用大众媒介传播农业创新，是现代农业推广的重要形式。大众传播不同于人际传播、集群传播和组织传播，有自身的特点、影响机制和效果。不同大众媒介又有不同的特点和应用要求。认识大众传播及其媒介的特点，了解大众传播的影响机制和效果，掌握农业创新大众传播的方法，有利于发挥大众传播在农业创新推广中的作用。

第一节　大众传播的特点与媒介

一、大众传播的特点

大众传播是职业传播者通过报纸、广播、电视、杂志、电影、书籍等媒介，按照一定制度，向人数众多、范围广泛的人们公开传递信息的过程。根据这个定义，大众传播具有如下特点：

1. 大众传播的传播者是职业传播者　从事大众传播的人员受过传播类专业的教育或培训，以传播为职业。随着传播内容的分化，有些传播者还具有栏目相关的学业背景，如电视台的经济栏目传播者要懂经济，农业频道或栏目的传播者要懂农业。大众传播内容的专业化分化是大众传播的一个发展趋势，如中央电视台的农业频道。

2. 大众传播的受传者人数众多、广泛异质　大众媒介的“大众”，是指分布广泛的广大受众。同时接受一个大众传播媒介传播的人数，少的有成千上万，多的有百万、千万，甚至上亿，这是人际传播、集群传播和组织传播无法比较的。受传者的来源广泛，有不同性别年龄、社会地位、文化信仰、职业类型、兴趣爱好的人，这些人的需求、素质等差异很大。

3. 传播媒介多样化，有不同特点　大众传播媒介包括报纸、杂志、广播、电视、网络（狭义的大众传播媒介），还包括电影、录像、书籍等（广义的大众传播媒介）。不同媒介具有不同特点，如广播电视的速度比报纸杂志快，电视比广播直观，但广播比电视接收方便。在简要新闻信息报道上，广播电视与日报不相上下，甚至更好，但在大范围的详细报道上，报纸具有较大的优越性。对受传者而言，纸质媒介的可查性强，电子媒介的可查性弱。

4. 单向传播，互动性差　大众传播媒介可使传播者向受传者联系，却很难使受传者向传播者联系，因此，大众传播基本上是单向传播的。只有极少数受传者通过别的手段（如写信、打电话、短信、电子邮件等）才能将反馈信息传过去，与传播者有极少量的互动。近些年，广播、电视、互联网等媒介鼓励受众参与，但这些参与多是娱乐性的活动，很难得到其他传播方法那样的互动效果。

5. 大众传播的制度性　大众传播由专门的机构进行，这些机构受到各种政治、经济和社会力量的操作与控制。因此，大众传播必须符合相应的制度。大众传播内容属于社会意识形态，政党、政府和媒介所有者对之实行“硬”控制（直接的、基本无弹性的，如政治内容审查），广告商、行业组织、信息源、受众等因素对之实行“软”控制（间接的、有弹性的，如业务内容的选择）。因此，大众传播活动是有组织的活动，是由众多因素对之实行社会控制，并按一定制度进行的活动。传播者履行把关人职责，传播什么，怎么传播，基本上由传播方按照制度要求决定。在我国大众传播机构实行企业化管理后，农业大众媒介，如农业报刊、出版机构等将出现较大的制度性变化，这种变化使媒介不仅进行公益性传播，而且要进行更多的商业性传播（如广告等），以维持机构经费的正常运行。

在农业推广上，要根据大众传播单向传播的特点，选择不易引起歧义的创新内容和表达方式；根据大众传播制度性的特点，传播内容和语言规范要符合媒介的要求；根据大众传播媒介在传播内容、速度和效果的差异性特点，根据创新内容和推广需要，选择成本低、效果好的大众媒介。

二、大众传播的把关模式

一个县级农业推广员把在当地推广某种创新的情况写成新闻稿投向省级某传播媒介，这个新闻稿可能被采用，也可能不被采用，这取决于这个媒介的把关情况。一个农业科技期刊一年刊登稿件的数量不到收到稿件数量的一半，这是把关的结果。大众媒介传播什么，不传播什么，依据媒介的制度规范，并由编辑等人员来选择决定（图 11-1）。

图 11-1 是威斯利和麦克内利 1957 年提出的大众传播把关模式。这个模式中，在传播者（A）和接受者（B）之间存在一个大众传媒（C）。X 代表社会环境中的任何事件或事物。A 被描述为一种“鼓吹者”角色，指的是某些个人或组织在传播中的地位，他们有某些关于 X 的消息要向全体公众发布。他们可能是政治家或广告客户或新闻来源或农业推广组织。“鼓吹者”一词具有“有意图的传播者”这一含义。C 指媒介组织或其中的个人，

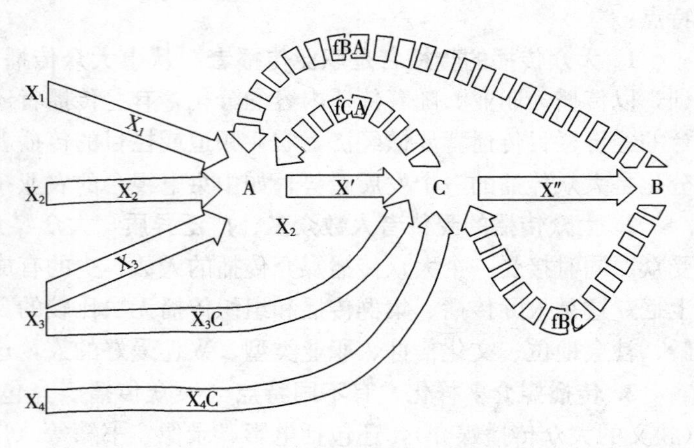

图 11-1　大众传播的把关模式
（沃纳·赛佛林等，2000）

他们根据自己理解的受众的兴趣和需要的标准，在诸多的 A 中进行选择，以进入通向受众的信息渠道。他们也可以直接在 X 中进行选择，向 B（受众）进行传播。C 角色中暗含的一个作用是，它是 B 所需要的代理人，同时也为 A 服务。B 代表受众或“行为”角色，既可以指个人，也可以代表群体，甚至代表一个社会系统，对信息的需求或对环境的意向都可以归因于他们。X′是传播者 A 为进入信息渠道而作出的选择，X″则是媒介组织向受众传递的加工过的信息。fCA 是从媒介流向鼓吹者的反馈，可能会鼓励或者限制 A 试图进行的有意传播。fBA 是从受众流向 A 的反馈，例如，可能是对某种观点的支持或反对，对某种农业技术使用效果的反映，对某作物品种种子的购买。fBC 则代表受众对媒介的反馈，可能是通过读者来信、听众来信或观众来信等形式。随着时间的推移，这种反馈指导着 C 以后的选

择和传递。X_3C 等代表社会事件直接进入传媒，如记者现场报道等。

这个模式显示，大众传播中的把关是进行选择的若干阶段，包括由专家或“鼓吹者”在环境的各个侧面作出的选择；由大众传播者在各种鼓吹者中作出的选择；由大众传播者在现实世界的事件或事物中作出的选择；由受众成员在传播者所传递的讯息中作出的选择。但最终的把关者是大众传播者，尤其是媒介的编辑及其相关负责人。同时，单独一个C不可能对受众B的信息获得实行垄断。B可能与A有其他直接的联系，也可能直接经历X，如也在采用某种农业创新技术。因此，B可以从不同角度比较和评价传播信息的真实性，从而影响他对该媒介的信任度及今后的接收态度。

从这个模式可以看出，农业推广组织要利用大众媒介传播创新，在传播内容上，既要满足农民的需要，又要符合媒介的内容要求；在传播语言上，既要农民听得懂、看得懂，又要符合媒介的语言规范。因此，了解和熟悉一个大众媒介具体的把关规则，对顺利地利用该媒介进行农业创新传播是颇有帮助的。

三、大众传播媒介

根据传播媒介的发展，人类传播经历了口语传播、文字传播、印刷传播、电子传播、网络和数字传播时代。口语和文字是信息传播的工具，纸张印刷、电子网络是传播信息的载体。

（一）传播语言的发展

语言是人类传播的工具。据考古发现，距今4万～9万年前，现代人类具有了说话的能力。口语使人与人之间的沟通更加有效，促进了人类的思维能力，使人类文化能够传承。口语传播具有很强的针对性和感染力，但口语讯息借助人脑记忆，难以精确保存，在穿越时空上具有不稳定和不可靠性。例如古老的荷马史诗，代代相传，我们无法知道其中多少是真实的，又有多少经过了后人有意无意地改编。

文字的出现使人类进入了一个更高的文明发展阶段。根据考古资料推定，文字大约产生于公元前3000年左右。以文字为代表的早期文献记录技术对人类传播的发展产生了根本性的影响。文字传播具有以下优点：①文字传播打破了时间限制。②文字传播打破了空间限制。③文字传播可以使双方有足够的时间思考。

（二）印刷传播媒介

1. 文字承载技术与印刷技术的发展　文字承载技术的发展，促进了文字传播的发展。我国从早期的石壁、石器、陶器、青铜器，到甲骨、竹简和木简，再到汉代蔡伦发明的纸张，中国文字记录的材料，不断趋于轻便和廉价易得。造纸技术的发展和社会发展的需要，使手工记录显得速度缓慢、费工费时，从而促进了印刷技术的发展。

中国是印刷术的发源地。宋代庆历年间，毕昇发明泥活字印刷，但没有得到社会的普遍应用。1456年，德国人古登堡印出了第一批金属活字印刷的书——200册《圣经》，史称“古登堡革命”。古登堡最主要的革新有4项：①铸字技术；②铅、锡和锑的合金铸字配方；③机械印刷机；④印刷用的油墨，可以用多种方式上彩。

2. 书籍 在印刷术产生之前，书籍并不被认为是主要的传播工具，而是被当作知识的储存体。印刷术的发展，导致了书籍内容的变化，出现了更多实用和通俗的作品，使书籍成为当时主要的传播工具。直到现在，书籍也是重要的大众传播工具。作为传播工具，书籍具有以下特点：①完整性、系统性强。②科学性与普及性相结合。③内容多样，可查性强。④出版周期长，传播速度慢。

3. 报刊 报刊是报纸和期刊的简称。在印刷术发明200年后，才出现明显区别于传单、小册子和新闻简报的典型报纸。报纸起源于定期邮路。早期报纸具有定期出版、以商业为基础和公开销售等特征，因此被广泛运用在信息、记录、广告、娱乐消遣等方面。期刊是一种连续的、定期出版的读物。

报刊作为当今重要的大众传播媒介，具有以下特点：①形式多样。按照报纸出版时间，有日报、早报、晚报、周报、旬报等。期刊有旬刊、半月刊、月刊、双月刊、季刊、半年刊等。②传播速度较快。书籍需要一年以上的撰写、编辑和出版时间，报刊仅需要一天到几个月的撰写、编辑和出版时间，传播速度相对书籍较快。③专业和层次分化。为了满足不同专业背景人群的需要，报纸和杂志既有大众报刊，也有不同专业或行业的报刊，如工人日报、农民日报、农村科技报等。在满足不同专业需要的同时，有些专业的刊物还分化出传播学术性很强的高级刊物，传播学术中等的中级刊物，传播科普知识和技术的初级刊物等。在农村创新传播上，中初级农业科技刊物更为重要，如《中国农技推广》《四川农业科技》等。

（三）电子传播媒介

1. 电报 1837年莫尔斯发明了电报。电报能使人们在极短时间内知道遥远之地发生的事情，拉近了人们的距离。电报开始使远离的人们邻近化，在电话普及前，电报是重要的远距离快速传播工具。

2. 电影 1895年法国的卢米埃兄弟发明了电影摄影机。作为一种新的娱乐工具，电影提供各种故事、戏剧、音乐、幽默、特技及宏大场面，是真正的大众媒介，满足了普通大众的“休闲”需要。20世纪70～90年代，电影也是农村传播农业创新的重要工具，在放故事片前常常加映农业科教片。

3. 广播 1899年后，无线电爱好者先通过无线电技术进行双向信息交换，后用无线电播放音乐和新闻，将无线电转变成广播。1920年，美国西屋公司在匹兹堡创办了世界上第一家商业无线电台KDKA，并首次播出了美国总统竞选的消息。20世纪70～80年代，我国农村广播入户，方便农民接受广播传播。

4. 电视 第二次世界大战以后，电视的发明和普及开辟了大众传播的新时代。近几十年来，电视不仅改变了人们的生活方式和生产习惯，而且改变和影响了人们的知识结构、思想观念、文化趣味乃至社会政治生活。20多年来，我国农村电视几乎普及，中央、省（市）、县电视台，不断开辟农业频道、农业栏目传播创新。由于农业生产的区域性强，县级电视台传播的农业创新更加适合当地采用。20世纪90年代，河北省开展县级电视台与农业推广部门合作，每周固定时间传播农业创新，开创了我国基层农业创新大众传播的新方式。

5. 特点 电子媒介尤其是广播电视作为当今最重要的大众传播媒介，具有以下几个特点：①速度快。广播电视能够以无线电传播的速度，把当时发生的事件及时传播全国以及世界各地，其传播速度是印刷媒介无法相比的。②直观生动。电影、广播、电视传播媒介以声音和图像向受传者提供信息，人们听得到、看得见，给人以身临其境的感觉，具有直观生动的特点。

（四）新型传播媒介

“新媒体”指通信卫星、光缆电视、移动电话、计算机及国际互联网等一切新发明的信息传播技术，最根本的特征是数字化。数字化的过程，实现了所有既存媒介之间的整合，也使人类的传播能力大大提高。卫星、光缆和数字电视技术使信息传送的容量大幅增加，计算机和网络的发展极大地拓展了海量信息的快速传递、存储和检索。手机作为最方便的移动用户终端，正成为各种媒介的聚合点，将使全部媒介的功能逐步实现。

新型媒介不是一种媒介，而是一类使用数字化技术的传播媒介。作为一类大众传播媒介，它们具有如下特点：①传播信息量大，更加专业化。使用数字化技术的电视信息传送容量，比模拟电视的信息传送容量提高几十甚至上百倍，使电视内容的专业分化更细。②使人际传播媒介可以用来大众传播。使用数字化技术传播信息，作为人际传播的电话，可以以短信的方式同时向众多的手机用户传播信息。③参与互动。包括互联网中的BBS、社区论坛及维基百科等网络运用形式。运用的目的是为了共享和交换各类信息和意见并开展活动。除互联网外，电视电话会议等也属于此类媒介。④受传者主动搜索信息。以互联网最为典型。互联网被视为一种具有空前容量的、实在的、易接近和使用的图书馆与资料来源，受传者根据自已需要，搜索查询、下载使用相关信息资料。

近年来，新型传播媒介在我国得到广泛应用，“三网合一”（计算机网、公用电话网、移动通信网）、“天地合一”（卫星通信技术和地面信息传输技术）的发展，使新型农民得到农业创新信息很方便，主动搜索获取农业创新信息也很方便。因此，新型传播媒介将是我国农业创新传播的新工具，在现代农业创新传播中将起到重要作用。

第二节　大众传播的影响机制与效果

一、大众传播的功能与农业推广

大众传播是现代社会最重要的信息传播方式，它具有5个方面的功能。

1. 侦察和反映环境　大众传播者了解和报道对整个社会及其组成部分的威胁或机会，引起人们的关注和重视。大众传播也像镜子一样反映某些社会现象，让人们去感受和评论。

2. 沟通和协调社会　社会各界通过大众媒介传播信息，对相关现象或问题进行解释与讨论，增加信息的透明度，增加了解和理解，化解社会矛盾。

3. 教育和文化传递　大众媒介传播共同需要的知识（审美、历史、科普、生活知识等）、社会规范（传统、道德、法律等）等，使受传者在潜移默化中受到教育，使社会文明得到传承。

4. 娱乐和休闲消遣　大众传播媒介可以连载小说、播放电影和电视剧、播放戏剧和其他文艺节目，使人们从中得到精神享受。同时，人们在工作之余阅读报刊、观看电影和电视、上网游戏等，也是打发休闲时间的重要方式。

5. 影响舆论和评价 大众媒介在一个时期内集中谈论的问题往往会构成社会舆论的中心议题。研究表明，大众传播中越是强调或突出某议题、某事件，就越能使公众突出地议论它们。众多大众传播的舆论偏向，会引起公众的舆论偏向，我国电视、广播和报纸引导社会舆论的作用十分明显。同时，大众传播通过对个人、团体或组织的报道和评论，可以影响公众对这些个人、团体或组织的评价，提高他们的社会地位和知名度。

就农业推广而言，农业创新传播主要利用大众传播的影响社会舆论功能和文化教育功能。即利用面向农民的大众传播媒介，连续宣传报道采用创新农民的增产增收效果，鼓励、赞扬和支持采用创新的农民，营造一种科技种田光荣、科技种田致富的舆论氛围，将引导和带动众多农民形成积极认识创新、积极评价创新的舆论倾向。或利用面向农民的大众传播媒介，介绍科技种田、科技致富的新知识、新技术，有利于他们知道创新、认识创新、理解创新，使他们受到知识和技术的教育，可以帮助他们采用农业创新。

二、大众传播信息与受众接收处理

大众传播的信息并不都是被受传者收到，受传者收到的信息并不能全被受传者理解。施拉姆认为，只有在信源与信宿经验范围内的共同领域，才是实际传播的部分，因为只有那一部分，信号才是信源与信宿共同拥有的（图 11-2）。因此，农业推广人员进行大众传播农业创新时，要站在农民的角度思考问题，认识创新和理解创新，增加传播者与农民共同的经验范围，增加传播的有效信息。

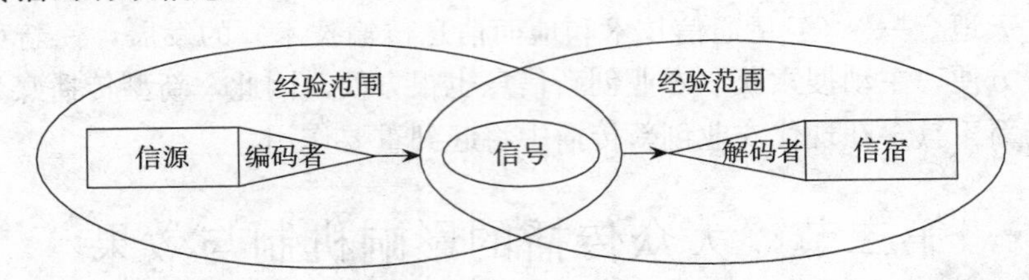

图 11-2 大众信息传播与接收理解
（沃纳·赛佛林等，2000）

在大众传播中，人们想了解一则消息的要点，并不想记住它。大多数人接收信息的最终目的是提取意义，而人们立即处理信息并提取意义的方法不是详细去理解，而是概略地理解。Graber（1988）认为，概略是一种认知结构，它由组织好的、从以往经验中抽象出的对情景及个人的知识所组成，它用来处理新信息，并追溯已有的信息。概略理解对处理复杂问题是很有帮助的。

R. Axelrod（1973）提供了一个信息概略理解的模式（图 11-3）。根据这个模式，受众对大众传播信息的概略理解程序为：首先，接收消息。然后，整合处理开始于一系列的问题，确定新的信息是否与所存贮的概念相联系，怎样联系，以及它是否值得进行处理。如果信息有价值，值得处理，它与已经建立并很容易进入头脑的思想轮廓能很好地联系起来，那么，它就会与之整合。如果不是这样，新的信息及其来源就不被信任或被排斥，或者，新的信息可能改变或取代以前的思想轮廓。在这个处理过程中，信息会带有明显的倾向性，以至于变得更准确或更不准确。人们习惯于将信息提炼为正确的或错误的意义或推理，而贮存起来的只是这种提炼后的东西。在进行农业创新大众传播时，要重视农民概略理解的特点，一次传播内容不要太多，多采取要点式的传播方法，让农民记住要点、理解要点，在概略理解中掌握采用创新的意义。

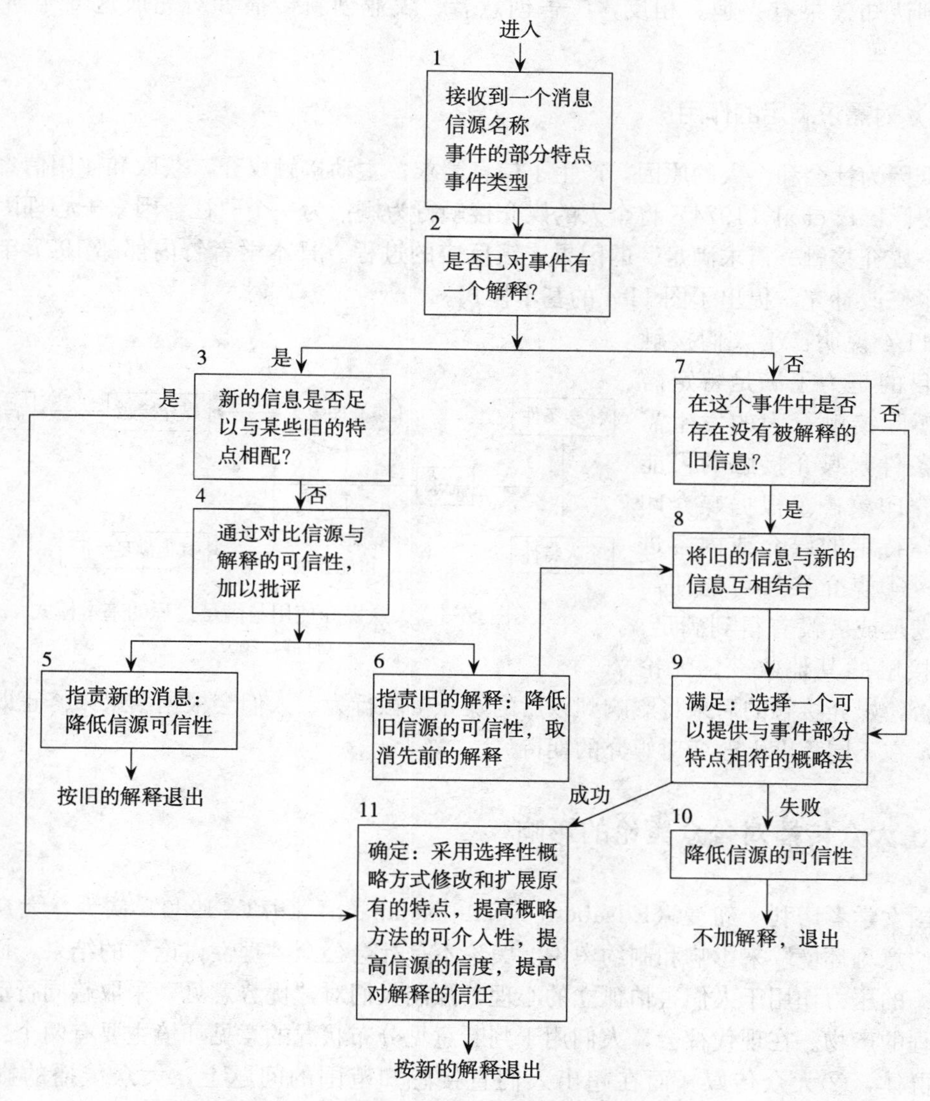

图 11-3　受众对大众传播信息概略理解的程序
（沃纳·赛佛林等，2000）

三、大众传播对受众的影响

大众传播可在行为倾向与满足需求两个方面对受众个人产生影响。

（一）对行为倾向的影响

大众传播媒介通过传播不同层次或不同深度的信息来影响受众个人的行为倾向。①提供信息和事实，让受众获知和认识；②提供消息改变态度和感受，让受众喜欢和偏爱；③消息刺激产生欲望，让受众相信和采用或购买。行为倾向改变是一个连续的多阶段过程，即获知→认识→喜欢→偏爱→相信→采用或购买。不同传播者可能只对某些阶段感兴趣。记者可能只对达到认知效果有兴趣。相反，广告创意者、农业创新传播者对完成这 6 个阶段都感兴趣。

（二）对需求满足的作用

受众因为社会和个人的原因，产生了信息需求，主动接触媒介，获取和使用信息，满足自身需要。katz et al（1974）将个人的媒介接触行为概括为一个“社会因素＋心理因素→媒介期待→媒介接触→需求满足”的因果连锁反应的过程。日本学者竹内郁郎 1977 年对这一过程作了修改补充，提出了图 11-4 的基本模式。

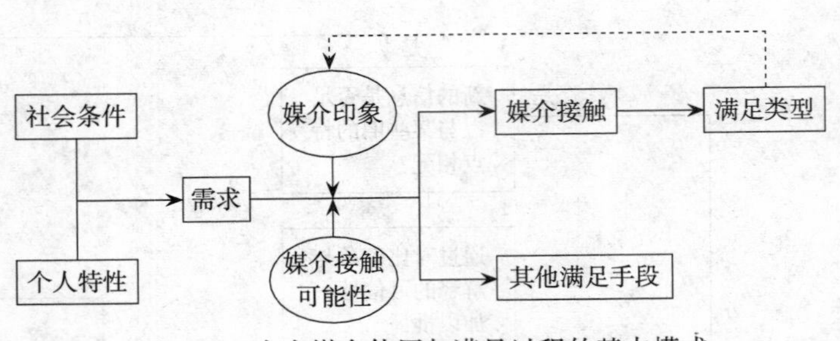

图 11-4　大众媒介使用与满足过程的基本模式
（许静，2007）

图 11-4 说明：①人们接触媒介的目的是为了满足特定需求；②实际接触行为的发生需要两个条件，媒介接触的可能性和媒介印象；③根据媒介印象，选择特定的媒介或内容进行接触；④媒介接触可能使需求得到满足或者没有得到满足；⑤媒介接触的其他收获。无论满足与否，媒介接触的后果将影响到以后的媒介接触行为，人们会根据结果来修正既有的媒介印象，在不同程度上改变对媒介的期待。

四、大众传播对公众舆论的影响

德国女学者诺利·纽曼（Elisabeth Noelle-Neumann，1973，1980）认为，大众媒介通过营造“意见环境”来影响和制约舆论。舆论不是社会公众“理性讨论”的结果，而是“意见环境”的压力作用于人们害怕孤立的心理，强制人们对“优势意见”采取趋同行动这一非理性过程的产物。在现代社会，人们用于判断意见分布状况的意见环境主要有两个：①所处的社会群体，②大众传媒。而在超出人们直接感知范围的问题上，大众传播的影响尤其强大。

传播媒介对人们的环境认知活动产生影响的因素有三个：①多数传媒的报道内容具有高度的类似性，产生共鸣效果（Consonance)，避免了受众对媒介的选择性接触；②同类信息的传达活动在时间上具有持续性和重复性，产生累积效果（Cumulation)，使大众媒介表达的支配性意见逐渐增强；③媒介信息的抵达范围具有空前的广泛性，产生遍在效果(Ubiquity)，使加入大众媒介支配性意见的人数可以源源不断地增加。

大众传媒又以三种方式对公众产生影响：①对何为主导意见形成印象；②对何种意见正在增长形成印象；③对何种意见可以公开发表而不会遭受孤立形成印象。在这三种印象作用下，对于觉得自己是站在少数人异常意见这边的人，会倾向于对某议题保持沉默。如果他们觉得舆论与他们的意见逐渐远去，也会倾向于对该议题保持沉默。这样使对异常意见支持的人就大大减少。他们越是保持沉默，其他人便越是觉得这个异常意见不具代表性，支持的人就越少（图 11-5 右边），形成所谓沉默的螺旋。相反，表达优势意见和不愿表达异常意见的人数日益增加（图 11-5 左边）。

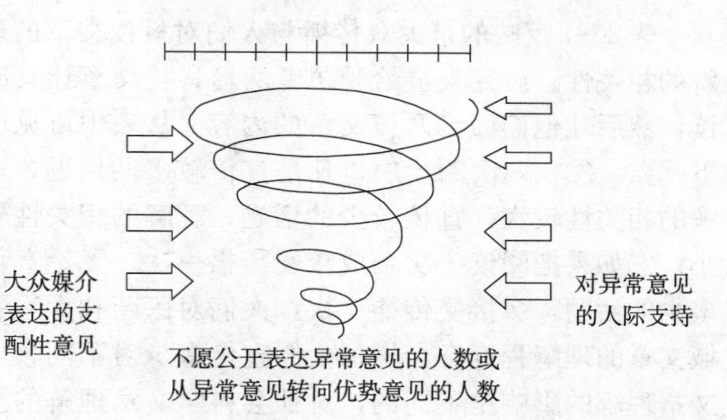

图 11-5　大众传播对舆论的影响
（沃纳·赛佛林等，2000）

在以电视高度普及为特点的现代信息社会，媒介的无可逃避性是一个现实的问题。而无处不在和长期一致的媒介体系形成了特定的媒介环境，塑造了一个力量强大的“气候”，笼罩了社会中的大多数个人，使个人沉浸并依赖于媒介环境。经媒介提示的意见由于具有公开性和传播的广泛性，容易被当成“多数”或“优势”意见，从而对个人意见的表达产生很大影响。在我国电视覆盖实现村村通以后，农户电视普及率大大提高。利用电视等媒介进行大众传播，创造一个有利于推广创新的舆论氛围，可以加速农业创新的推广速度。

五、大众传播的教化作用

大众传播的教化作用主要表现在，受众在接受大众传播后，增加了知识、信念和理解。

从图 11-6 可以看出，人们接触信息越多，增加的知识也越多。增加了知识，就是受到了教育。但不同社会经济地位的受众，增加知识的程度不同，这种不同，说明大众传播可能会扩大不同社会成员之间的知识差距，也称为知识沟，这一现象被称为知识沟假说（Knowledge-gap Hypothesis）。知识沟假说认为，随着大众传播信息的增多，社会经济状况较好的人将比社会经济状况较差的人以更快的速度获取这类信息。因此，这两类人之间的知识沟呈扩大而非缩小的趋势。Tichenor et al（1970）指出，在人人都感兴趣的领域，如公共事务和科技新闻，知识沟特别容易出现。而在与兴趣有关的特定领域，如体育，知识沟出现的可能性较小。但从知识的增加角度，不管受众的社会经济地位如何，大众传播都使受众得到了教育。因此，通过大众媒介传播农业创新，可以增加农民的知识，同时使广大的农民受到教育。

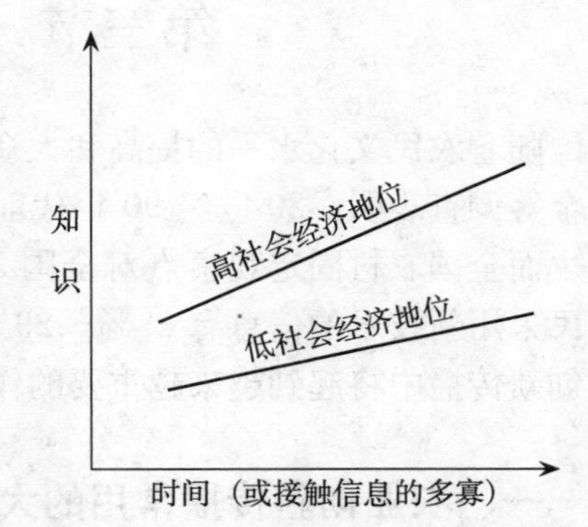

图 11-6　大众传播与不同地位者的知识
（沃纳·赛佛林等，2000）

图 11-7 是美国舆论研究所在十几年间进行的几次关于人类是否能登上月球信念的民意测验数据。从中可以看出，随着大众传播的不断进行，人们对登上月球的信念也不断增加，尤其是文化程度越高的受众，信念增加的比例越大。这也说明，在农业推广上，连续使用大众媒介传播农业创新，可以增加农民科学种田和科技致富的信念，有助于农业创新的推广和采用。

表 11-1 反映的是大众传播与人们对科技文章的理解的相关性。研究人员给受访者两篇科技文章让其阅读，然后让他们回忆两篇文章的内容。从表中可见以下几点：①在两次阅读中，凡是宣传较多的话题，理解的相关性较大，宣传较少的话题，理解的相关性较小；②如果把阅读一次当成接受传播一次，无论宣传多少的话题，多接受传播一次，人们对医药和生物领域文章的理解程度都会增加；③宣传多少对不同领域文章理解的影响是不同的，对社会科学文章理解的影响相对较小。总的来说，大众传播可在一定程度上增加人们对科学知识的理解能力，使受众受到教育。因此，农业推广上要利用大众传播能够提高理解能力的特点，利用好大众传播来帮助农民接受农业创新教育。

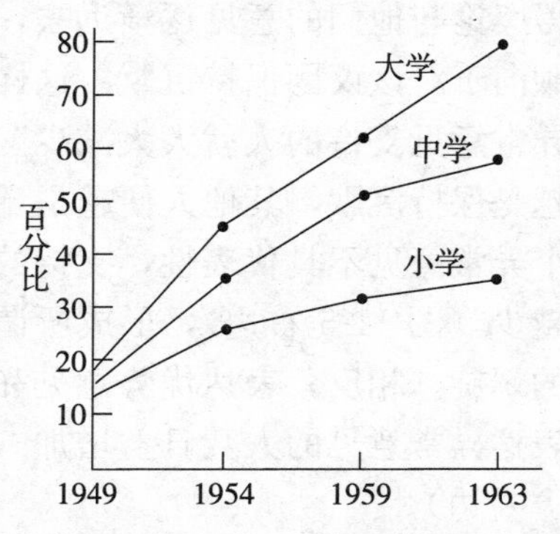

图 11-7　大众传播与不同学历者的信念
（沃纳·赛佛林等，2000）

表 11-1　大众传播与人们对科技文章理解的相关性
（沃纳·赛佛林等，2000）

领　域	第一次阅读		第二次阅读	
	宣传较多的话题	宣传较少的话题	宣传较多的话题	宣传较少的话题
医药和生物	$r=0.109$ $(N=84)$ n.s.	$r=0.032$ $(N=111)$ n.s.	$r=0.264$ $(N=90)$ $p<0.02$	$r=0.165$ $(N=108)$ n.s.
社会科学	$r=0.278$ $(N=104)$ $p<0.01$	$r=0.228$ $(N=93)$ $p<0.05$	$r=0.282$ $(N=91)$ $p<0.01$	$r=0.117$ $(N=97)$ n.s.

注：n.s. 表示不显著；N 代表样本数；p 表示显著的水平。

第三节　农业创新的大众传播

随着农民文化水平的提高和大众媒介的普及，农业创新大众传播的作用越来越明显。唐永金等调查表明，20 世纪 90 年代前期，四川农民采用创新的信息有 1%～8%来自大众传播。而全国农村固定观察点对全国 31 个省、市、自治区的农户调查表明，2001—2003 年，农民采用新技术的信息有 23%～29%来自广播电视和书报杂志。因此，大众传播在我国农业创新传播中将起到越来越重要的作用。

一、农业创新传播常用的大众媒介

在农业推广上，大众传播媒介包括印刷媒介、书写媒介和视听媒介。

（一）印刷媒介

农业创新传播使用的印刷媒介包括科普性图书、农业技术期刊、农业或与农业有关的报纸、技术性小册子和技术明白纸。

1. 印刷媒介的特点　从推广上看，印刷媒介具有以下特点：

（1）农民具有阅读的主动权。农民可以根据自己的知识水平，控制阅读速度；根据自己的忙闲，选择阅读时间；根据自己的方便，随意携带，选择阅读地点。

（2）信息详细具体，操作性强。印刷媒介可以就某个具体技术详细介绍，既便于理解，又可以按照详细步骤进行操作。

（3）可以收集保存，查阅与复看。印刷媒介方便农民收集保存，在需要时查看或重复阅读，起到“温故而知新”的作用。

（4）既可一般性传播，又可针对性传播。印刷媒介有综合性的农业图书、报刊，也有专业性的图书、报刊。而且，农业推广小册子、明白纸常传播特定技术，具有专门化的特点，满足农民对特定技术的需要。

2. 图书　图书是人们最早适应的传播媒介，我国古代农业推广就十分重视编辑农书。就以农民为推广对象而言，在使用书籍作为传播媒介时，应该注意以下几点：①实用性强。书籍内容要与当前正在推广的创新相结合，与农民当前的技术需要相结合。书籍介绍的方法可以指导农民当前的生产实践。②价格低廉。书籍的价格要低廉，不会给农民产生经济负担，使农民在购买喜欢的书籍时，毫不犹豫。这要求书籍的字数不要太多，最好不超过10万字。

3. 报刊　报刊是报纸和杂志的合称，是当代传播农业创新重要的印刷媒介。报刊比书籍的传播速度快，这是它们的优点，但报刊的连续性影响了农民的购买，这是它们在创新传播中的主要缺点：①报刊的订阅一般以半年或一年为期，一次性需要的资金较多，大多农民不愿订阅。②报刊内容众多，面广庞杂，只有极少内容满足特定农户需要，性价比不如专业书籍。③农村邮路不及时，农民很难收到报刊。农民居住分散，一个乡镇常只有一个邮递员，不能将众多的报刊及时送到农民手中，许多情况下农民难以收到订阅的报刊。在集体经济时代，农民一般用集体资金订阅。在没有集体经济的条件下，除了少数专业户农民外，一般农民很少订阅报刊。现在，我国农业推广方面的报刊一般在县、乡镇推广机构有部分订阅，在一些村图书室有少量订阅，但常常受资金的影响，种类较少、时断时续。许多情况下，报刊传播的农业创新要经基层农业推广人员进行二次传播。

4. 小册子或明白纸　小册子和明白纸是我国基层农业推广机构使用最多的印刷品。小册子是不满50页的印刷品，明白纸是不满5页的宣传单。小册子可以通过出版社出版，也可以通过推广机构组织印刷，在实践中后者最多。一个县级推广机构可以将生产上常用技术或准备推广的大型项目技术，利用推广经费印刷成小册子，发放到乡村干部、技术人员和科技示范户，方便他们宣传推广、带头示范。一个县级推广机构的相关部门如果树站、农技站或乡镇推广机构，可以将特定农业技术的要点或使用流程，印制成明白纸，发放到技术采用的农户，方便农民随时查看。与其他印刷媒介相比，小册子和明白纸在传播农业创新时具有如下特点：①实用性和针对性很强。小册子或明白纸传播的内容是当地当前正在使用的技术，适合当地的情况，具有较强的针对性。②传播范围小，但进村入户。小册子和明白纸传播范围一般在一个县内或一个乡镇的行政区域内，但它们能够到乡村干部和农民手中，可以普及到户，方便区域内所有农民采用。

（二）书写媒介

书写媒介是乡村直接面向农民的传播媒介，包括墙报、黑板报、标语等。书写媒介具有针对性强、营造气氛、宣传鼓动性强的优点，但具有相对固定、不易保存和分散传播成本高的缺点。

1. 墙报 墙报是张贴在墙面的、具有传播内容的文稿。墙报一般用毛笔书写，文稿纸张较大、字体较大，人们在近距离看得清楚。墙报具有体裁广泛、形式多样、内容可长可短，时间据要求而定，适合于特定区域传播的特点。推广墙报一般张贴在人群密集的建筑物墙面或柱面上，或是村部、公共场所的墙壁上。墙报具有传播面狭小、保持时间短的缺点。

2. 黑板报 黑板报是在一块涂黑的墙面上或涂黑的木板上书写传播内容的推广方式。黑板报是一种经济实用的推广普及手段。人群流动频繁的道路口、村办公室前、农民日常集群活动场所、农资经营门市部前，都是适合使用黑板报传播的地方。黑板报可以利用粉笔、毛笔、颜料笔等书写，不用纸张，成本低廉，是针对农民的经济有效的推广工具。黑板报要注意根据生产和推广的需要，抓住关键技术，以简明扼要的方式介绍。也可进行科普和常用技术宣传，增加农民的科技意识和科技能力。要注意勤写勤换、图文并茂、实用、实际、实效。

3. 标语 标语是手工书写的口号式宣传文稿。标语具有语言简短、鼓动性强的特点。根据纸张和字体大小，标语主要有张贴式和横幅式两种类型。张贴式标语字体相对较小，常在一块1/2～1/8的纸张上，书写一条标语，以长条形方式张贴在墙壁、墙柱、电杆、大树茎秆等上面。张贴式标语纸张较小，张贴方便，可以进村入户，创造氛围。横幅式标语字体较大，常用多张纸书写一条标语，横挂在大街、道路的电杆上或树干上，也横挂在集会场地四周。横幅式标语具有醒目、很远都可看见的特点，可以为众多农民所注意。张贴式和横幅式标语均可作为项目推广或集会宣传的辅助手段，起着宣传鼓动作用。但纸张标语具有保持时间短的缺点。在农村，人们还用油漆、石灰或石膏粉在农家墙壁上或岩壁上书写标语，这种标语成本低廉，保持时间较长，适用于具有普遍性或长期性的宣传口号，如“科技种田光荣!”等。

（三）视听媒介

农业推广中的视听媒介是指利用声、光电等设备传播农业创新的媒介，如广播、电视、音像制品、电脑网络等。这些媒介通过声音、图像、颜色等的应用，具有印刷媒介所不具备的动态效果和拟真效果，增加了受众的兴趣和直观理解。

1. 广播 广播包括有线广播和无线广播。在电视大量使用之前，广播是主要的电子传播媒介。从中央到省、市、县，一般都有无线广播台，我国大多数农民都能收听广播。一般在县、乡都设有广播站，以有线或无线广播的形式向农民传播信息，包括农业技术信息。有的农村有线广播进村入户，家家有喇叭；有的农村建立村广播站，广播站接收无线广播，以高音喇叭的形式向农民传播信息。不管是无线还是有线广播，都是传播农业创新的有效工具。

2. 电视 电视是声图结合的及时传播媒介。受传者使用电视时，多半是家庭或其他小群体同时观看。家庭各成员观看电视时相互交流，可以就某些问题加深认识和理解，有利于社会群体意识的形成。电视以图像、声音所形成的具体情景、真实场面和人物的行为，对受众“晓之以理、动之以情”，产生独特的积极效果。从推广上讲，电视传播的主要缺点是，农民不能选择传播内容和传播时间。尽管如此，在我国农村电视几乎普及的条件下，电视已经成为传播农业创新十分重要的大众媒介。

3. 音像制品　音像制品是事先制作好的声图媒介，它们借助于一定设备来传播信息。音像制品包括电影、录音、录像，它们可以根据受众需要选择传播内容和传播时间。电影设备的放映要求严格，一般要专业人员操作，在电视广泛应用前，它是农村重要的宣传娱乐工具，也是重要的农业技术传播工具。录音、录像的播放设备比较简单，在乡镇基层农业推广上经常使用。尤其是VCD、DVD技术的发展和广泛使用，可以将传播的农业技术的录像或摄像刻制在光盘上，方便农民根据需要选择创新内容。

4. 网络　计算机网络是文字、声音、图像多媒体结合的传播媒介，具有以大众传播为主、兼具群体传播（如讨论社区）和人际交流（如电子邮件）的特点。计算机网络是传播农业创新的新型媒介，我国从中央到省、市、县的农业推广机构都有自己的网站或网址，大众型商业性农业推广机构也有自己的网址。这些推广机构常在相应的网页上传播农业技术或自己的农业创新产品。就农业推广而言，计算机网络传播农业创新对农民的要求较高，因为：①农民要有较高的文化程度，能够使用电脑和网络；②农民要有较好的经济条件，能够购买计算机和支付网络费用；③能够接连网络，通了有线电话的农户或安装了网络专线的农户，才能联网上网。尽管如此，随着我国农民收入的增加和农村电话事业的发展，计算机网络进入农村千家万户的时间将很快到来，利用网络传播农业创新，将是我国将来重要的农业推广方式。

5. 电子农务通　“电子农务通”集计算机技术、人工智能技术、现代通信技术和农业专家技术于一体，将电子农务网植入手机，广大农民可通过手机短信、语音直接访问，还可通过该平台与农业专家进行沟通，实现随时随地获取农务信息。它是适用于农业管理部门人员、基层干部、农业科技人员、农业经营者和农民使用的一种小型化信息技术产品。电子农务通已在我国多个省份推广使用，是一种随身携带的具有人际传播特点的新型大众传播媒介。

二、大众传播法的应用

（一）大众传播的适应范围

在农业推广中，要根据大众媒介的特点、农业创新的特点和农民采用创新的不同阶段，选择和利用不同的大众媒介。合理选择和使用大众媒介，做到扬长避短，互相补充。对知识信息型创新，多用广播电视，让农民多接触、多认识；对实用技术型创新，多用小册子和明白纸，方便农民照章实施。在农民采用创新的认识阶段，多用广播电视宣传，引起农民注意和重视，帮助农民认识；在农民采用创新的试用和采用阶段，多用印刷媒介和书写媒介，便于指导农民实施操作。

一般来说，大众传播主要适用于以下情况：①传播农业科普知识；②介绍新型实用的农业技术；③报道采用农业创新的效果；④宣传、介绍农民科技种田、科技致富的事迹和经验；⑤报道农业生产中的问题及技术措施；⑥对多数农民共同关心的问题提供咨询；⑦对当地重点推广项目推广进行宣传报道。

（二）大众媒介传播农业创新的要求

1. 语言的易读性与易听性 语言的易读性是指构成语言的句子和词汇具有简短、通顺、流畅，不生硬、不拗口的特点。在农业推广中，印刷媒介和书写媒介都是利用文字语言传播。文字传播的基本要求是文章的易读性要强。农业科普文章如果句式拗口、句子太长、专业词语多，必然降低资料的易读性。

同时，资料的易读性水平与资料内容、读者动机和阅读能力的相互作用，会影响读者的表现，它们的关系可用图 11-8 表示。因此，在农业推广中，要使农民通过科普资料的阅读，得到推广者期望的表现，必须在了解当地农民阅读能力和阅读动机的基础上，安排相应的资料内容，同时以易读的形式表现出来，才可能得到所期望的阅读效果。

易听性是受众对广播电视语言接收和理解的难易情况。广播电视是用口头语言传播，利用人们的听觉去感知、接受和理解。句子太长，听到后半句，忘了前半句；生词太多，要么没听清楚，要么听清楚也不知道含义；停顿不当，容易产生歧义，误解原意。在用广播电视传播农业创新时，要注意语言的易听性。要求发音准确，吐词清楚。它与人际传播相比，语速较慢，语调变化相对较少；与书面语言相比，语言停顿较多，但不能在连贯性词组或短语中间停顿，否则难以理解或产生误解。同时，每次传播的时间不要太长，一般在 15～30 分钟比较适宜，时间长了，农民听到后面的内容，忘记了前面的内容，达不到传播的效果。

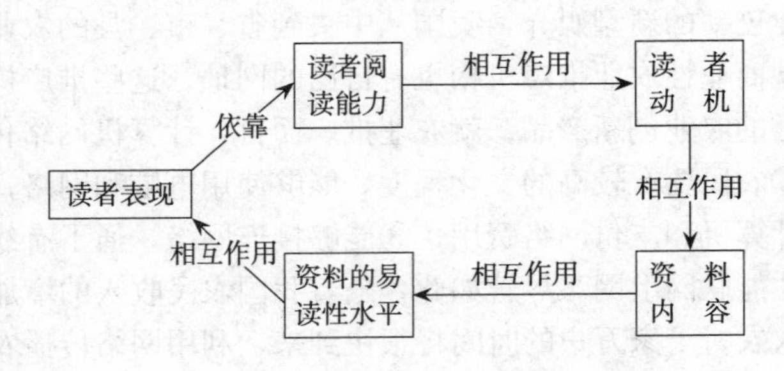

图 11-8 易读性与读者的表现
（沃纳·赛佛林等，2000）

2. 广播电视传播的固定性与重复性 广播电视传播的一个主要特点是农民被动接受信息，农民不能自主决定接收农业创新传播的时间。因此，广播电视传播必须具有固定性和重复性的特点与要求。固定性是在较长时期内，保持不变的播放日期和时间。如每周一、三、五或二、四、六的晚上确切的时间。一般来说，县级广播电视每天传播农业创新时间应根据当地农闲与农忙来确定，应保证多数农民都有时间收看或收听。重复性是在一定时期内，连续多次传播相同的创新内容。重复次数一般应在 3～5 次，间隔 1～2 天传播一次。重复传播有以下作用：①增加农民的记忆，加深农民的理解，方便农民掌握；②当农民因事没有接收前 1～2 次的传播时，有机会接收后面几次的传播，扩大了接收范围。

（三）大众传播科普文章的类型与结构

利用大众媒介传播农业科普知识是农业推广的重要方法。农业科普文章一般属于说明文，掌握科普说明文的写作方法，是农业推广人员利用大众媒介传播农业创新的一个基本功。下面主要根据饶异伦主编的《科技写作》介绍科普文章的写作方法。

1. 科普说明文的类型 科普说明文的基本功能是采用各种通俗易懂的方式和方法，把人类已经掌握的科学知识和技术技能以及先进的科学思想和科学方法，广泛地传播到社会各有关方面，为文化层次不同的广大读者所了解和掌握，用以提高学识、增长才干，促进社会发展和繁荣进步。由于科普说明文的内容及读者层次不尽相同，可将它分成两种基本的类型。

(1) 知识性科普说明文。主要功能是普及各种科学知识，其中着重自然科学各学科的基础理论和基本知识的普及。它的基本要求除了内容真实、观点正确、概念准确、叙述客观和推理合乎逻辑之外，作者还需要将自己或别人研究、考察和体验所得到的科学素材加以选择、消化、提炼，形成自己对某些科技问题的见解；它所普及的知识必须是成熟而可靠的；它还须用全面发展的观点来分析和表现某一科技领域及其相关的学科，给读者更多的科学启示；它还或隐或显地体现出一定的思想意义，使读者建立起科学的认识。其内容要素的组合方式多是由“浅”处入手，“近”处入笔，借助不复杂的论述和大家熟悉的事例，深入浅出地介绍自然科学领域内的基本原理和定义，使读者先获得具体的科学知识，进而理解科学原理；有的采用循序渐进、逐步提高的说理方式，来回答“是什么”“为什么”的问题，引起读者对科学知识的直接兴趣。

知识性科普说明文又分为浅说、史话、趣谈、对话、问答等小类。浅说是最常见的形式，其规模有大有小。登在报刊上的常常是一事一物的科普说明文，篇幅短小，读者喜闻乐见。史话采用讲故事或拉家常的方式来说明某一学科的发展史，如科学技术的发明发现史，人类认识和征服自然的历史，大自然本身的演化史等。趣谈以引人入胜的故事、优美的诗句、科学家逸事等来引入主题，讲述科学中新奇有趣的内容，从而说明某些科学知识。对话通过两个或两个以上人物的谈话形式来介绍科学知识。问答则采用一问一答形式来传播科学知识。

(2) 技术性科普说明文。主要功能是传播生产技能和推广技术新成果，增强人们利用自然和改造自然的本领。它的基本要求是：以传授技术为主要目的，特别是那些实用性强的新技术，以解决一些在生产或生活中的实际问题；题材具有专业性，专门传授某一专业技术。内容的组合方式是：一般多按照技术操作的程序来写作，准确地把操作的方法、步骤、要领、关键、窍门和注意事项依次交代清楚，并充分利用图表和浅显贴切的比喻来说明原理，使读者看了以后经过一番琢磨和实践操作，就能基本掌握这种技术。

技术性科普说明文可分为问答型、实验型、图说型、辞书型等小类。问答型是将某种专业技术制成若干问题，然后逐一进行解答的形式。实验型指运用那些通常用的仪器、代用品进行实验，实验过程只需看科普作品即可解决。图说型是将专业技术加以图解，用形象化的手段来传授专业技术的形式。辞书型实际上是普及性技术参考书，如《农业技术推广工作手册》等。

2. 科普说明文的结构　科普说明文的形式要素及其组合方式基本有宏观结构形式和微观结构形式两类。宏观结构形式常见的有分条列项式和事理解说式。分条列项式是把要说明的科技知识或技术，根据主题的要求分成若干条目，逐目逐项地予以说明。事理解说式是将比较抽象的原理、特征用通俗的例子予以解说，科学地揭示事物或事理的本质。微观结构形式常见的有功能式、程序式、特征式和逻辑式。功能式按照说明对象的功能依次排列，多是主功能在前，次功能在后。程序式是按照说明对象操作和运行的过程顺序来安排结构。特征式是按照说明对象的性质、特征来安排结构。逻辑式即按照说明对象所呈现出来的内在逻辑关系来安排结构。

科普说明文一般由标题、引言、正文、结尾4部分组成。

(1) 标题。标题基本采用直陈的形式，简洁明确，一看便知，如《水稻抛秧栽培技术》。

(2) 引言。引言有三种写法：①落笔入题式，先交代原因、意义、背景功能、效果、概况等。②开门见山式。③省略式，即全文没有引言，直接进入正文。

(3) 正文。正文是科普说明文的主体，其写法自由灵活。可通过讲解和叙述向读者介绍某种知识和技术；可通过系列插图、照片、配上适当文字来介绍知识和技术。这一部分要重点写好。

(4) 结尾。结尾常采用归纳总结或自然收束全篇的形式。

■ 本章小结

大众传播是职业传播者通过报纸、广播、电视、杂志、电影、书籍等媒介，按照一定制度，向人数众多、范围广泛的人们公开传递信息的过程。大众传播具有侦察和反映环境、沟通和协调社会、教育和文化传递、娱乐和休闲消遣、影响舆论和评价的功能，农业创新传播主要利用大众传播的影响社会舆论功能和文化教育功能。大众传播通过对人们的环境认知活动产生影响，从而影响社会舆论。大众传播教化作用的主要表现是，受众在接受大众传播后，增加了知识、信念和理解水平。在农业推广上，大众传播媒介是广义的大众传播媒介，包括印刷媒介、书写媒介和视听媒介。在农业推广中，要根据大众媒介的特点、农业创新的特点和农民采用创新的不同阶段，选择和利用不同的大众媒介。利用大众媒介传播农业创新时，注意语言的易读性与易听性；利用广播电视传播创新时，在时间上要固定和重复；利用报刊传播农业创新，多用科普说明文。科普说明文有知识性和技术性两种，它们有不同的作用和写法要求。

■ 补充材料与学习参考

1. 如何经济有效地选择大众媒介？

某企业的广告费预算为110万元，打算分别用于电视、电台和报纸广告。经调查，这三种媒介的广告效果预计如表11-2所示。

表11-2 不同大众媒介的广告次数与效果

广告次数	能使销售量增加的金额（万元）		
	电视	电台	报纸
第1次	4.0	1.5	2.0
第2次	3.0	1.3	1.5
第3次	2.2	1.0	1.2
第4次	1.8	0.9	1.0
第5次	1.4	0.6	0.8

假设每做一次广告，电视、电台和报纸的费用分别为30万元、10万元和20万元。问：应如何在不同媒介中分配广告费用，才能使总广告效果最优？

解：因广告费资源有限，故当各种媒介上的每元广告费的边际效果均等时，广告费的分配为最优。

三种媒介第1次广告每元广告费的边际效果可计算如下：

电视：4/30＝0.133

电台：1.5/10＝0.15

报纸：2/20＝0.10

可见，尽管做一次电视广告的效果比做电台、报纸广告大（4>1.5，4>2），但因电视的广告费高，它每元广告费的边际效果在第1次广告中并不是最大的。广告费的分配应根据每元广告费边际效果大小的顺序来进行（表11-3）。

表11-3 不同媒介广告费用与边际效果

选择的广告	每元的边际效果	边际效果排序	累计广告费（万元）
电台（第1次）	1.5/10＝0.150	1	10
电视（第1次）	4/30＝0.133	2	40
电台（第2次）	1.3/10＝0.130	3	50
电视（第2次）	3/30＝0.100	4	80
电台（第3次）	1/10＝0.100	4	90
报纸（第1次）	2/20＝0.100	4	110

可见，选择电台做3次广告，电视做2次广告，报纸做1次广告，就可以使有限的广告费（110万元）取得最大的广告效果。此时，各种媒介的每元边际效果均等于0.100。

2. 案例——科普说明文

（1）知识性科普说明文

走为上计

——谈谈蝴蝶会

“三十六计，走为上计”这个成语，似乎与蝴蝶会毫不相干，其实不然。

蝴蝶会是一种自然奇观。我国昆明的圆通山、海南岛的五指山都出现过这种奇妙景象。从可考证的历史资料看，最为著名的，恐怕要算云南大理蝴蝶泉的蝴蝶会了。明朝末年，卓越的旅行家徐霞客就对它进行过描述：“……泉上大树，当四月初，即发花如蛱蝶；须翅栩然，与生蝶无异。又有真蝶万千，连须钩足，自树巅倒悬而下，及于泉面，缤纷络绎，五色焕然。”这真是一幅令人目眩神迷的景象！无怪乎许多来大理的游客，都希望能碰上这终年难遇的观赏机会。

其实所谓的蝴蝶会，并不是蝴蝶真的在举行什么集会，而是它们在结伴长途飞行中着陆歇息的一种短暂的自然现象。在墨西哥，有一种大斑蝶，它们集体飞行时，天空像飘浮着一大片五色斑斓的彩云。在暂停时，它们总爱聚集在大树上，大树竟变成了面目全非的“蝶树”。科学家用雷达等现代仪器研究发现：生活在澳洲的蝴蝶，定期地乘着西风，穿过塔斯曼海，飞到新西兰。而生活在非洲的蝴蝶，每年四月开始，结伴北渡地中海，飞越阿尔卑斯山，到达英国、法国和德国。更有甚者，还可以飞到冰岛或北极地区。据英国昆虫学家威廉斯报告，具有长途迁徙本领的蝴蝶已达210多种；蝴蝶迁飞的次数，有史实稽核的共达1 200多次；迁飞的旅程，远达4 000km之遥。

蝴蝶热衷于长途旅行，并不是像人类那样为了饱览名胜古迹，名山大川。它们是为了回避不利于自己生存的环境，寻找适合自己发展的第二故乡。

蝴蝶是一种冷血动物。它们的体温随着环境温度的变化而变化。在远古时期，当大气圈几经凉热时，一些蝴蝶在饥饿和寒流的逼迫下，经过季风的“帮助”，被运载到温暖的低纬地区，在那儿生儿育女，越过严冬。待到高纬地区春暖花开、百鸟齐鸣之时，它们再又乘着季风，重回故里生活。在大自然悠长年代的严格选择下，蝴蝶这种特性被遗传了下来，因此，就有了定期长途迁飞的本能。

蝴蝶与大自然搏斗的历史经验证明：走，也不失为一种免遭灭亡、谋求发展的上计。

资料来源：饶异伦，王青云 . 1999. 科技写作 . 北京：高等教育出版社 .

（2）技术性科普说明文

早稻水浆管理新技术

——“三水二搁一湿法”

早稻采用“三水二搁一湿法”新的水浆管理方法，既可节约用水，又能促进早稻根系发育，提高对钾素的吸收，满足早稻生产发育的需要，有利于夺取早稻高产。

“三水”：即插秧活棵水，孕穗保胎水，抽穗扬花水这“三水”，每次保持 10 天左右的浅水层。早稻插秧后，保持浅水层，有利扎根活棵；孕穗期，新陈代谢旺盛，而且外界气温高，是水稻一生中需水量最多的时期，此期缺水，会影响枝梗和颖花发育。因此，孕穗期间不能断水受旱；抽穗扬花期，灌浅水是为了促进抽穗整齐，有利于开花受精。

“二搁”：早稻插秧后一个月左右，应掌握“苗到不等时，时到不等苗”的原则，一般当每亩总苗数常规早稻发足 40 万～50 万苗，杂交早稻发足 20 万～25 万苗时，要进行第一次轻搁田；当达到最高分蘖数时，也就是插秧后 30～40 天进行第二次重搁田，以搁至脚不沾泥，白根露出，叶色褪淡，茎硬叶挺为宜。搁田可以抑制无效分蘖，有利根系扩展和好气性微生物的活动，消除有毒物质，抑制节间过分伸长，提高抗倒能力，减轻病虫害发生和蔓延。

“一湿”：早稻从齐穗到黄熟期，以湿润灌溉为主。标准是踩田不陷脚，湿润不见水。这既有利于增强土壤通气性，又有利于满足早稻对水分的要求，达到“根好叶健谷粒重，秆青粒黄产量高”的目的。

除“三水二搁一湿”外的其余时间，均可间歇灌水，干干湿湿，可养根保蘖增后劲，减轻病虫危害，提高结实率。

资料来源：马宏彬 . 1999. 早稻水浆管理新技术——“三水二搁一湿法”//饶异伦，王青云 . 科技写作 . 北京：高等教育出版社：163-164.

3. 参考文献

董成双，刑祥虎，薛寿鹏，等 . 2006. 农业科技传播 . 北京：中国传媒大学出版社 .

沃纳·赛佛林，小詹姆斯·坦卡德 . 2000. 传播理论——起源、方法与应用 . 郭镇之，译 . 北京：华夏出版社 .

吴文虎 . 1988. 传播学概论 . 北京：中国新闻出版社 .

许静 . 2007. 传播学概论 . 北京：清华大学出版社，北京交通大学出版社 .

Axelord，Robert. 1973. Schema theory：An information processing model of perception and cognition. American Political Science Review，Spring，69：1 251.

Graber D A. 1988. Processing the news：How people Tame the Information Tide. 2nded. New York：Longman.

Katz E，Blumler J G. 1974. Utilization of mass communication by the individual. The Use of the Mass communication：Currrent Perspectives on Gratifications Research. Beverly Hills，Calf：Sage Publications.

Noelle-Neuman E. 1973. Return to the concept of powerful mass media//Eguchi H，Sata K. Studies of broadcasting：AN international Annual of Broadcasting Science Tokyo：Nippon Hoso Kyokai：67-112.

Noelle-Neuman E. 1980. Mass media and social change in developed societies// Wilhoit G C，H de Bock. Mss Communication Review yearbook（1）：657-658.

Tichenor P，Donohue G，Olien C. 1970. Mass media flow and differential growth in knowledge . Public Opinion Quarterly，34：159-170.

思考与练习

1. 比较印刷媒介、书写媒介和视听媒介的优点和缺点。
2. 大众媒介是怎样影响社会舆论的？为什么大众传播具有教化作用？
3. 从成本、效益考虑，一个县级农业推广机构一般会采取哪些大众媒介？
4. 利用大众媒介传播农业创新时，应该注意什么问题？
5. 怎样写作知识性和技术性科普说明文？

第十二章　农业创新经营传播

在国务院2006年《关于深化改革加强基层农业技术推广体系建设的意见》中，明确提出放活经营性服务。将国家基层农业技术推广机构中承担的农资供应、动物疾病诊疗以及产后加工、营销等服务分离出来，按市场化方式运作。鼓励其他经济实体依法参与基层经营性推广服务实体的基础设施投资、建设和运营。在社会主义市场经济条件下，以经营传播方式进行农业创新推广，是营利性农业创新推广的重要形式。掌握农业创新经营传播的基本理论与方法，有利于搞好营利性农业创新的推广工作。

第一节　农业创新经营传播概述

农业创新经营传播，是农业推广组织按照市场机制，以获取利润为主要目的的农业创新推广方法。这是在我国市场经济条件下，新兴发展起来的、社会商业性推广组织主要采用的农业推广方法。经营传播是在推广组织获取利润的前提下，使创新技术和产品得到推广。这种传播方法以获取利润为主要目的，充分调动了推广组织的积极性，因而近20年来我国商业性推广组织蓬勃发展，弥补了公益性推广组织的不足。但商业性推广组织常对创新垄断经营或独家经营，使一些适应性广、效益显著的农业创新在一定时间内只能在有限的范围内传播，不能尽快在较大范围内产生社会效益，这是经营传播的不足之处。对增产极其显著的大宗作物新品种，可通过政府购买使用权，共同开发经营传播来解决这一问题。在市场经济条件下，以经营的方式传播农业创新，将是我国农业推广发展的重要方向。在经营传播中，一定要注意经营范围与战略，具备现代经营观念，熟悉顾客价值理论。

一、经营范围与战略

（一）经营范围

以经营方式传播农业创新的业务范围十分广泛，包括农业生产的产前、产中和产后三个环节。在产前，主要经营可以提高农业产量和品质的新型农业生产资料，如新品种、新肥料、新农药、新农膜、新农机等；在产中，主要进行技术有偿服务，如新兴技术的产量承包；在产后，主要经营采用新技术所生产的产品，如产品收购、产品加工、产品运销等。目前，产前和产后的经营十分广泛，产中技术传播一般与前后两个环节相互衔接，可以单独收费（如杂交种子生产），也可以免费（如一些新农产品的生产）。

（二）经营战略与规划

一个企业型推广组织的经营战略，主要指企业在筹划和管理中，对生产、营销、人事、财务等工作及其关系的长远考虑与安排。一般来说，企业的经营战略有三种类型，即同等重要型、营销倾斜型和营销核心型（图 12-1）。现代企业的经营战略以营销为核心，因此，企业型推广组织要确定以营销为核心的经营战略。

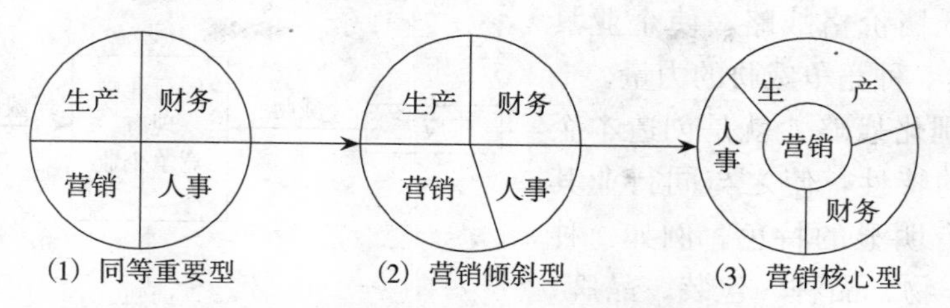

图 12-1　企业型推广组织经营战略的类型
（杨如顺，2004）

在经营战略确定后，要制定企业的经营战略规划。经营战略规划过程是企业及其业务单位为谋求生存与发展而制定长期总战略所采取的一系列重大步骤。经营战略规划是在对市场情况和内部资源条件全面、正确的了解和评估前提下进行的，主要内容和步骤（图 12-2）为：①在整体层次上规定企业的基本任务，编写企业任务报告书；②根据基本任务的要求，确定企业的目标，形成一套完整的目标体系；③安排企业的业务（或产品）组合，并确定企业资源在各业务单位（或产品）之间的分配比例；④制定企业的增长战略（即安排新业务计划）。为了使战略规划能落到实处，企业管理者还要在业务单位、产品和市场层次上制订市场营销计划和其他各项职能计划（如生产计划、财务计划、人事劳动计划等）。企业的总体战略规划要具体体现在这些计划中，通过这些计划的制订和执行得到完善和实现。

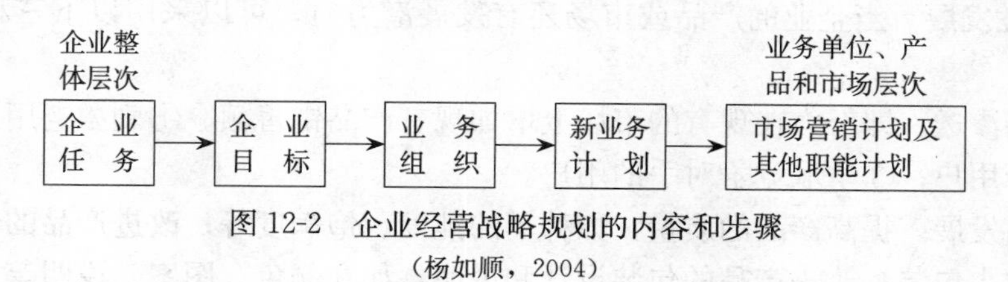

图 12-2　企业经营战略规划的内容和步骤
（杨如顺，2004）

（三）市场竞争战略

竞争是市场经济的必然产物。企业型推广组织应该树立明确的竞争观念，敢于和善于参加竞争，争取在竞争中取得胜利。要明确地树立起“新”“好”“快”“廉”“信”的竞争意识，灵活地运用价格和非价格的竞争手段，采取“人无我有，人有我好，人好我新，人新我廉，人廉我转”的竞争原则。在具体运用上，根据企业情况，制订适合本企业的竞争策略。首先要了解企业的竞争环境和竞争形势。一般地说，一个企业型推广组织存在 5 个方面的竞争压力。即：同行业中竞争对手的压力，增加了同类销售品的供应；潜在的同行业对手的压力，可能增加同类销售品的供应；供应商的压力，货源短缺或价格提高；购买者的压力，购量减少或价格降低；代用品生产者的压力，可能减少销售数量。这 5 种压力威胁如图 12-3 所示。

企业型推广组织在总体上可以采取以下竞争战略以争取有利地位。

1. 低成本战略　即通过建立具有相当规模的、有利的、稳定的生产基地，通过积累生产经验和其他措施（配备先进的加工设备、采用先进的生产技术和加工技术、控制生产费用和销售费用等），在保证产品和服务质量的前提下，追求在同行业中的低成本优势。然后采取低档价格战略，使企业具有同时抵御上述5种竞争威胁的力量。

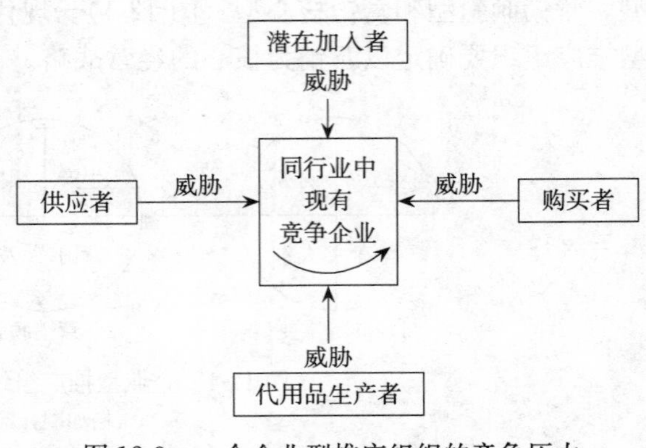

图12-3　一个企业型推广组织的竞争压力
（杨如顺，2004）

2. 产品差别化战略　就是创造本企业产品的独有的特性，使之与同行业其他产品相比具有明显的特色。例如：种子企业在经营作物、品种、包装、品牌、推销方式等方面的不同，使用户对本企业的产品更感兴趣，产生依赖，消除价格的可比性，从而产生强大的竞争力量。

3. 专营化战略　就是专门为某一个或几个特殊的细分市场服务。如有些种子公司经营特殊生态区需要的作物品种；有的绿色无公害农业企业经营高档出口有机农产品等。由于目标及力量集中，实现了产品的高度差别化，在目标市场上具有特殊的竞争能力，可以赢得较高的利润率。

（四）市场发展战略

市场发展战略是企业为了取得进一步发展而制定的有效的增长战略，企业型推广组织可供选择的市场发展战略形式主要有以下两种：

1. 密集性发展　当企业的产品或市场还有发展潜力时，可以采用以下三种密集性发展形式：

（1）市场渗透。即努力在现有的市场上增加现有产品销售额。①刺激老用户增加购买数量；②增加新用户；③争取竞争对手的用户。

（2）产品发展。提高产品的质量，如种子的纯度、饱满度等；改进产品的包装，如种子由大包装改成小包装；改进产品的包装设计和说明，如在颜色、图案、说明等方面，使用户感到喜欢和阅读方便。

（3）市场发展。把企业产品向新的市场推广，以增加销售量。

2. 分散性（多样化）**发展**

（1）同心性分散发展。企业利用原有的技术特长，以其为核心，发展与原产品相似而用途不同的产品。例如一个以经营水稻种子为核心的种子企业，经营玉米、蔬菜等作物的种子（图12-4）。

（2）水平性分散发展。即利用原有的市场优势，在原来已占领的市场上发展技术、性质及用途完全不同的产品。例如：一个化肥企业利用在某个农村市场的优势，同时发展农药和种子，可以取得好的效果。实行分散性发展，可以提高企业对环境的适应性，获得更大可能的发展机会，减少单一经营的风险，也有可能更充分地利用企业的内部资源，提高企业的整体经济效益；但是也会带来经营

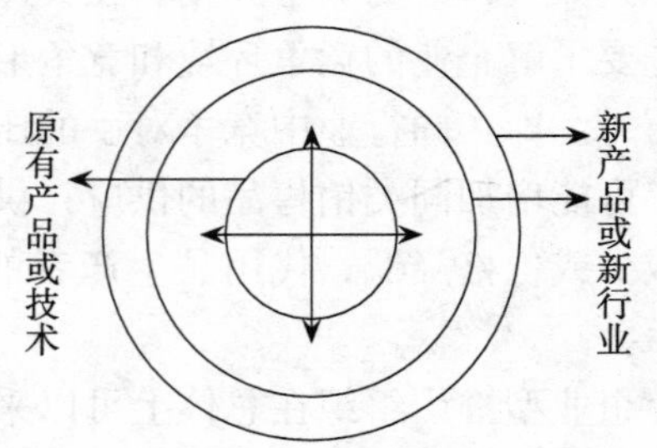

图12-4　同心性分散发展
（杨如顺，2004）

管理复杂化、资源分散等问题。

二、现代经营观念

一个企业型推广组织在确定经营战略时，树立什么样的经营观念十分重要。一般来说，经营观念随着社会经济条件的变化而变化，经历了生产观念、推销观念、市场营销观念、生态营销观念和社会营销观念的发展过程。其中，前两种是传统经营观念，后三种是现代经营观念。

生产观念是一种以生产为中心的经营观念，“以产定销”就是这种观念的体现，20 世纪 50～70 年代末期，我国企业中就流行这种经营观念。有两种情况适用于此生产观念：①产品供不应求，“皇帝的女儿不愁嫁”；②企业产品规模小、质量低、成本高，需要增加产量、提高质量和降低成本。

推销观念是一种以推销为中心的经营观念，“以销定产”就是这种观念的具体体现，我国大体在 20 世纪 70 年代末期到 90 年代初，推销观念比较流行，它是在“卖方市场”向“买方市场”过渡期间产生的。

1. 市场营销观念　市场营销观念是一种以消费者需求为中心的经营观念。这种观念认为，实现企业目标的关键是切实掌握目标消费者的需求和愿望，以消费者需求为中心，站在消费者立场上考虑所有经营活动。集中全力，生产和经营适销对路商品，安排适当的市场营销组合，采取比竞争者更有效的策略，满足消费需求，获取适当利润。企业主张：“顾客需要什么，就卖什么”，市场营销观念把生产观念、推销观念的逻辑彻底颠倒过来了。

市场营销观念是在“买方市场”条件下产生的。1992 年，中共十四大确定建设中国特色的社会主义市场经济，市场营销观念逐步得到推广，“按需促销”“按需促产”均可归为市场营销观念。市场营销观念表明，只有以消费者需求为中心，组织生产和经营，才能提高企业的长期营利能力和经济效益。因此，企业型推广组织，应具备市场营销观念。

2. 生态营销观念　生态营销观念是一种把企业所长同消费者需要结合起来的经营观念。这种观念认为，由于科学技术的发展，专业化更强，分工更细，企业与外界环境的相互依存、相互制约关系更加密切。企业要以有限的资源满足消费者的无限需求，必须发挥自己优势和特长，生产既是消费者需要，又是自己所擅长的产品（图 12-5）。图 12-5 中，两个圆圈重叠的部分，就是企业的经营目标，也就是企业经营与消费者需求最协调的状态。

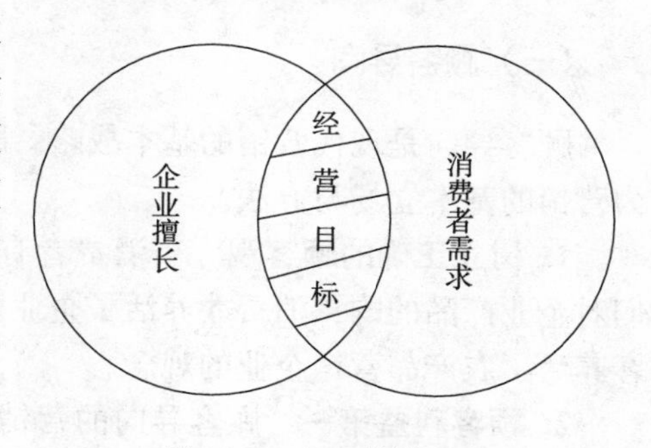

图 12-5　生态营销观念

（杨如顺，2004）

有些企业片面强调满足消费者需求，而忽视企业本身的资源和特长，结果削弱了自己的特长，又浪费了资源。生态营销观念更重视经营效果，因而值得重视。因此，企业型推广组织应在充分发挥自己特长和资源优势的基础上，开拓和扩大市场，满足用户需要。

3. 社会营销观念　社会营销观念是一种把消费者利益、社会利益和企业利益结合起来，统一起来的市场观念。这种市场观念认为，企业进行经营管理决策时，要全面兼顾三方面的利益，既要满足消费者的需要，又要符合社会的利益，还要增加企业的经济效益。社会营销观念是在产品生产和消费产生的环境、生态、资源、健康等问题日渐突出的条件下产生的。农业推广讲究经济效益、社会效益和生态效益的统一，因此，企业型推广组织也应该树立社会营销观念。例如重视经营传播可降解农用地膜，减少塑料对土壤的污染；重视经营传播高效、低毒、低残留的农药，减少农药对环境和农产品的污染；重视经营传播优质、无公害农产品生产技术和产品，满足人们生活和健康的需要。

4. 品牌经营观念 品牌即标识，就是用以识别一个或一群产品的名称、术语、记号或设计其组合，以和其他竞争者的产品和劳务相区别。品牌的内在含义为：①品牌是区别的标志，这种标志能提供货真价实的象征和持续一致的保证；②品牌是一种“信号标准”。品牌的意义不仅是一种符号结构，一种产品的象征，是企业一项产权和消费者的认识，更是一种知识产权、企业文化以及由此形成的信誉。品牌既是无形资产，也是一笔巨大的财富。一般来说，有了品牌也就容易塑造企业的形象，反过来说如果在品牌的基础上近一步推行企业的整体形象战略，也就更利于品牌的扩展和延伸。因此，品牌是一个企业的招牌，是声誉、信任度和竞争力的重要标志。品牌经营观念是一种在经营中重视品牌建设、树立企业声誉和形象的市场观念。一个企业型推广组织要具备品牌经营观念。既重视企业和产品商标的建设与维护，又要重视企业和产品信誉的建设与维护，争取使品牌从无名到有名，从有名到知名，从知名到著名，从著名到驰名。

三、顾客价值理论

顾客价值理论的基本观点是，企业真正站在顾客的角度看待产品和服务的价值，这种价值不是由企业决定的，而是由顾客决定的。因此，企业只有在设计、生产和提供产品时以顾客为导向，为顾客提供超越竞争对手的价值，提高顾客满意度，才能够争取顾客，维系顾客，才能够获取持久的竞争优势，在激烈的市场竞争中立于不败之地。

（一）顾客导向

顾客导向是现代营销的基本战略。顾客导向要求营销人员以“假如我是顾客”的理念作为营销的基本立场与方法。

1. 树立正确的顾客观 当消费者有多种选择时，他们处于实现价值的主动地位，是他们对企业产品的购买消费才养活了企业。因此，在激烈的农产品市场竞争中，必须树立是顾客养活了农产品营销企业的观念。

2. 顾客利益第一 顾客导向的营销理念要求营销人员首先将顾客利益放在第一位，而不是首先想到自己赚钱。

3. 站在顾客角度思考问题 从顾客在什么地方、通过什么人、购买什么、购买数量，购买中存在什么问题，购买后如何使用，使用中会遇到什么问题，如何处置包装或废弃物等方面思考，在产品生产、包装、销售等各环节中提前解决顾客的问题。

4. 目标顾客是真正的上帝 目标顾客是指适合企业产品的顾客，他们的“买点”正是企业的“卖点”，他们是能给企业带来最大效益的具有共同特征的一类或几类顾客。农产品营销企业要根据企业和产品的特点，明确目标市场和目标顾客。

5. 树立正确的质量观 顾客导向的产品质量观有两条标准：①专业标准，包括国标、行标和企业标准；②顾客标准，即在满足目标顾客的需要上规范产品质量。

（二）顾客价值

顾客价值又称顾客交换价值，指顾客从购买、使用某种商品中所获得的总收益与为获得该商品所付出的总成本之差。这个比较之“差”就是顾客要从一件商品购买中所获得的综合利益。正是这个“差”决定了顾客的购买。

顾客价值（交换价值）＝顾客购买总收益－顾客购买总成本

顾客购买总收益包括：①购买商品本身的价值。该商品的质量、功能、特色、样式、包装等与产品直接相关的因素。②服务价值。顾客购买该商品时的售前、售中和售后服务。③人员价值。直接或间接销售该商品的公司人员的形象。④企业形象。企业在目标顾客和社会公众中的形象。

顾客总成本包括：①购买该商品的货币成本。②购买该商品的时间成本。③购买该商品的体力成本，包括使用自己的体力或雇佣劳力成本。④精神（心理）成本，包括购买中和购买后的心理影响。⑤风险成本，指购买后不能使用或达不到使用目的的损失。

农产品营销企业要从顾客总收益与总成本两个方面考虑。一方面为顾客增加价值，如提高农产品质量等；另一方面为顾客节约成本，如提供快捷方便的服务等。同时注意，不同目标顾客对收益和成本的标准不同，如工作繁忙的青年家庭和退休在家的老年家庭对洁净蔬菜就有不同的认识。

（三）顾客满意

1. 顾客满意的概念 顾客满意指顾客对其要求满意程度的感受。这取决于顾客将接受产品或服务后的感知同接受之前的期望相比较后的体验。顾客常有三种感受：①当感知低于期望时，感到不满意，甚至会抱怨或投诉。②当感知接近期望时，感到满意。③当感知远超期望时，顾客就会由满意变为忠诚。顾客忠诚是自己重复购买以及向他人热情推荐该产品的一种表现。分析顾客感受时注意三点：①顾客既有产品方面的感受，又有心理方面的感受。②不同顾客对同一产品的感受可能不同。③同一顾客不同时间对同一产品的感受可能不同。

2. 顾客满意度 顾客满意度指顾客事后可感知的结果与事前期望之间比较后的一种差异程度。一般有不满意（不符合期望）、满意（符合期望）和非常满意（超过期望）三种状态。重视顾客满意度对稳定老客户、吸引“回头客”非常重要。研究表明，开发一个新客户的成本是维护一个老客户成本的5～6倍。企业在提高顾客满意度时，除了保证符合顾客需要外，还要注意：①销售宣传有余地，不要让顾客期望过高。②不要使用歧义词语，避免产生误解。③购买后顾客有“惊喜”，包括利益上的“惊喜”，如价格优惠或附加利益，或情感“惊喜”，如主动与顾客沟通，了解产品的使用情况，主动解决顾客的问题。

第二节 农业创新经营传播程序

要搞好农业创新经营传播，首先要熟悉经营环境，使自己尽快适应环境；其次要对企业自身和经营产品分析，明确自己经营的优势和劣势，扬长避短；第三要对市场分析与定位，明确目标市场与竞争对手，确定市场位置；第四要搞好市场营销，促进产品销售速度和范围。

一、熟悉环境

影响农业创新经营传播的环境因素有法规环境因素和市场环境因素。法律和规定是政府宏观调控和管理的工具，了解和熟悉与农业创新经营有密切关系的法规，有利于依法经营，使自己和用户的权益得到保障。市场环境因素是直接影响市场需求、消费、价格等的因素，了解和熟悉与农业创新经营相关的环境因素，有助于选择经营项目，确定目标市场。

（一）法规环境

农业创新经营，必须获得当地工商行政管理机关批准，并办理营业执照。根据《我国工商行政管理暂行规定》，各级工商行政管理机关是各级人民政府的职能机构，主管市场监督管理和行政执法。工商行政管理机关的基本任务是：确认市场主体资格，规范市场主体行为，维护市场经济秩序，保护商品生产经营者和消费者的合法权益；参与市场体系的规划、培育；负责商标的统一注册和管理；实施对广告业的宏观指导；监督管理个体、私营经济，指导其健康发展。因此，推广组织或个人要进行市场经营，传播创新，要取得市场主体资格，要熟悉和遵守工商行政管理法规。

推广组织要成立公司，应当依法向公司登记机关申请设立登记。符合《中华人民共和国公司法》规定的设立条件的，由公司登记机关分别登记为有限责任公司或者股份有限公司；不符合公司法规定的设立条件的，不得登记为有限责任公司或者股份有限公司。因此，推广组织设立公司，必须符合公司法的要求，并按照公司法的规定运行。

推广组织要经营农药，根据《中华人民共和国农药管理条例》规定，必须有与经营农药相应的技术人员；必须有相应的营业场所、设备、仓储条件，安全防护和环境污染防护措施；有相应质量管理制度和手段。不得销售无农药登记证、无生产许可证、无产品质量标准、无产品质量合格证、质量不合格的和过期的农药。同时必须向用户说明农药的用途、方法、用量及注意事项。

推广组织要生产种子，根据《种子法》，我国对主要农作物和主要林木的商品种子生产实行许可制度。申请领取种子生产许可证的单位和个人，应当具备下列条件：具有繁殖种子的隔离和培育条件；具有无检疫性病虫害的种子生产地点或者县级以上人民政府林业行政主管部门确定的采种林；具有与种子生产相适应的资金和生产、检验设施；具有相应的专业种子生产和检验技术人员。申请领取具有植物新品种权的种子生产许可证的，应当征得品种权人的书面同意。商品种子生产应当执行种子生产技术规程和种子检验、检疫规程。

推广组织要经营种子，根据《种子法》，我国种子经营实行许可制度。种子经营者必须先取得种子经营许可证后，方可凭种子经营许可证向工商行政管理机关申请办理或者变更营业执照。在县内、省内、全国经营和国际经营种子，有不同资金、技术、设备、规模等的要求，由相应的农业行政部门办理经营许可证。一般来说申请领取种子经营许可证的单位和个人，应当具备下列条件：具有与经营种子种类和数量相适应的资金及独立承担民事责任的能力；具有能够正确识别所经营的种子、检验种子质量、掌握种子贮藏、保管技术的人员；具有与经营种子的种类、数量相适应的营业场所及加工、包装、贮藏保管设施和检验种子质量的仪器设备。种子经营者专门经营不再分装的包装种子的，或者受具有种子经营许可证的种子经营者以书面委托代销其种子的，可以不办理种子经营许可证。销售的种子应当附有标签。标签应当标注种子类别、品种名称、产地、质量指标、检疫证明编号、种子生产及经营许可证编号或者进口审批文号等事项。标签标注的内容应当与销售的种子相符。种子经营者应当向种子使用者提供种子的简要性状、主要栽培措施、使用条件的说明与有关咨询服务，并对种子质量负责。

推广组织经营无公害农产品，按照我国《无公害农产品管理办法》，必须在产地环境、生产过程和产品质量方面符合国家有关标准和规范的要求，经认证合格获得认证证书，并使用无公害农产品标识。全国无公害农产品的管理及质量监督工作，由农业部门、国家质量监督检验检疫部门和国家认证认可监督管理委员会分工负责。省级农业行政主管部门负责组织实施本辖区内无公害农产品产地的认定工作。无公害农产品的认证，由国家认证认可监督管理委员会审批，并获得国家认证认可监督管理委员会授权的认可机构进行。因此，推广组织要进行无公害农产品的经营，必须在产地条件、生产过程和产品有害物质的残留量等方面符合国家的规定。

（二）市场环境

市场环境是指影响农业创新经营传播的一系列外部因素。农业创新经营的产品主要有两大类：一类是面向农业和农民的农资产品；另一类是面向城市的农产品。就创新传播而言，推广组织主要经营新品种、新农药等农业生产资料。影响农业生产资料的市场环境因素与影响一般商品消费的市场因素不同，不能用一般市场分析的方法来分析。下面以种子经营为例，分析市场环境因素。

1. 自然因素

（1）气象因素。气象因素从以下几个方面影响种子的市场经营：①影响种子生产。种子生产受气象条件影响很大。例如四川绵阳的气象条件不利于玉米种子的生产，有些刚进入种子行业的企业不了解实际情况，在玉米制种中常遇夏旱或伏旱，使种子生产遭受严重损失。一般来说，种子生产区在风调雨顺的条件下，单位面积种子产量会显著增加；在恶劣气候条件下，单位面积种子产量显著下降。因此，气象条件影响种子产量，从而影响种子企业的销售和市场占有情况。尤其是一个企业的种子产量因恶劣气候而显著下降时，不能保证销售合同的兑现，其他企业乘虚而入，使自己精心经营多年的市场丧失。②影响种子销售。水稻种子播种后遇到严重低温，玉米种子播种后遇到严重干旱，都会严重影响出苗率，农民一般要补种或重播，这会促进种子的销售。③影响品种生产。特定气象条件，要求特定的作物品种。例如，山区夏季凉爽，秋季降温早，籽粒灌浆速度快的玉米品种才能正常成熟；山区秋绵雨多，苞叶短了不能包住果穗，雨水容易侵入，引起烂穗烂苞。种子企业要稳定和扩大市场，一定要掌握气象变化趋势，了解种子生产区和销售种植区的气候特点，对种子和品种需求作出准确的预测和判断。

（2）有害生物。作物生产受到病虫杂草等有害生物的影响，不同品种的抗性强弱不同。种子企业在推广品种时，要根据品种的抗性特点和不同地区的发病情况，有针对性地选择高抗品种。例如，在四川山区，水稻易发稻瘟病，玉米易发黏虫和丝黑穗病，在市场推广的水稻和玉米品种如果不抗这些病虫害，就可能会出现推而不广的局面，影响企业的市场占有率。

2. 生产因素

（1）耕地面积。种子是农业的基本生产资料，是品种技术的载体。任何种子或品种的优良特性，只有在耕地上种植后表现出来。耕地对种子市场经营的影响主要表现在以下几个方面：①影响作物种类和面积，从而影响种子类型和数量。例如，水稻田面积大，需要的水稻种子多；玉米面积大，需要的玉米种子多。②影响作物品种类型和面积，从而影响品种选择和种子数量。不同耕地肥力水平不同，需要种植的作物类型、品种和面积也不相同。例如，甘蓝型油菜耐肥力强，芥菜型油菜耐瘠能力强，在油菜种子市场推广上，必须根据不同耕地肥力特点选择类型和品种。因此，种子企业在市场推广时，要认真分析拟推广区耕地类型、面积和肥力水平，为选择推广的作物、品种及其数量提供依据。

（2）生产条件。主要指灌溉条件对种子市场推广有明显的影响。例如，在四川，武都引水灌溉工程实施后，许多以前不能种植水稻的耕地，现在种上了水稻，使这些地区水稻种子销售量大大增加。在新疆，灌溉条件的改善，使棉花和玉米面积得到了迅速扩大，相应的种子需求量也迅速增加。了解一个地区生产条件状况及其发展趋势，有助于预测该地区种子需求的发展态势，可以为种子企业的市场推广提供依据。

（3）种植制度与栽培水平。一个地方的熟制、复种方式、播种季节、播期早迟、施肥水平与方式、病虫防治方式与习惯等种植制度和栽培管理水平，影响品种的生产性能，从而影响农民的品种选用。在农村劳动力富裕和集约化经营的条件下，那些需要节约化栽培的高产品种深受农民的欢迎。在许多劳动力外出的农村，生产粗放经营，那些适应粗放经营而产量较高的品种易受青睐。因此，种子企业在市场细分时，要重视这类市场的划分，并确定相应的目标市场。

3. 社会经济因素

（1）法规。《中华人民共和国植物新品种保护条例》（以下简称《植物新品种保护条例》）规定，任何单位或者个人未经品种权人许可，不得为商业目的生产或者销售该授权品种的繁殖材料，不得为商业目的将该授权品种的繁殖材料重复使用于生产另一品种的繁殖材料。种子企业只能经营自己选育的品种，经营具有所有权和使用权的品种，只能在法律规定的范围内从事种子销售和品种经营推广活动。

（2）政策。农业政策影响作物种子的市场推广。调动农民种粮积极性的政策，促进农民对粮食作物优良品种的更新换代，有利于新品种的推广；减少早稻面积和压缩南方部分地区的小麦面积，影响相应作物种子的销售；确定为商品粮基地的县，限制了经济作物种子的销售；划定为专用小麦区和专用玉米区，一般不允许其他品种在该区的推广；国家允许进口大豆的政策，降低了农民种植大豆的积极性，使我国大豆面积减少，也就减少了大豆种子的销售。因此，种子企业在市场推广时，分析国家的外贸政策和农业政策，分析地区的农业发展政策，有利于种子市场的开拓和稳定。

（3）农民经济收入与来源。农民经济收入水平影响购买种子的能力。一般来说，经济收入高的农民愿意花钱购买种子，甚至购买高价种子。笔者在四川平坝、丘陵和山区的调查发现，平坝和丘陵区农民家庭经济收入高于山区，购买种子数量、采用新品种的数量也高于山区农民家庭。同时，农民收入来源也影响种子的购买。以种植业和外出打工为主要收入的农民，喜欢购买新品种。

4. 科技传播与扩散　优良品种是农业科技传播的重要内容。品种传播包括种子销售和技术指导。在基层公益性农业推广机构健全、科技推广工作做得好的地方，在种子企业技术服务做得好的地方，农民采用新品种的积极性很高，有利于新品种的推广。如果种子企业重视品种的种子销售，轻视品种的技术指导，使一些良种缺乏相应的良法与之配套，不能在相应的田地上发挥应有的增产潜力，就会影响品种和企业的信誉。在商品经营上，售后服务是企业稳定和扩大市场的重要手段。在种子经营上，品种的技术指导和咨询服务是种子企业稳定和扩大市场的重要措施。

在一家一户的生产经营方式下，农业创新的扩散是新品种能够迅速推广的重要原因。农民之间在茶余饭后的闲谈聊天中，有意无意地介绍了他使用某个品种的情况，使该品种的信息得到扩散。许多农民常根据自己的实践来认识作物品种，不管种植的方式方法是否正确，只以种植结果为评判标准，结果满意就好，不满意就不好。笔者在农村调查发现，有个农民把一个产量高、需肥力强的某玉米品种种植在土壤瘠薄的坡台地，产量不如一般品种，便认定这个品种不好。因此，让农民正确掌握品种的使用条件和方法，可以减少农民对品种的不正确认识，减少不利信息的扩散，有利于品种面积的稳定和扩大，也才有利于种子销量的增加和市场的拓展。

5. 品种产品的用途与市场需求变化　作物品种产品的用途和市场需求变化影响该品种种子的销售和市场份额。我国农产品的商品化程度已达70%左右，大多农民购买种子是为了生产出市场需要的产品。不同品种的种子，其产品满足不同的社会需求。在粮食紧缺年代，社会需要较多的粮食，高产品种备受农民欢迎。在粮食有了保障和人民生活水平提高后，优质品种受到青睐。有些品种的产品是工业原料，工业产品市场需求的变化会影响原料需求，从而影响相应品种种子的需求。例如，高芥酸油菜品种的产品是工业上生产芥酸的原料，在国际市场对芥酸需求旺盛时，四川绵阳农民大面积种植高芥酸油菜品种，种子企业也为此而迅速扩大市场。而当国际市场对芥酸需求下降时，高芥酸油菜品种的面积又迅速下降，使开发经营高芥酸油菜种子的企业受到严重影响。种子企业在开发品种、开拓和扩展市场时，一定要注意该品种产品受市场影响的大小，判断对种子需求的影响和营利空间，以便作出科学的经营决策。

二、企业自身和经营产品分析

企业型推广组织不但要对影响经营传播的环境因素分析，还必须对自身以及要经营的产品进行分析。农业创新传播经营与一般商品经营的最大不同有两个方面：①它的技术性较强，例如种子尤其是杂交种子生产的技术要求高，必须符合国家种子质量标准；②产品是有生命或鲜活的，一旦生命力降低（如种子）或腐烂，产品的价值就大大降低。因此，企业型推广组织自身分析和经营产品分析的目的，是找出自己的优势和劣势，根据经营产品的特点，明确自己适合经营什么，不适合经营什么。下面以种子企业和经营种子为例，介绍其分析方法。

（一）种子企业的自身分析

种子企业的自身分析，主要分析自己有哪些优势和劣势，找准自己在市场中的位置，扬长避短，量力而行，寻求自己生存或发展的道路。例如，通过分析以后，可以决定自己是生产经营型企业，还是融选育开发和生产经营为一体的企业；也可以决定自己是加入大的种子集团，与其他企业或科研院校联合，还是独立发展，等等。种子企业自身分析的内容，主要有以下几个方面：

1. 地理位置 地理位置影响种子企业的种子生产、市场销售、交通运输、获取信息等各个方面。例如，县种子公司因在本县生产经营种子多年，在本县的种子市场竞争中，在生产、运输、销售等方面占有地利、人和的优势，外来种子企业要独立进入该县的种子市场，就必须发挥其他优势，如品种、价格、质量等。

有时种子企业所在地的地理位置还影响人们的信任度。例如，在一个偏远山区的种子公司，其经营规模、技术力量等方面常被人怀疑。而设在一些种子优势产区的种子公司，人们常因相信这个地方的种子而相信种子公司。现在，许多种子企业既重视自身的地理位置，也非常重视销售网点的地理位置。方便的交通条件和有利的生产条件，常是种子企业考虑地理位置的重要因素；用户的集中程度和易达性，常是建立企业销售网点的地理位置因素。

2. 品种选育与开发 根据种子法要求，种子企业必须有一个以上具有自己知识产权的品种。因而种子企业要生存，要么自己建立育种队伍，要么与育种单位联合，要么购买品种的知识产权。通过品种选育开发能力分析，可以确定自己是走哪条道路，是独立选育—开发，是联合选育开发，还是购买—开发。

3. 种子生产情况 主要分析企业种子生产技术力量、单产水平、总产量、质量、优势品种及产量，种子生产基地规模、土壤条件、灌溉条件、气候适宜性、基层干部和农民的积极性、种子回收率或流失率等。通过分析，明确企业种子生产量在经营量中的比重，有利于选择、建立和稳定种子生产基地，有利于根据市场需要，筛选种子产量高和易于生产的品种。

4. 仓储加工条件 包括企业普通仓库容量、低温仓库容量和有效使用情况；可周转借用的仓库情况；企业种子清选和精选设备、包装运输条件等。仓储加工条件是种子经营的基础设施。这些条件可以影响企业的生产和经营规模、经营策略、经营利润以及在市场中的竞争力。例如，在种子量供大于求的年份，是低价倾销，还是将多余种子仓储。如果没有低温仓库，大多作物种子第二年的发芽率将大大降低，严重影响种子质量，甚至不能作种。在过去，不少种子企业因此而使大量陈种转商。

5. 种子经营成本 包括企业生产成本、仓储加工运输成本、销售成本等。由于技术、规模、气候、土地土壤、灌溉、农村劳力和素质、社会经济等条件的差异，不同地区、不同企业间同一作物或同一品种的生产成本差异较大。如果一个企业对同一品种的生产成本明显高于同一地区该品种种子的平均成本，该企业就没有生产该品种的必要。例如，四川许多种子企业在川生产玉米杂交种子的成本，大大高于在北方生产成本，通过分析后，有的企业在北方建立生产基地，有的委托北方种子企业生产。

另外，仓储、加工、运输、销售成本对品种和企业利润也非常重要。利润＝收入—成本，而边际利润＝边际收入（价格）－边际成本。要使种子企业（或某一品种）保持一定的边际利润，又要使价格有一定的竞争力，必须降低单位种子量的成本（边际成本）。

6. 销售条件 主要对现有销售力量、销售渠道和网点的稳定性、市场份额等进行分析。在直接种子市场垄断的年代，许多县种子公司生产的种子不愁销路，因而对种子销售不大重视。现在，直接市场和间接市场全面放开，企业市场推销能力是企业市场竞争力的一个重要标志。因而一个种子企业要分析自己的市场销售条件，如销售人员的数量和能力、公共关系状况、现有销售网点、潜在销售网点和数量等。由于种子生产和销售的时间差异较大，不少种子企业，特别是一些新办企业，为了降低人力成本，不少员工生产中是技术员，生产后是销售员。实际上，种子生产和销售需要不同的技艺，一个种子企业应该分别有研究生产技术和研究销售艺术的专门人才，以他们作为生产和销售的骨干力量，再临时调配其他人员作为辅助力量。

7. 品牌与信誉　企业品牌和品种品牌是种子企业竞争力的重要标志。种子企业品牌与该企业新品种开发、种子质量、履行合同情况、广告宣传、售后服务、银行信用和市场信誉等密切相关。品种品牌受品种本身产量、品质的影响，也受种子企业的影响。一方面，不少企业愿出高价购买产量高、品质好和权威专家的品种，通过品种本身的名气来创建企业品牌。另一方面，也有企业通过保证某品种的质量、提高单产水平、扩大生产规模、稳定价格、保证供给等手段，培养该企业的品牌品种。通过品牌品种来提高企业的信誉。通过品牌与信誉分析，选择企业树立品牌和建立良好信誉应走的道路。

（二）经营产品分析

1. 经营产品是种子还是品种　种子企业经营的产品是种子还是品种？购买者与经营者对此也许有不同的认识。对农民而言，有些农民认为他买的是种子，品种是什么并不重要，特别是在不知道哪个品种较好的情况下，对种子本身（色泽、大小、饱满度、净度等）比较重视。因而这些农民常常不知道所购买品种的名称。在品种和价格相同的条件下，如果农民对种子生产经营企业没有偏爱，选择的常常是种子本身的外观质量。但是，由于农业科技推广、农民素质的提高和品种宣传增加，越来越多农民关注的是品种，他们不是哪个种子好就买哪个，而是哪个品种好就买哪个，选择的是适合需要的品种，即使价格高一些或质量差一点，他们也愿意购买心目中的品种，注重品种本身的特征特性。

对种子企业而言，经营传播的产品主要是品种而不是种子，种子不过是品种的载体。种子企业主要看重的是一个品种有无市场和市场大小，有市场而市场潜力大的品种，才会受到种子企业的青睐，因而许多种子公司宁可高价购买市场前景好的品种使用权，也不低价购买市场前景差的品种使用权。当然，品种由种子承载，一个品种的制种产量低，边际生产成本太高，种子质量难保证，对品种本身的推广也会产生负面影响，这是种子企业也应该考虑的问题。

2. 品种的概念和适应性　品种是一种经人工选择培育形成的适合一定地区生态条件、生产条件和市场需求的，具有一定经济价值、遗传性状比较一致的作物群体。任何一个品种都有其自身的适应性。品种适应性是指生态适应性、生产适应性和市场适应性的统一体。

品种的生态适应性是指一种基因型所组成的群体对生态条件（气象、土壤、病害等）变化的自我调节能力。自我调节能力强的品种适应的生态幅度宽，自我调节能力弱的品种适应的生态幅度窄。如水稻汕优63、玉米中单2号，适应的生态幅度宽，而许多地方品种适应的生态幅度窄。

品种的生产适应性是指品种对一个地方的耕作制度（熟制、复种方式等）、播种季节、播期早迟、肥水条件（施肥水平、方式、习惯，灌溉水平等）、栽培管理等生产措施的适应性能。实践表明，有些品种的生产适应性较强，有些品种的生产适应性弱。根据品种对肥料的反应把品种分为高产性大，对施肥量反应小的品种；高产性小，对施肥量反应性大的品种；还有两者都大或两者都小的品种（唐永金，1996）。在四川，有些玉米品种可春播也可夏播，产量都很高，而有些品种春播产量高夏播产量低，或者夏播产量高春播产量低。

品种的市场适应性是指一个品种生产出的产品满足农民需要（消费量、消费爱好、消费方式等）和市场需要（食用、饲料用、工业用、特用、专用等）的程度。比如，高芥酸油菜品种，适合于特定的工业用途，相对于整个品种需求市场而言，它的市场范围较窄。总之，种子作为生产资料性商品，它与生活资料性商品的最大不同点在于，使用者购买种子在于生产出使用者需要的产品，而产品是否满足使用者的需要，又决定于品种的市场适应性。

3. 品种选择 种子企业在选择品种时，可以从4个层面来考虑，即选择作物、选择品种类型、选择品种和选择品种价位。

（1）选择作物。一个种子企业在选择经营产品时，首先要根据市场有效需求情况，结合自己科研育种、生产技术、资金设备、加工仓储等条件，决定需要开发推广的作物。这是一个战略性定位。有的种子企业经营一种作物种子，有的经营多种作物种子。一般而言，经营一种作物种子，专业化较强，更易增强人们的信任度，适合于中小型种子企业；经营多种作物种子可以降低市场推广和销售成本，适合于大中型种子企业。不少种子企业先经营一种作物，把这种作物做好、做强，在企业信誉、销售网点建立起来，以及资本雄厚以后，再开发推广其他作物品种。

（2）选择品种类型。在作物确定以后，要确定开发推广品种的类型，如是通用型还是专用型，是早熟、中熟还是晚熟，是适合平原、丘陵还是山区，等等。一般来说，大型种子企业多开发推广生产上使用面积大的品种类型，中小型种子企业多开发特色品种、特用或专用品种、使用面积小或适应范围较窄的品种类型。

（3）选择品种。在品种类型确定后，要广泛收集信息，分析同类型中现有使用品种、正在开发品种、有待开发品种和即将通过审定品种的特征特性、优点缺点、市场大小和潜力等。分析的主要内容包括：①品种遗传稳定性，包括一代种和亲本的纯度、特殊气候条件下的变异性等。②品种的产量和品质，主要同推广使用区大面积主推品种比较；③品种产品的用途；④品种的生态、生产适应条件；⑤种子繁殖产量和成本；⑥品种的可能推广地区和市场份额；⑦品种的营利前景。

对种子企业而言，不是每个审定品种都有开发推广价值，因而选择开发推广品种，特别是重点开发推广品种应该十分慎重，一般要作好可行性分析。有些没有育种力量的种子企业在获得品种使用权方面显得饥不择食，但花了大量资金和人力不能将品种开发推广，其主要原因在于品种本身。因而品种选择及其可行性分析工作十分重要。

随着市场经济的深入发展和种子法的全面实施，种子市场由县级公司的行政垄断（行政区域内的统一供种和监管控制），转化为不同公司间的品种垄断。根据我国植物新品种权利保护法规，品种垄断是合法的，它将成为种子企业占领、扩大市场空间的重要手段。因而垄断性品种之间的竞争，是种子企业竞争的新特点，所以许多种子企业非常重视品种及品种类型的选择。不过，由于新品种的选育起点相同，采用的育种方法相差不大，品种资源的特殊遗传基因一经利用，会很快扩散，因此品种垄断会因新的品种不断涌现而被削弱。所以，一个种子企业在选择、确定、得到一个品种使用权以后，要加快开发推广力度，使之迅速占领市场。不然，更新、更好品种的出现，将会代替原来的新品种，使原有品种“过期失效”。在实践中，有些种子公司重金购买某个品种几年的使用权，但因开发推广不力或更好品种的出现，其难以在短时间内占领市场和获取利润，失去了品种垄断竞争的作用。

（4）选择品种价位。在种子市场推广中，品种价格是买卖双方争论的重点。因为质量可以用国家标准检验，商量讨论的余地较小，而品种价格关系到买卖双方的边际利润（假设买方是间接用户），直接影响交易能否正常进行。因此，许多种子企业把品种的价格定位作为占领市场、获取利润的重要手段，也把价格的调整作为推销策略。品种价格定位一般有三种方式：抬高价位、降低价位和随行就市。

抬高价位适合的条件是：特色品种、特用品种或新品种，没有竞争对手；使用者对价格不敏感，需求弹性小，高价不导致需求量减少；品种能满足使用者特殊需要。抬高价位的主要优点是：可迎合用户求新的心理，创造品种价高质优的品牌形象；较快收回对新特品种的开发成本和获取利润；先高价再降价，易为用户接受，能吸引更多的潜在用户，可保持企业的竞争力。抬高价位的主要缺点是：不利于新品种迅速占领和扩大市场；先高价后降价，对企业形象有一定的负面影响。

降低价位的适用条件：现实竞争和潜在竞争十分激烈的品种；需求弹性大，用户对价格比较敏感；企业希望扩大市场。降低价位的主要优点：有利于迅速占领、扩大和稳定市场；价低利微，使竞争对手知难而退。降低价位的主要缺点：容易导致价格战，使市场不稳定，有亏损的风险；会给用户留下价低质差的不良印象。

随行就市是根据类似品种在市场的价格行情，同时考虑竞争对手和自己的成本利润来确定新品种的价格。这是一种相对稳妥的定价策略，许多企业采取这种定价方式。

三、市场分析与定位

市场有广义和狭义之分。广义市场是指一定经济范畴下社会交换供需关系中交换关系的总和。狭义市场是指一定时间、一定地点，进行商品交换的场所。农业创新经营传播的市场有直接市场和间接市场。直接市场是指直接将经营产品销售给使用者的市场，如将种子、肥料、农药等农资产品直接销售给农民；间接市场是指在经营产品的流通过程中，不直接销售给使用者，只是实现经营产品在空间、时间上的转移，达到买卖目的的市场，如将种子销售给其他种子公司。农业创新市场分析主要是对需求市场进行细分，确定目标市场、市场需求量分析、竞争对手分析和市场定位。

（一）市场细分

市场细分就是分辨具有不同欲望和需求的顾客群，把他们加以归类的过程。农产品市场可以根据人们的生活消费需求进行市场细分，而农资及种子市场要根据农民的生产需求进行细分。

根据农业生产的特点，农民生产需求的市场分解的方法主要有：①按行政区域分解。大体上讲，不同行政区域的生态生产条件差异相对较大，同一行政区域的差异相对较小。同时，按行政区域分解，便于资料收集和市场管理。可以分析不同省、市、县主要需要哪些作物品种、肥料、农药等。②按生态区域分解。不同生态区域对农业生产资料及作物品种的需求影响很大。主要分析不同地形、地貌、纬度、海拔、气候、土壤等生态区域适宜的农资类型。例如，在低温冷凉地区，作物保暖栽培需要地膜较多，潮沙土需要钾肥较多，紫色土需要磷肥较多等，不同生态条件需要不同的作物品种类型等。③按农业生产条件分解。农业生产条件影响农业生产资料及作物品种的需要类型和数量。主要分析各地社会经济发展水平、灌溉条件、耕作制度、施肥水平、栽培管理和收获方式等适宜的农资类型和品种类型。例如，在干旱而没有灌溉保证的地方，就需要抗旱性强的品种。④按用户分解。就是把用户对农资及种子的需求购买特点分类，分析一个类型的农业生产资料适合于哪些类型的用户。

（二）目标市场

目标市场是指在市场细分的基础上，企业所确定的为之服务的最佳细分市场。企业的一切营销活动都是围绕目标市场进行的。选择和确定目标市场，明确企业的具体服务对象，关系到企业任务、企业目标的落实，是企业制定营销策略的首要根据和基本出发点。

目标市场的确定，是在几个值得占领和可望占领的细分市场中进行的。因此，目标市场的确定，就是对几个希望成为企业目标市场的细分市场进行分析和评估，然后根据企业的营销目标和资源条件选择最佳的细分市场的过程。确定目标市场要考虑以下几个方面：

1. 市场规模和增长潜力 分析评估细分市场的规模和潜力，首先要调查细分市场的使用数量，它是构成市场容量的基础，如耕地面积、某种作物面积、某类土壤面积等；其次要调查细分市场内的购买力水平，因为市场需求具体表现为有支付能力的需求，即农民经济收入水平与购买农资及种子经济实力及其增长情况。市场增长潜力的大小，关系到企业销售和利润的增长。其衡量指标是市场潜力，即指一定时期内，在消费者愿意支付的价格条件下，经过一定的营销努力，该产品在该细分市场上的全部潜在使用者需求总量。

2. 市场吸引力 市场吸引力主要指长期获利的大小。一个市场可能具有适当规模和增长潜力，但从获利观点来看不一定具有吸引力。衡量指标是成本和利润。决定细分市场是否具有长期吸引力的有5种因素：现实的竞争者、潜在的竞争者、替代产品、购买者和供应者。企业必须充分估计这5种因素对长期获利造成的威胁和带来的机会。

3. 市场特征与企业优势 企业对各细分市场要用易于识别和划分的细分标准来描述，目的是使各细分市场的特征明确具体，并借以分析出各细分市场上的使用者对产品、价格、渠道和促销方面的要求。然后，结合企业的优势来选择细分市场。

企业所选择的目标市场应该能充分发挥自身优势。企业的能力表现为技术水平、资金实力、经营规模、职工素质、管理能力、地理位置和气候条件等。所谓的优势是指企业的上述各方面能力较竞争者略胜一筹。如果企业选定的细分市场的特征与自身特有的优势无缘，轻者是即使企业能够在其中生存发展，也会造成很大的无形浪费；重者是无法在其中站住脚，最终被逐出该细分市场。

（三）市场需求量分析

市场需求量影响企业型推广组织的潜在经营规模和潜在营利水平。对农资及种子的需求量，可以根据耕地面积、不同作物面积、不同土壤类型面积进行推算。例如，以某个省作为目标市场，根据该省水稻面积和单位面积用种量，可以推算该省的水稻种子需求量；根据该省某类土壤的面积、该土壤单位面积缺少某种元素的数量、作物产量水平、单位产量需要该元素的数量，可以推算出该省需要这种元素的数量，再根据某肥料含该元素的情况，估计出该省需要某肥料的数量。当然，这种需求量是一种潜在需求量，在实际中要经过一些典型调查，确定潜在需求量和有效需求量的关系。有效需求量可以看成是实际购买数量及其增长趋势，一般小于潜在需求量。同时，在农资及种子的经营中，市场需求分析是在市场环境调查数据的基础上进行的，不能凭空想象，也不能按照生活资料需求和工业生产资料需求量分析方法来估算和分析。

（四）竞争对手分析

在分析了市场需求量以后，要分析现在有哪些企业在目标市场上经营，他们就是竞争对手。分析竞争对手，可以起到知己知彼、百战不殆的作用。下面介绍一些种子企业竞争对手的分析方法。

一个种子企业的竞争对手主要是指在同一市场中推销同种作物和同种品种种子的其他种子企业。根据对手与自己经营种子的相同情况，主要就三个层面进行分析：①同一作物相同品种的种子，这是竞争最激烈的层面，须经企业品牌、信誉、质量、价格等手段战胜对手；②同一种作物不同品种的种子，这是竞争比较激烈的层面，可以通过品牌品种、新品种、紧俏品种等参与竞争；③同类不同种作物的种子。这也是有竞争的层面。例如，同是豆类作物的蚕豆和豌豆，它们在同一季节生长，如果用户以青籽粒为收获对象，若蚕豆种子价格太高，他就可能买豌豆种子代之。

在竞争对手分析时，既要分析现实对手，即已经与你竞争的对手企业，又要分析潜在对手，就是具备了开发推销同种作物种子的企业。具体分析内容包括以下几个方面：

1. 竞争对手的业务偏好　由于种种原因，不少种子企业在发展的过程中形成了某种偏好或特点。例如，有些种子企业经营的作物多，每个作物的品种不多；有的企业经营的作物少，甚至只有一种作物，但该作物的品种较多；有的企业喜欢经营某一类型品种，而不喜欢其他类型品种；有的企业喜欢经营某一育种单位的品种，而不经营另一育种单位的品种；等等。通过调查了解对手企业的业务偏好，分析产生偏好的原因，对症下药，寻求增强自己竞争力的对策。

2. 竞争对手的地区策略　不少种子公司，特别是大中型种子公司，往往有自己稳定的地区市场，也有正在加速推广和占领的市场，还有准备进入的地区市场。由于作物及其品种的适应性特点，在自然生态、农业生产、社会经济和人际关系等条件不同的地区，对不同的种子企业有不同的吸引力；地区市场的大小和发展潜力、种子市场竞争特性、种子市场的政策和监管控制状况等，都对开拓某地种子市场有影响，从而影响一些种子企业的地区策略。通过竞争对手地区策略分析，寻求对手尚未占领的地区市场，或尚未完全占领的市场空间。

3. 竞争对手的企业性质和管理决策机制　在我国，种子企业的性质和类型是不完全相同的。从所有制性质看，有民营种子公司，国有控股种子公司，科研单位和农业院校经营或控股的种子公司（多是国有），中外合资种子公司等。根据公司法分类，有有限责任公司、股份有限公司等。目前我国许多地方实行了市县种子公司的所有制转变，即由国有国营公司转为股份制公司，但还有许多尚未转制，尤其是在山区县。总体上讲，我国目前还有许多种子企业在所有权、人事财务权、经营决策权还受制于地方农业局或科研单位及农业院校，不是完全独立的经济实体。因而我国种子企业是不完全平等的市场推广主体，种子市场的竞争是不完善的市场竞争。由于不同种子企业的性质、类型等不同，企业的决策机制、管理方式方法、经营战略与策略差异很大。例如，股份公司的决策机制与非股份公司就不同。通过分析，认识对手在企业性质和管理决策机制等方面的长处和短处，寻求可乘之机，挤进被对手已经占领的市场。

4. 竞争对手的主导策略 种子企业的主导策略是指企业在市场推广时能统领其他策略的策略。可以从三个方面寻找竞争对手的主导策略。

（1）是否以品种为主导。品种主导策略表现出5种形式：①品牌品种主导；②特色品种主导，如适合于特定地区或区域；③特用或专用品种主导；④多品种主导；⑤系列化品种主导，如玉米的掖单系列等。

（2）是否以市场推广为主导。是否进行大量广告宣传？是否有公关促销活动？如开展种子生产田间考察、新品种展示评价、种子交易订货、组织用户联谊、免费提供试用种子等各种活动。是否有强大的销售队伍和市场推广力量？是否建立了强大而稳定的销售网络？等等。

（3）是否以生产为主导。分析对手种子生产技术创新能力，种子单产水平和生产规模，种子质量水平与稳定性等。有些种子公司的生产技术创新能力很强，因制种产量低而被其他企业放弃的杂交组合，这些企业可以很容易地生产。同时，以生产为主导的企业非常重视种子质量，把质量作为企业的生命，以质量求信誉，以稳定的高质量作为占领和扩大市场的重要手段。

（五）市场定位

市场定位，就是决定企业相对于竞争者在目标市场上处于何种位置。市场定位可以从企业在顾客心目中的形象反映出来。市场定位和产品定位是既有联系又有区别的。市场定位是以企业整体来考虑在市场上所处位置，它包括企业产品定位和企业形象定位。如某种子公司以生产经营山区杂交种为主，这就是企业的产品定位；种子质量好、品种新、价格中上、信誉佳，这就是企业形象定位。企业作出市场定位决策后，要注意大力开展广告宣传，把企业的定位观念准确地传播给潜在购买者，与目标市场充分沟通。

企业的市场定位是在对用户有充分的分析，对竞争对手有正确的了解，对企业自身评价之后作出的抉择。市场定位的策略基本上有三种：

1. 填空补缺式 寻找新的尚未被占领，但为许多用户所重视的位置，即填补市场上的空位。填空补缺式的明显优势是企业可以避开激烈竞争的压力，但必须弄清三个问题：①这一目标市场空白区是否有相应数量的潜在消费者。②企业是否有足够的技术力量去开发目标市场空白区的产品。③企业开发新产品以填补市场空位，经济是否合算。例如，在国内水稻种子市场竞争激烈的情况下，不少大型种子企业纷纷把东南亚某个国家作为自己的目标市场。再如，在普通玉米品种竞争激烈的条件下，某种子企业定位于生产经营特用玉米品种。

2. 针锋相对式 这种策略是把目标市场定在与竞争者相似的位置上，同竞争者争夺同一细分市场。实行这种定位战略的企业，必须具备以下条件：①能比竞争者经营的品种更好；②该市场容量足够吸纳两个竞争者的产品；③比竞争者有更多的资源和实力。

3. 另辟蹊径式 这种策略是指企业在实力不太雄厚、难以和强大的对手抗衡时，可根据自身特点和优势，在产品某种属性上取得领先地位，强化宣传自己与众不同的特点。例如，在平展型玉米品种竞争激烈的条件下，某种子企业定位于生产经营紧凑型玉米品种，以此在全国独树一帜。

四、市场营销

一个企业型推广组织在市场定位后，就要进入市场。在市场中，主要有三方面的工作：①写好产品说明书，便于用户认识和使用；②建立和发展销售渠道，形成自己的销售网络；③市场促销推广，迅速扩大自己产品的市场份额。

（一）写好产品说明书

产品说明书既是生产企业介绍和宣传产品的重要媒介，又是用户认识和正确使用产品的指导书。

1. 功能和结构规范　产品说明书的主要功能是介绍产品，服务用户，“向消费者传递产品信息和说明有关问题”。产品说明书主要分为系列产品说明书、产品安装使用说明书和使用说明书。系列产品说明书多为生产型号、规格齐全的工业系列产品的厂家采用。安装使用说明书的功能是向用户介绍安装方法和使用知识。使用说明书的主要功能是向用户介绍产品的用途、规格、质量、性能、使用方法等。农业创新经营传播的产品说明书多是使用说明书。

产品说明书的形式要素及其组合方式有以下特点：多用序号、小标题、提要等形式使说明的条理更清晰；主要规格、技术参数多用表格；安装接线原理、使用方法常附以示意图。出口产品要有中英文对照文本。

封面。有品牌、商标、批准专利号或品种审定号、企业建筑物、产品或获奖证书彩色照片、生产单位等项。

概述（前言）。主要是介绍生产企业的发展史、年产量、品牌的种类、市场定位、信誉保障以及其他优势等。

目次或目录。使用说明书若章条太多，应有目次、目录。

正文。主要是介绍产品的结构特征与工作原理、技术特性、使用方法及注意事项等。

套装明细表。农业机械等成套产品开列出一份清单，以供用户清点，防止丢失。

附录。附上与产品有关的图表、照片、需说明的特殊问题。

封底。应有法人代表、生产许可证标记和编号、企业名称、企业地址、电话、传真、电报挂号、邮编、开户银行、账号等。

2. 写作过程及方法　产品说明书写作过程最关键的一环是要熟悉产品的型号、规格、技术性能、指标参数等，同时，要针对用户可能担心、可能遇到的问题，确定解疑释惑的事项，用简洁明了的方法说明。

（1）产品说明书写作目的和主题的优化方法：①要分析产品特点，确定主攻方向。可与同类产品比较，确定其优势，把新产品的优越性作为说明的重点或主题。②分析消费者心理，把消费者最关心、最迫切了解的内容作为说明重点或主题。③分析市场走势，适当加强对行情的分析和说明，也切合消费者的需要。

（2）产品说明书的材料定位分析方法：①学习和借鉴有关的产品说明书，结合自己的实践经验，列出能充分表现主题的典型事例。②写作时要随时修正预想的误差，不断完善对材料的定位分析。

(3) 平易近人解说法。产品说明书的风格应平易近人，即用最直观、最简洁、最平实的语言、符号、代号、图表解释介绍产品的特点、功能、用法及厂家的承诺等。平易近人的解说方法有两种构成模式：①首先介绍产品的特点，其次介绍使用方法和承诺，步步深入，有条不紊；②先抓住用户最为关切的问题，推出承诺，先声夺人，再介绍产品的特点，使用方法，引人入胜。

(4) 常用的说明手法：①用技术参数说明。如单位面积产量，增产百分率等。②用示意图说明，如抗病、抗虫情况的图片。③承诺说明，用户最为关心的是产品的质量是否可靠，要有使用户相信的承诺，才能赢得用户的信赖。

3. 作物品种说明书的写作方法 作物品种说明书是农业创新经营传播最常见的产品说明书，它有两种写作方法：详写法与简写法。

(1) 详写法。详细介绍以下几个方面：①来源情况，包括品种名称及来源，如选育单位、生产单位、亲本名称、审定单位、审定时间、审定号等。②特征特性，包括生育期、农艺性状、品质、抗病抗虫性、抗旱性等。③产量表现，包括区域试验及生产示范地点、年份、产量、比对照增产情况等。④适宜区域，根据区域试验和生产试验在各地的表现及品种特点，推荐适宜使用区域。⑤栽培技术，包括播种期、密度、种植方式、施肥种类和数量、病虫防治方法等。⑥经营单位及其联系方式。详写品种说明书主要用于报刊、小册子等媒介宣传。

(2) 简写法。简写法的内容集中在与生产关系密切的品种名称及审定号、主要农艺性状、主要品质、产量表现、适宜地区和栽培要点、经营单位及联系方法。简写法是用得最多的品种说明书写作方法。多以品种简介的方式印制好后放入包装袋中，或者直接印在种子包装袋上，也用于明白纸、黑板报等媒介宣传传播。下面是北京中农种业有限责任公司河北分公司一个棉花品种的简写方法，经营单位及联系方法略。

GKZ41（邯杂 306，冀审棉 2005002）

该品种生育期 129 天左右，属中熟偏早类型。株高 82.6cm，单铃籽棉重 5.9g，衣分 42.1%，霜前花率 94.%。高抗枯萎病、高耐黄萎病。绒长 29.0mm，比强度 29.8cN/tex，麦克隆值 4.4。

2002—2003 年区域试验和生产试验中，籽棉和皮棉产量较对照品种增产 50%左右，产量和品质各项指标均名列同组区试和生产试验材料中第一。适宜在河北省及类似棉区推广种植。

该品种只能种植杂交种一代。播种期：地膜棉田 4 月 20 日左右，平播棉田 4 月 25 日左右。种植密度：一般棉田3 500株/667m^{2}左右，高肥水棉田2 500～3 000株/667m^2。施足底肥，粗肥为主，化肥为辅，全生育期进行化控。及时防治棉铃虫以外的其他害虫。

（二）建立和发展销售渠道

根据农业创新经营传播产品的特点，一个企业型推广组织可以通过经销、代销和直销的方式建立和发展自己的销售渠道。

1. 经销 经销是经过销售商的销售产品的方式。例如，种子的经销商是指专门从事种子交易业务的种子公司或零售商。他们在种子的买卖过程中拥有种子所有权。我国许多大中型农资及种子企业，他们的产品质量高、信誉好，多采取此方式销售。

与代销经营相比，经销商对产品的买断经营在处理生产企业与中间商关系方面，具有以下优势：①有利于产销双方共担风险、优势互补。各地的商家与消费者更近，更了解本地区的消费水平、结构、消费变化与市场行情，而在经销中，商家需要承担风险，所以会积极地推销商品，而且会给生产企业提供有利的有关市场变化的情报信息，使生产企业更准确地把握市场机会，同时，也把生产企业从退货压力下解放出来，可以集中精力研制生产更利于商家销售的好产品。②减少三角债发生，加速资金周转。经销意味着生产企业无需为商家垫付流动资金，避免流动资金膨胀；而经销商购进货物时，一般被要求“及时付款”“钱货两清”。这样在一定程度上避免了企业之间相互拖欠和三角债的发生，加速了资金的周转，提高了企业的运营效率，实际上对产销双方都有好处。

2. 代销　代销是通过代理商从事产品的销售业务。代理商是一种独立的中间商，受托负责代销生产企业的全部产品，不受生产企业的限制，且有一定的售价权。但一个生产企业，在一个地区只能委托一家销售代理商，即销售代理商是生产企业的全权独家代理，就是生产企业本身也不能在该地区再进行直接的销售活动。因此，销售代理商要对生产企业承担较多的义务，这一般在代销协议中有严格的规定。代销的优点是能在一定程度上开拓新市场，缺点是资金回收慢，或收款困难。农资及种子企业在开拓一个新市场时，常委托当地农资及种子企业代销，待产品在当地站稳市场后再采取经销的方式。

在作物种子经营中，有一种与代销相反的经营方式，即代生产。例如，四川许多地方生产玉米杂交种的成本高，不少种子企业委托北方一些种子公司代为生产，然后在四川销售。

3. 直销　直销是生产企业不经过中间商，直接将产品销售给消费者。对种子企业而言，直销就是将种子直接销售给农民。企业型推广组织常采用以下直销形式：①建立直销网点，如在企业附近或在推广地区建立自己的零售点。②电话信函销售。有些新兴微肥、小粒种子（如蔬菜、油菜种子等）等可以采取电话信函的方式，直接销售农民。③网络直销。对价值高、用量少的农资产品，如蔬菜种子、微肥等，企业型推广组织可以通过网络将其产品直接销售给使用者。

（三）市场促销推广

企业型推广组织在建立好销售网络后，要采取措施促进销售、扩大市场占有率。一般采取的措施有，产品包装促销、会议与展示促销、人员促销和广告促销。

1. 产品包装促销　包装是产品的外在形象，一个好产品如果没有与之匹配的包装，就好像缺少合适的服装，难以引起消费者的注意。良好的包装包括以下几个方面：①不同档次的产品，有不同的包装设计和包装形式。例如，高档农产品设计优美，多采取真空包装。②不同规格有不同的包装设计和包装形式。例如大宗种子销售，采用结实、防潮的麻袋等包装，而卖给农户的种子以适用、方便、美观的塑料袋包装。而且，越是量少价高的产品或种子，设计越是精美，包装越是考究。

2. 会议与展示促销　会议与展示是指企业型推广组织邀请经销商参加由企业组织的年会或新产品展示会，以此传递产品信息、加强交流沟通。参加的经销商可以是老客户，也可以是准备开拓区的新客户。种子企业的会议与展示一般同时举行，多在新品种优越性表现最突出时，让客户参观评价；也可邀请经销商参观新品种研制基地、种子生产基地和生产情况、种子加工和仓储设施。通过会议和展示，显示企业的实力，增强经销商尤其是拟推广区经销商的信心，有利于增加了解、增进友谊，稳定和扩大市场。

3. 人员推销 是企业的销售人员与拟推广区的经销商有关人员，通过人际接触的方式来进行市场推广、促进销售的方法。在农业创新经营传播中，人员推销属于人际传播的方法，但传播的对象一般不是农民而是经销商。通过人员推销，宣传和扩大企业的影响，了解客户的需要，解答客户的疑问，增加客户的信任。因此，对推销人员具有以下要求：①扎实的产品知识。对推销的产品（如品种）要了如指掌，对类似产品的优缺点也要心中有数，才能满足目标用户的深度咨询。②察言观色，灵活机动。推销人员在与用户接触时，应能在尽量短的时间内基本判断用户的个性特征和主要疑问，满足用户的需求。③善于言辞，具有较好的语言表达能力。交谈、介绍是推销活动的第一步，融洽的交谈往往意味着推销成功了一半。善于言辞的推销员，能促进推销的顺利进行。④熟悉行情，具有职业敏感性。推销人员应当熟悉行情，善于捕捉各种有关的市场信息，并能从纷繁的市场信息中识别出对本企业最有价值的部分，加以有效地利用。这就要求推销员应当思维敏捷，具有高度的职业敏感性，时时留心，处处留意，建立十分广泛的信息源，有的放矢。

推销人员能力的高低，除与自身的素质有关外，还与其能否掌握与运用一定的推销策略有关。一般而言，推销人员常用的策略主要有：①试探性策略。是推销人员利用刺激性的方法激起客户的购买行为。通过事先设计好的能够引起客户兴趣、刺激客户购买欲望的推销语言，投石问路地对客户进行试探，观察反应，然后采取相应的措施。因此，运用试探性策略的关键是要能引起客户的积极反应。②针对性策略。是通过推销人员利用针对性较强的说服方法，促成客户购买行为的发生。运用针对性策略的关键是要使客户产生强烈的信任感。因此，推销人员在已经基本了解客户某些方面需求的同时，言辞恳切、实事求是，有目的地宣传、展示和介绍商品，说服客户购买，使客户感到推销人员的确是真心为自己服务，从而愉快地实现其购买行为。③诱导性策略。是推销人员通过运用能激起顾客某种欲望的说服方法，诱导客户采取购买行为。运用诱导性策略的关键是推销人员要具有较高的推销艺术，能够诱发客户产生某方面的要求，然后抓住时机，运用鼓动、诱惑性强的语言，介绍商品的效用，说明所推销的商品正好能满足顾客的要求，从而诱导顾客购买。

4. 广告促销 广告是企业与用户和公众展开说服性沟通的工具。广告的形式多种多样。首先，报纸、刊物、电视、电台、互联网等传媒是广告的主要类型。其次，提供赞助以获得一些知名活动的冠名权是十分有效的手段，而户外广告也是众企业型推广组织常采用的形式。

（1）广告策略。企业常用的广告策略有：①产品策略。广告宣传必须突出产品的个性或特点。②市场策略。一般说来，无差别市场的广告策略多适用于刚上市的、供不应求的、无竞争对手的新产品；差别市场的广告策略多适用于成长期、成熟期、竞争激烈的产品；集中市场广告策略多适用于经济实力有限的中小企业，这样可以把有限的广告经营费集中用在特定的目标市场上，以便充分发挥自身的优势。③广告的媒体策略。企业应根据自身的状况来合理地选择适当的广告媒体，这就叫广告媒体策略。选择广告媒体的基本原则是：1）要根据企业的实际和产品状况，以最少的广告费用，来实现最佳的广告宣传效果；2）要知道广告宣传的公众范围；3）市场状况；4）产品特点；5）广告媒体费用。④广告的发布策略。指广告发布的具体时间、频率、版面的安排艺术。单从广告发布的时间策略来分析，它主要包括集中时间策略、均衡时间策略、季节时间策略、节假日时间策略等。⑤广告的表现策略。目前常用的策略主要有：利益、情感、观念、生活、名人、权威、激将等导向策略。常用的表现手法主要有：直接写实、示范表演、对比、衬托、比喻想象、文艺表演等手法。一则广告采用何种表现策略和表现手法，要根据广告目的和产品的特点而定，不能随意进行。

（2）科技广告的特点。农业创新传播的广告多是科技广告，科技广告的主要功能是宣传科技成果，传播科技信息，推销科技产品，促进科技成果转化为社会生产力。农业创新经营传播的科技广告主要有科技信息广告、科技成果推广广告、科技产品销售广告、科学实用技术转让或传授广告等。科技信息广告一般用于发布通过审定或鉴定的阶段性成果，其功能类似新闻的消息，旨在引起社会关注，为今后的推广打下良好的基础。科技成果和科技产品的技术转让与销售广告是科技与经济活动中分量较大，使用频率较高的两种。其功能重在推介科技成果或产品，促进转让、销售与推广，以获取经济效益。科技广告根据不同媒体、不同形式还可分为实物（模型）广告、印刷品（图文）广告、电子（音像）广告、路牌（图文）广告等。

科技广告要求格调高雅，不以媚俗、低级趣味诱发兜售，具有思想性；不夸大其词，不弄虚作假，具有真实性；文字简练，篇幅小，具有浓缩性；图文并茂，生动有趣，具有艺术性；创意新颖，不落俗套，具有创造性；启发思考，刺激消费，具有鼓动性。要以明快的主题为灵魂，抓住科技成果或科技产品高、大、精、尖、名、优的特色加以渲染，宣传鼓动。

科技广告的形式特点是有醒目的标题，有简洁的正文和清晰美观的图画，有便于联系购买的随文事项。

科技广告的标题是科技广告的生命，标题有吸引力、诱惑力、震撼力才能抓住读者。科技广告的标题丰富多彩，主要有以下几种：①新闻式。如“中国西安种子交易会将于8月下旬在西安召开”。②直叙式。如“痛杀害虫，决不留情”（农药广告）。③祈使式。如“不要等收购完了才发现水分过高……现在就用××数显插杆式水分快速测定仪”。④悬念式。如“一种不生虫的棉花”（抗虫棉广告）。⑤提问式。如“水稻得了黑粉病怎么办?”（农药广告）。

科技广告的正文是科技广告的中心内容，是对标题的阐明与深化。其形式主要有陈述体、论证体和描述体。陈述体采用平铺直叙的手法，科学、准确地推广介绍科技成果、产品或技术。论证体往往借用权威人士的评价、鉴定结果、获奖证书、消费者的书信等论据证明科技成果、产品或技术的可靠性和先进性。描述体多采用情景交融的艺术手法，借助形象的语言描绘科技成果、科技产品或科学技术的形态特征，使人如临其境，如见其形。

科技广告的随文事项主要是经营单位及联系方式。

第三节　农业创新经营传播类型

农业创新经营传播的类型丰富多样，以经营产品来划分，可以分为种子种苗经营型、农业产品经营型、农药化肥经营型。就农业创新传播而言，前两者在经营中常常与技术传播结合，对农业技术推广具有重要作用，这里主要讨论经营传播它们的方式方法。

一、种子种苗经营传播

种子和种苗是作物和果树品种的载体，种子和种苗的经营传播，实际就是经营传播农作物新品种。在我国，良种的经营传播有两个层次，即研制机构的经营传播和种子企业的经营传播。

（一）研制机构的经营传播

在我国实施植物新品种保护后，品种选育机构开始以经营的方式传播自己选育的新品种。目前，主要有以下几种经营方式：

1. 自己开发经营 就是由研制机构自己组建种子公司，生产自己选育的作物品种，如农科院、农科所办种子公司。民间研究机构也多采取这种经营方式。这种方式的优点是，可以进行该品种的垄断经营，为选育单位获取较大的垄断利润。其缺点是，因自己经营条件的限制，不能使该品种在短时间内得到迅速的推广，不能完全发挥其增产增收潜力，不能产生应有的社会经济效益。

2. 出售所有权或经营权 有的研制机构完全出售选育品种的所有权，种子企业购买所有权后，可以用种子企业的商业名称命名经营，与研制机构几乎没有关系。这种方式在一些农业院校和一些民间研究机构比较常见。有的研制机构只出售品种一定时间、一定范围的经营权，购买经营权的种子企业，每年按照一定收入比例或固定标准，向该品种的研制机构交纳费用。一个品种可以向多个种子企业同时出售经营权，每个种子企业经营的地区范围不同。研制机构既要考虑从出售新品种经营权中获得经济收益，还应选择有推广实力的种子企业，以便使新品种在生产上得到迅速的推广使用。

3. 联合经营传播 以研制机构为核心，成立由研制机构和多个种子公司组成的新品种经营传播协作组。研制机构提供亲本和种子生产（制种）技术，种子公司负责种子生产和销售，种子公司每年按照种子产量向研制机构交纳品种经营费用。这种方式在一些农业院校比较常见。

（二）种子企业的经营传播

种子企业包括行政上独立的种子公司和经营上独立的种子种苗开发经营机构。一般来说，行政上独立也意味着经营上独立，如我国许多市、县级国营种子公司改为民营股份制种子公司。经营上独立，行政上可能没有独立，如一些公益性推广机构或下属部门自办或联办的种子经营机构，但他们按照市场机制进行种子经营。种子企业的经营传播包括两个方面，一方面向农民经营传播生产新品种种子的技术，另一方面传播生产出来的新品种种子。向农民传播常规种子技术，一般不收费；如果是传播杂交种子生产技术，根据事先签订的协议，按照面积收取一定技术指导费，生产种子全部由种子企业收购。

种子企业依靠经营收购的种子来获取利润。种子是有生命的商品，生命力随贮藏时间的增加而降低，种子企业生产前必须与种子需求单位（种子中间商或零售机构）签订销售合同，根据合同销售数量组织种子生产。在生产基地及固定成本（如加工仓储设施）不增加的条件下，尽可能多地生产销售种子，才能够获得较大的经济利润。因此，采取一切措施拓展市场、扩大销售，既可增加种子企业的利润，也可加快推广品种的传播速度和范围。

二、农产品经营传播

1. 农产品经营传播的概念与方式 农产品经营传播是通过经营依靠新技术生产出的农产品，使技术得到传播的推广方式。这种方式传播创新技术是为了获得较多的农产品，因此，经营农产品获取利润是直接目的，传播创新是间接目的。

我国许多农业产业化龙头企业，为了获得加工或市场需要的农产品，不得不从事农业创新技术推广工作。例如，市场需要无公害蔬菜，蔬菜公司就要推广无公害农产品生产技术；市场需要优质大米，米业公司就要建立优质稻生产基地，推广相应的栽培技术。再如，某薯业加工企业，为了提高甘薯的淀粉产量，在生产基地大力传播高淀粉甘薯的品种和栽培技术。农业产业化企业在经营生产中传播农业创新技术的方式主要有两种：①委托传播，②自己传播。委托传播是委托生产基地的公益性农业推广机构传播，企业按照生产面积或收购产品数量给予推广机构一定费用。自己传播是企业自己建立推广机构或临时聘请推广人员进行生产技术传播推广。一般大型龙头企业都有自己的生产技术推广机构。

我国农民专业合作社，为了获得高产优质的目标农产品，也不得不进行农业创新的经营传播。潘健梅（2010）调查，浙江省磐安县蚕桑专业合作社为农民统一提供种苗，引进、推广新技术、新模式。开展大棚养蚕技术的试验和推广，建造养蚕、种菇（或养鸡）两用大棚，促进蚕桑适度规模生产。实施“专养雄蚕的引进和示范推广”项目，并请专家讲授“雄蚕的饲养技术与防病措施”，促进了蚕茧产量、质量的提高。专业合作社在农业技术推广中具有以下作用：①引导示范。建立新技术示范基地，鼓励其他农户效仿。②技术服务。拨付专款、配备专业技术员、加强技术宣传、提供配套物资，满足农户技术要求。③信息服务。合作社一边连市场、一边连农民，及时了解、收集市场信息，拓展销售渠道，及时与农民代表、技术员沟通，对农民生产进行信息咨询服务。④技术提升。将分散的单家独户生产进行集中连片、专业化村、专业大户生产，促进了规模化、标准化技术的实施，提升了农业技术水平。

2. 农业企业经营传播 农产品经营传播主要由农业企业通过推广农业技术获得市场需要的农产品来进行。孙明英（2009）认为，农业龙头企业农业技术推广模式是以企业投资经营为主体，农业技术专家以技术入股等形式组成利益共同体；企业开展新成果、新技术的引进、试验、示范和产业化开发，组织农户自愿参与企业的生产，形成了以公司为龙头、以发展订单农业为保证，上连科学家、下连农户的产业链，建立了产加销、农工贸一体化的运行机制，整合了“政府、科技、市场、企业、农民”五大要素，形成了灵活有效的成果转化机制。所需经费完全由企业负责筹措，多以市场前景好、效益高、可以迅速开发的新技术为主，主要有“企业＋科技单位＋农民”“企业＋基地＋农户”等运行模式，基本形式可以简化为“公司＋农户”形式，即农业技术推广过程的一端是企业化的科研机构和农业产业化龙头企业，另一端是农业生产者，以“契约”为纽带，形成利益共享、风险共担的利益共同体。农业企业经营传播的特点是，以追求利润为目标，所推广的技术主要是用于附加值高和需求弹性较大的农产品，如养殖业和园艺类产品。这类技术在应用时不易被旁人“观察”到，具有相当程度的私人物品的特性，因此保密性较好，不存在明显的外部性，因而能够保证技术购买方所预期的技术收益。

3. 公司＋农户的联合经营传播 “公司＋农户”是我国最早在桑蚕茧生产中应用的联合经营传播方式，也是农产品经营传播的主要方式。公司与农户采取某种联营合作的方式，公司通过自身的优势发展同农民的关系，达到优势互补的效应，取得良好的经济和社会效益。这种联营合作的具体形式在各地主要有以下几种：①租地式自营，由公司向农民租地自己办场直接经营，或统一规划种养后，反承包给农民经营；②是参股式联营，由公司与农民采取股份制的形式，划地办场，联合经营；③是补偿式联营，由公司拨出一定资金和种苗支持农民办生产基地，农民在一定期限内用产品偿还；④扶持式联营，由公司给予办生产基地的农民较多优惠的支持，如贴息贷款、廉价良种和化肥以及免费技术指导等，农民按市场价格把产品卖给公司；⑤挂钩式联营，这是一种较松散的形式，在乡、村统一规划，成片种养，各户承包的基础上，由公司与农户挂钩，提供一定种苗或技术服务，产品以购销形式卖给公司，随行就市。许多茧丝绸公司采取后三种形式，且多结合自己的实际开展工作。桑园在初期的生产和管理上，主要通过地方政府的号召和经济政策，或公司扶持，进行统一规划和管理，签订作为公司生产基地的协议；而在正常的蚕茧生产过程中，主要是依靠公司给农民提供技术服务，来作为公司与农户联系的主要纽带。公司通过提供的各种技术和销售方面的合作，把农民的生产纳入整个公司一体化生产中来。

4. 产前、产中、产后一体化的经营传播 这是一些基层推广机构把农民组织起来，以经营的方式进行产前信息和物质服务，产中生产技术指导，产后农产品销售服务的经营传播方式。推广机构从经营配套物资和农产品销售中获取利润，在生产中无偿传播农业技术。江苏省新沂市瓦窑镇经管站与镇经济联合社组建的“四季青农产品营销合作体”（对外称公司），就是这类一体化经营传播机构。

“四季青农产品营销合作体”成立于1999年，他们一体化经营传播的方法如下：

（1）健全组织结构和组织机制，提高农民的组织化程度。合作体下设三部两室，即技术部、信息部、营销部与财务室、办公室。合作体对成员农户不以营利为目的，始终坚持最大限度地为成员提供服务，以提高经济效益、增加成员收入为宗旨，免费为成员提供产前信息、产中技术指导、产后销售服务，为农户提供良种、化肥、农药、农膜等农业生产资料。

（2）突出产前指导，引导农民调优作物布局。①搞好信息服务。他们在各大城市建立信息点，聘请专兼职信息联络员，把市场上好销售、价格高的品种通过合作体反馈到农户，指导农户及时调整作物布局和品种结构。②引进推广新品种。积极开发适应市场需求、适合本地种植的名特新品种。③搞好示范，做给农户看，带领群众干。他们建成西瓜示范园、果树示范园、特种养殖示范园、高能温室示范园等。

（3）狠抓产中服务，大力推广实用优新技术和农资供应。①充分发挥技术人员作用，提供现场指导。合作体的技术人员实行分工负责，包片、包户、包项目，定期到田间地头了解生产情况，及时解决技术难题。②加强技术培训。通过举办各类培训班，印发技术资料，邀请有关大中专院校、科研院所的专家、教授前来讲述市场营销、新技术推广等知识。③组织农业生产资料的及时供应。成员农户需要化肥、农药、农膜等生产资料，合作体就及时组织调运，并以成本价供应。

（4）强化产后服务，重点解决农产品销售难题。①建立营销网络。在上海曹安市场、南京白云亭市场、无锡、苏州、杭州、青岛、日照、寿光、大连、天津、武汉、深圳等地建立销售点，聘请专兼职信息员、代理人。利用国际互联网，实现网上销售。②搞好产品购销，发展订单农业。凡成员农户按合作体整体规划和技术要求生产的农产品，合作体保证按市场行情统一定价，分散收购，集中销售。对市场风险较大、投资较多的品种，合作体采取预约方式，制定保护价，与农户和客商签订购销合同，实现真正意义上的订单农业。

这种产前信息服务、产中技术指导和产后产品销售的一体化经营传播方式，促进了农产品市场化生产，增加了经营传播人员和农民的经济收入，也促进了实用新型农业技术的传播与推广。

本章小结

农业创新经营传播，是农业推广组织按照市场机制，以获取利润为主要目的的推广方法。农业创新经营传播的范围包括农业生产的产前、产中和产后三个环节。在农业创新经营传播中，应具备市场营销观、生态营销观、社会营销观和品牌经营观的现代经营观念。要搞好农业创新经营传播，首先要熟悉经营环境，包括法规政策环境和市场环境；其次要对企业自身和经营产品分析，明确自己经营的优势和劣势，扬长避短；第三，对市场分析与定位；第四，搞好市场营销。农业创新经营传播的类型丰富多样，以经营产品来划分，可以分为种子种苗经营型、农业产品经营型、农药化肥经营型。就农业创新传播而言，前两者在经营中常常与技术传播结合，对农业技术推广具有重要作用。种子经营和农产品经营具有不同的方式方法，但在企业生产经营产品中，都使农业创新得到传播。

补充材料与学习参考

1. 企业实用经营经验

“可口可乐”公司创立于1892年，百年成功经营所取得的辉煌成就全球有目共睹，但它成功经营的秘方，许多人并不知道，现列举它30条管理经验，供经营者学习、借鉴。

（1）出售好产品。正如广告而言，可口可乐“味道好极了”。一旦习惯，令人欲罢不能。

（2）相信自己的产品。作为主管应向雇员逐渐灌输这个概念，这是地球上最好的产品，你们在为最好的公司工作。

（3）营造神秘气氛。尽管可口可乐公司本身也承认配方并不特异，产品成功秘诀在于历经百年形成的“品牌权益”，但配方的神秘性仍是它吸引人的重要因素。

（4）出售生产成本低的产品。生产一瓶可口可乐只需几美分，而且甜料成本占了大头。

（5）让所有参与产品生产、销售环节者有利可图。百年来，每一个经营可口可乐的人都发了财。

（6）让人人都买得起你的产品。从1886年到20世纪50年代，一瓶可口可乐的价钱一直是5美分，在全世界保持相对便宜的价格，甚至第三世界国家的居民也买得起。

（7）使你的产品随处可以买到。任何顾客“伸手可及”的地方——棒球场、理发店……都会出现可口可乐。

(8) 聪明地推销产品。如何、何时、何地推销你的产品将决定成功与否。作为世界上广告最成功的产品，可口可乐公司已在广告上花费了巨额美元，现在每年广告费达400多万美元。

(9) 要宣扬一种现象，而不是产品。20世纪二三十年代可口可乐即被定位为一种宽容的产品，喝者都将拥有快乐、充满活力、风度优雅的形象。

(10) 欢迎主要竞争对手。百事可乐与之激烈的竞争带来的宣传效果抵上上亿美元的广告。

(11) 明智而有节制地用明星做广告。过分依赖明星的广告往往使观众只注意明星而忽略了产品。可口可乐让已去世的昔日明星复活或浮雕形象做广告，解决了这一难题。

(12) 吸引了大众对产品的渴求。可口可乐自20世纪50年代开始便向人们灌输饮后将获得自信、受欢迎和年轻的概念。

(13) 使顾客年轻化。对体育运动的赞助，意味着产品已进入青少年心中，年轻顾客将成为终生顾客。

(14) 树立文化意识。要努力使产品入乡随俗。多年来，可口可乐在世界各地培养了一批具有强烈文化意识的管理者。

(15) 聘请有名望的律师。一方面消除假冒产品，另一方面保护公司利益。

(16) 不违法。违法不仅有损公司形象，从长远看也不能增加一分利润。

(17) 成为有影响力的人。可口可乐经营者是强有力的幕后影响者。当然，不能滥用影响力。

(18) 有耐心且不轻易改变。对于由于战争、饥荒和政治原因而让可口可乐暂时撤退的国家，公司保留合同，静观形势。

(19) 坚持用简洁的训导。可口可乐的经营者所制定的训导没有一条是复杂的。

(20) 行动富有应变弹性。对于出现的变动情况，要能及时应变，避免更大损失。

(21) 不做消极的、防御性的广告。对比性的广告，在宣传自身时已替对手做了免费宣传。

(22) 只有在必要时才搞多样化经营。尤其当经营软饮料的边际利润比经营其他行业更多时。

(23) 注重利润。不要热衷于市场份额，忽略利润。可口可乐就曾将金属桶改革以节省费用。

(24) 让雇员有敬畏感。适度的压力有助于人们发挥最大潜力。

(25) 从内部提升。公司设了管理人员培训中心，而最好的管理者几乎都是逐层提拔上来的。

(26) 所有宣传至少在一定程度上都是好宣传。1985年，可口可乐推出新品味失败，又改回老口味，却使许多顾客因失而复得更珍爱它。

(27) 明智地花钱。用所借之钱再购买自己公司的股票，推动股价上升。

(28) 建立合资企业。自1899年起公司就放弃瓶装权使其独立成厂。

(29) 从全球着想，但从眼前行动。在世界各地依据不同情况采取不同行动。

(30) 追求光环效应。20世纪70年代早期，公司便定下做环保、改善种族关系等方面的先锋，并乐善好施，在公众心中树立起良好的公司形象。

资料来源：陈朝锋．2002．市场推广．北京：中国纺织出版社．

2. 案例1——作物品种说明书

中早熟玉米新品种金穗18

金穗18是河南金豫强盛种业科技有限公司以964作母本、K002为父本组配而成的玉米单交种。该品种是河南金豫强盛种业科技有限公司独家经营的中早熟玉米新品种，2004年通过河南省品种审定委员会审定，审定号：豫审玉2004008。金穗18具有高产、稳产、早熟、丰产性好，抗病抗倒、活秆成熟等特点，具有广阔的生产、应用前景。

（1）特征特性。金穗18夏播生育期95天左右，幼苗顶土能力强，叶鞘浅绿，苗期生长发育快；叶片宽厚上冲，株型紧凑，茎叶夹角35°左右，成株叶片20片，株高240cm左右，穗位高90～100cm。果穗长筒型，穗长23cm左右，穗粗5.6cm，穗行数14～16行，行粒数35～40粒，籽粒黄色、半马齿型，千粒重360～400g，出籽率88%～90%。根系发达，抗倒伏，抗旱性强，活秆成熟。

据2003年农业部农产品质量监督检验测试中心（郑州）品质分析：籽粒粗蛋白10.15%，粗脂肪3.22%，粗淀粉75.74%，赖氨酸0.27%，容重780g/L，属高淀粉玉米品种。

据2003年河北省农科院植保所抗病虫接种鉴定：高抗小斑病（1级），高抗大斑病（1级），抗弯孢菌叶斑病（3级），高抗茎腐病（8.9%），高抗瘤黑粉病（0），高抗矮花叶病（幼苗病株率5.3%），抗玉米螟（3.3级）。

（2）产量表现。2002年参加河南省玉米杂交种区域试验（4 000株/667m^{2}二组），平均667m^{2}产672.1kg，比对照豫玉23增产13.3%，差异达极显著，居15个参试品种第1位，8个试点全部增产；2003年续试，平均667m^{2}产470.7kg，比对照豫玉23增产7.8%，差异不显著，居16个参试品种第2位，8个试点6增2减。

（3）适宜区域。金穗18是一个紧凑型中大穗玉米新品种，具有稀植穗大、密植高产的特性。适宜在河南省及相邻黄淮海区域夏播种植，也可在全国范围内郑单958适宜种植区域内种植。一般667m^{2}产600kg，高产田可达750kg，具有1 000kg以上的增产潜力。

（4）栽培要点。黄淮区域最佳适宜播期5月25日至6月15日，667m^{2}播量2.5～3.0kg。667m^{2}最佳密度3 500～4 500株，稀植棒更大。种植方式可采用等行距种植，行距60cm，株距25～28cm；也可采用宽窄行种植，宽行80cm，窄行40cm，株距同上。

高产田应注意N、P、K配比施肥。P、K肥以底肥为主，N肥应分期追施，播种后28～30天追施总量的40%，播后45天追施总量的60%。注意足墒播种，一播全苗，适时早播。注意防旱排涝，及时防治病虫草害。大喇叭口期用呋喃丹颗粒剂丢心防治玉米螟。注意浇好拔节水、孕穗水及灌浆水，尤其灌浆期注意保持土壤湿润，以促进灌浆，增加粒重，提高产量。

适时收获，即玉米苞叶变黄、籽粒乳线消失、籽粒与穗轴连接处出现黑色层时收获，以免过早收获造成减产。

资料来源：樊本旺，王保权，申敬涛．2005．中国种业（9）：71.

3. 案例2——一个农业技术员的经营传播

李明铸1987年由常德农校毕业分配到鼎城区种子公司工作，于2000年下岗后，他发挥自己的专长创办了“常德福田农资有限公司”。这是他架起的一座桥梁，一头连接农业科研机构和先进农资生产厂家，一头连接广大农民群众。

一、吃一堑长一智

2001年，他初创“常德福田农资有限公司”之时，销售了一批由一家北京的权威科研单位和湖北的知名种子公司推销的高产水稻种子。然而，当稻谷开始成熟时，禾苗迅速倒伏，谷粒脱落，结果每$667m^2$收成还不到300kg。失败的原因是气候、土壤和没按技术要求做等多方面因素。李明铸无可奈何，只得自认倒霉，赔了10多万元。惨痛的教训让他明白：推广新技术一定要坚持“实践是检验真理的唯一标准”“循序渐进，逐步推广”！

二、培育科技示范户以点带面

从此以后，李明铸每销售一个新品牌的种子、肥料和农药，首先都要经过试验，并总结出较为完善的适合本地气候等情况的技术，然后再进行推广销售。因此，李明铸销售的种子、农药和肥料再也没发生过质量问题，广大农民群众都信得过，放心使用，也取得了很好的增产和增收效果。不少农民因使用福田农资有限公司提供的农资产品夺得了好收成，成为了长期稳定的客户。

三、建立销售网不断扩大业务

李明铸通过以往的工作关系和各方资源掌握了常德市各区市500多个科技示范户的住址和联系方式。每次推广和推销一个新品牌的农资之前，他都分片举办免费培训班，盛情邀请各科技示范户参加。培训内容主要是请专家宣传新产品、新技术，请当地有经验的种植户谈使用产品的体会、谈新产品的优势、谈注意事项、谈可能出现的问题及对策。这样，十分有效地避免了新产品在推广应用中发生失误，避免了农民因使用不当造成损失。这些科技示范户不仅自己带头应用新产品、新技术，而且发动乡邻应用。产品售出后他立即聘请优秀科技示范户深入田边地头对农民进行指导。由于销售网络庞大，服务周到，又赊销产品，因而深受广大农户欢迎，李明铸的销售额逐年翻番增长，2009年达到了1 000万元。

资料来源：程梦遥．2010. 李明铸走出农技推广新路子．湖南农业（2）：8.

4. 参考文献

刘子安．2006. 中国市场营销．北京：对外经济贸易大学出版社．

吕一林．2004. 现代市场营销学．第3版．北京：清华大学出版社．

潘健梅．2010. 以专业合作社为载体　创新农业技术推广体系建设．蚕桑通报，41（2）：54-56.

饶异伦，王青云．1999. 科技写作．北京：高等教育出版社．

孙明英．2009. 我国农业技术推广典型模式及其效应与创新．山东省农业管理干部学院学报，23（6）：41-42，95.

唐永金．1996. 作物及品种的适应性分析．作物研究，10（4）：1-4.

唐永金．2005. 作物种子市场推广的主体和客体分析．中国种业（9）：11-13.

唐永金．2007. 作物种子市场推广影响因素分析．中国种业（5）：28-30.

王慧军，谢建华．2010. 基层农业技术推广人员培训教程．北京：中国农业出版社．

王慧军．2002. 农业推广学．北京：中国农业出版社．

王西玉．1996. 中国农业服务模式．北京：中国农业出版社．

杨如顺．2004. 市场营销．第3版．北京：中国物资出版社．

苑鹏，国鲁来，齐莉梅，等．2006. 农业科技推广体系改革与创新．北京：中国农业出版社．

中华人民共和国农业农业部．2000. 农业技术推广体系创新百例．北京：中国农业出版社．

思考与练习

1. 农业创新经营传播与农业推广有何关系？
2. 农业创新经营传播的企业应该具备哪些现代经营观念？为什么？
3. 农业创新经营传播的主要程序有哪些？怎样写好产品说明书？
4. 一个种子企业可以采取哪些措施进行市场推广或扩大市场份额？
5. 调查1～2个农业产业化企业推广农业创新的主要措施。

第十三章　农业推广政策与法规

农业是国民经济的基础，是国计民生的根本保障。科技兴农是发展农业的重要途径，农业科技推广是政府发展农业的手段。国家为了发展农业，必须从政策、法规等层面直接和间接地支持、鼓励和保障农业推广，促进农业科技的发展和应用。

第一节　政府与农业推广

一、农业推广中的政府行为

在农业推广中，根据行为主体不同，可以分为政府行为、推广机构行为和农民（农业生产者）行为三种主要类型（图 13-1）。政府是间接主体，推广机构和农民是直接主体。政府主要起着项目决策、政策导向、法律保障的作用，推广机构主要起着项目推广、创新传播、信息服务、技术指导的作用，农民主要起着项目实施、创新采用、技术扩散的作用。由于各自的属性、地位、作用、价值标准等方面不同，因而具有不同的行为目的、行为准则和行为方式，表现出不同的行为特点。在此，行为目的是指他们推广、采用农业创新或为其提供保障所希望达到的目的，行为准则是他们参与某项具体创新的推广或采用所依据的价值标准，行为方式是他们参与推广或采用农业创新的方法和形式。由于农民和推广组织行为前面章节已经讨论，此处仅讨论农业推广中的政府行为特点。

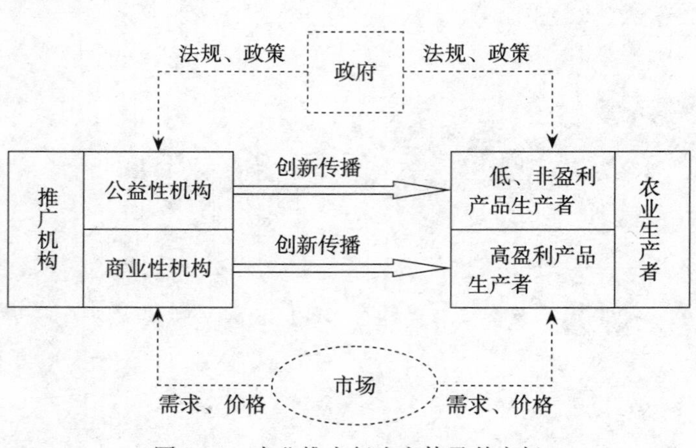

图 13-1　农业推广行为主体及其市场

在农业推广中，政府作为社会公共利益的代表者和社会经济发展的决策者，参与农业推广的主要目的是：增加农民收入，促进农业发展，繁荣农村经济，保持社会稳定。它的行为目的具有很强的宏观性、长期性和公益性的特点。其行为准则是：优先支持影响面大、容易推广、投资较少、效益（经济、社会和生态三个效益）显著的推广项目，重点支持对农业发展具有重大推动作用的关键项目，连续支持对农业可持续发展有重大影响的项目，选择支持其他推广项目。其行为准则具有重点性、全局性和连续性的特点。其行为方式主要有：①以政策、法规、制度来调动创新推广和采用人员的积极性，促进和保证农业推广事业的发展；②组建公益性农业推广机构和推广队伍，支持农业推广工作；③组建农业科研队伍，保证推广项目的来源和储备；④重大推广项目的决策和资助，控制农业推广方向。它的行为方式具有指导性、调控性和决策性的特点。

二、政府农业推广的必要性

1. 我国农业的基本特点

（1）农业产业的战略性：①农业生产决定粮食安全。粮食稳，则人心稳、天下稳。我国有13.7亿人，18亿亩耕地，人均耕地面积不到世界人均的1/3。面对少量的人均耕地面积，美国经济学家布朗曾提出“谁来养活中国人”的质疑。②农产品价格影响消费品价格。大多农产品是生活必需品，不少农产品是工业原料，农产品供给不足，将导致消费品价格的上涨。食物价格的飞涨，将引起社会恐慌，影响社会稳定。

（2）农业产业的弱势性：①农业产业是弱势产业。农业生产受气候、土壤、生物、水利等多种因素影响，产量和品质变化较大。②农业生产者是弱势群体。我国一家一户的小农生产，生产力水平低、耕地质量差、灌溉多无保障，抵御风险能力低。

我国农业的基本特点，决定了国家和政府必须承担起大力发展农业的长期性任务。因而中央1982—1986年、2004—2012年的1号文件都是关于农业、农村和农民“三农”问题的。

2. 农业生产技术多具公共物品特征

（1）非竞争性。非竞争性指一消费者使用该技术并不影响其他消费者使用该技术。方法类农业技术大多具有这个特征，如免耕栽培技术、水稻旱育秧技术、水稻抛秧技术等，一个农户使用，并不妨碍其他农户使用同样的方法。

（2）非排他性。非排他性指防止只消费某产品而不付费的成本过高，以致追逐利润最大化的企业不愿从事该产品的研究与生产。一个农民购买使用了某项新技术，如果树嫁接技术、整形技术，很容易被其他农民无偿学到，阻止他人偷学这一技术的成本很高，即大多农业技术的产权保护性差。

3. 农产品需求弹性小、供给滞后　农产品需求弹性小指农产品的市场需求不会因价格的变化而发生较大的改变，因为农产品主要是用于人类的食品，人们不会因价格低而多吃，也不会因价格高而不吃或少吃。由于农产品需求弹性小的特点，如果农民采用新技术而大丰收，会因卖不掉而使收入降低，如果没有政府的价格支持和收购保障，农民会降低采用新技术的动力。

农产品的供给滞后指农产品的生产不能及时解决市场的供给问题，不像工业产品可以加班加点及时满足市场需要。这是因为农产品的生产具有生物性和季节性的特点，不同种类的生物具有不同的生产季节，只有在收获季节才能够及时供给市场。因为这个特点，头年市场需求量大、价格高，农民扩大生产，等农产品出来时，又会出现卖不掉、价格低的情况。

4. 一家一户的小农生产体制　我国农业生产的基本方式是一家一户的小农生产体制。从推广上讲，这种体制有以下问题：①不利于技术有偿使用。由于农业技术的公共物品特征，在一家一户的田间使用的农业技术，很容易被邻居模仿采用，因而农户不愿购买农业技术。②不利于农产品销售。由于小生产与大市场的矛盾，一家一户的农民很难获得各地市场的需求和价格情况，采用新技术增加的产量很难转化成经济收益。即使获得市场信息，也因一家一户总产量少、路途远、运费高而不能获得相应的经济收益。③农民购买农业技术不划算。农业是低收益弱势产业，一家一户购买技术的使用面积或范围太小，增加的收益常常不能抵偿购买技术的费用。

5. 国家扶持农业是世界惯例 工业化国家在实现工业化后，都是增加投入反哺农业。在WTO框架下，加大农业的财政支持力度，加强农业基础设施建设，加强农业科技创新与推广是符合世界惯例的。

第二节 农业推广政策

一、农业推广政策的概念与作用

（一）农业推广政策的概念

农业推广政策是根据一定原则，在特定时期内、特定区域内为实现农业推广的发展目标而制定的具有激励和约束作用的行动准则。农业推广政策主要以中央和地方以党和政府名义发表的文件、意见、通知、办法等形式反映出来，也有农业部门根据党和政府的政策原则，以部门制定的具体实施细则反映出来。农业推广政策具有以下特点：

1. 权威性 中央或地方制定的农业推广政策，在全国或辖区内有很高的威信，应参照执行。

2. 针对性 一项农业推广政策，常常是针对和解决特定的农业推广中的问题，保证农业推广工作的正常或高效进行。

3. 阶段性 由于社会、经济、文化等情况的变化，农业推广的环境和条件也在不断变化，不同时期应有不同的农业推广政策，因而一项政策只能适用于特定的阶段。

4. 内容上的原则性 农业推广政策一般是从整个国家或地区农业发展的目标出发，纲领性地规定农业推广应做什么和怎么做，并不规定具体目标和实施的具体措施。

5. 应用上的灵活性 因政策一般规定的是关乎原则的问题，因此对政策的理解和具体应用就带有一定的灵活性。政策的灵活性有利于在政策实施过程中结合各地各部门的具体情况，采取相应的措施和对策。但也正是政策的灵活性，使得有些地方和部门往往照顾局部和部门利益，不顾国家利益；只顾当前利益，不顾长远利益；各取所需，在执行中“走了样子”。

（二）农业推广政策的作用

农业推广政策的作用主要体现在导向、规范和保障三个方面。

1. 导向作用 表现为：①指出农业推广工作的目标与方向，让农业推广机构和人员知道该做什么和怎么做。②指出农业推广工作是一项社会性工作，鼓励社会相关机构、部门和人员积极参与农业科技推广，加快农业创新普及速度。

2. 规范作用 政策使农业推广制度化、规范化，有章可循。如明确各级政府和农业推广机构的推广程序和工作职责，项目推广的任务和要求等，保证农业推广工作的规范化进行。

3. 保障作用 政策使农业推广机构设置、人员编制、设备配置、财力支持等有明确的规定，保障了农业推广工作的进行。政策通过各种补贴鼓励农民采用创新，通过补贴、职称等鼓励农业科技人员下乡推广农业科技成果。实践证明，政策保障作用越明显，农业科技推广越有成效，农业发展越迅速。

二、农业推广保障政策

（一）支持农业科技创新，保障农业推广技术来源

2012年中央1号文件《关于加快推进农业科技创新，持续增强农产品供给保障能力的若干意见》明确提出，依靠科技创新驱动，引领支撑现代农业建设。

1. 明确农业科技创新方向

保证农业科技创新在以下几方面发力：①加强前沿和基础研究。②面向产业研究。③重视粮食研究。④重视增产增效和生态环保技术研究。

2. 突出农业科技创新重点　国家稳定支持农业基础性、前沿性、公益性科技研究。①大力加强农业基础研究。②加快推进前沿技术研究。③着力突破农业技术瓶颈。

3. 完善农业科技创新机制　打破部门、区域、学科界限，有效整合科技资源，建立协同创新机制，推动产学研、农科教紧密结合。①改革农业科研院所。②完善农业科研立项机制。③完善农业科研评价机制。④大力推进现代农业产业技术体系建设。⑤支持企业进行农业科技创新。⑥加快农业技术转移和成果转化，加强农业知识产权保护，稳步发展农业技术交易市场。

4. 改善农业科技创新条件　加大国家各类科技计划向农业领域倾斜支持力度，提高公益性科研机构运行经费保障水平。①多方筹资，开拓资金来源渠道。②重大专项支持。继续实施转基因生物新品种培育科技重大专项，加大涉农公益性行业科研专项实施力度。③建设农业科技园区。④建设创新平台。⑤建设地市农业科研机构。⑥加强技术引进与合作。⑦重视气象科研。

5. 着力抓好种业科技创新　科技兴农，良种先行。①增加种业创新投入。②促进重大项目一体化。③优化调整种子企业布局。④建立种业发展基金。⑤加强种业创新基地建设。⑥设立种子储备补助。⑦加强品种管理制度建设。

（二）提升农业技术推广能力，大力发展农业社会化服务

2012年中央1号文件和国务院2006年《关于深化改革加强基层农业技术推广体系建设的意见》，对农业推广体系建设及资金来源提供了政策保障。

1. 强化基层公益性农技推广服务　充分发挥各级农技推广机构的作用，着力增强基层农技推广服务能力，推动家庭经营向采用先进科技和生产手段的方向转变。①健全推广机构。②全面实行人员聘用制度。③提高推广人员待遇。④完善管理机制。⑤改善推广条件。⑥公益性推广机构剥离经营职能。⑦改进基层农技推广服务手段。⑧健全相关服务体系。

2. 引导科研教育机构积极开展农技服务　引导高等学校、科研院所成为公益性农技推广的重要力量，强化服务“三农”职责，完善激励机制，鼓励科研教学人员深入基层从事农技推广服务。①支持高校和科研单位参加农技项目推广。②鼓励高校科技人员下乡服务。

3. 培育和支持新型农业社会化服务组织　通过政府订购、定向委托、招投标等方式，扶持农民专业合作社、供销合作社、专业技术协会、农民用水合作组织、涉农企业等社会力量广泛参与农业产前、产中、产后服务。①发挥农民专业合作社的作用。②增强集体组织的服务能力。③政府买单基层站企业化的公共服务。④支持发展农村综合服务中心。⑤放活经

营性服务。

4. 改革农业推广形式和内容，规范农业推广行为 努力做到：①推广形式要多样化。②推广内容要全程化。③推广行为规范化。

5. 保障资金和物质供给

(1) 保证供给履行公益性职能所需资金。

(2) 完善改革的配套措施。

(三) 加强教育科技培训，全面造就新型农业推广队伍

人才是搞好农业推广的关键。2012 年中央 1 号文件，从高等农业教育、中等农业教育、基层推广人员培养、农村实用人才培养等方面给予了政策保障。

1. 振兴发展农业教育 推进部部共建、省部共建高等农业院校，实施卓越农林教育培养计划，办好一批涉农学科专业，加强农科教合作人才培养基地建设。①进一步提高涉农学科（专业）学生人均拨款标准。②深入推进大学生"村官"计划。③重视农业中等职业教育。

2. 重视基层农业科技推广人才的培养 广泛开展基层农技推广人员分层分类定期培训。开展农业技术推广服务特岗计划试点，选拔一批大学生到乡镇担任特岗人员。积极发挥农民技术人员示范带动作用，按承担任务量给予相应补助。

3. 大力培训农村实用人才 以提高科技素质、职业技能、经营能力为核心，大规模开展农村实用人才培训。

三、农业推广导向政策

农业推广导向政策为农业推广指明了工作方向，对公益性推广机构选择推广内容具有指导作用。根据有关政策和发展规划，应重视选用和推广农业基础建设创新、粮食丰产创新、种业创新和农业标准化技术等。

(一) 大力推广农业基础设施建设创新

根据 2012 年中央 1 号文件精神，我国农业推广应该重视以下基础设施建设技术。

1. 小型微型水利建设 加大山丘区"五小水利"工程建设、农村河道综合整治、塘堰清淤力度，发展牧区水利。大力推广高效节水灌溉新技术、新设备。发展水利科技推广、防汛抗旱、灌溉试验等方面的专业化服务组织。

2. 高标准农田建设 集中力量加快推进旱涝保收高产稳产农田建设，实施高效节水农业灌溉工程，全面提升耕地持续增产能力。积极推行"移土培肥"经验和做法。深入推进测土配方施肥。继续实施旱作农业工程。

3. 农业机械化 着力解决水稻机插和玉米、油菜、甘蔗、棉花机收等突出难题，大力发展设施农业、畜牧水产养殖等机械装备，探索农业全程机械化生产模式。积极推广精量播种、化肥深施、保护性耕作等技术。

4. 生态建设 巩固退耕还林成果。加强"三北"、沿海、长江等防护林体系工程建设。支持发展木本粮油、林下经济、森林旅游、竹藤等林产业。鼓励企业等社会力量运用产业化方式开展防沙治沙。扩大退牧还草工程实施范围，支持草原围栏、饲草基地、牲畜棚圈建设

和重度退化草原改良。推进农业清洁生产，引导农民合理使用化肥农药，加强农村沼气工程和小水电代燃料生态保护工程建设，加快农业面源污染治理和农村污水、垃圾处理，改善农村人居环境。

（二）大力推广农业创新，发展粮食生产

粮食始终是经济发展、社会稳定和国家自立的基础。为统筹粮食生产发展全局，指导中长期粮食生产发展工作，我国制定了《全国粮食生产发展规划（2006—2020年）》。根据这个规划，农业推广必须进行相应的创新推广工作。

1. 粮食生产潜力分析　我国未来粮食增产的主要途径有：①提高良种良法对粮食增产的作用。未来15年，通过大面积推广超级稻等优良品种及配套节水节肥技术，我国粮食单产有望再提高10%，可新增生产能力1 000亿斤左右。②提高农田基础产出能力。目前我国的中低产田仍占65%，通过加强田间水利工程和耕地质量建设，提高耕地保水、保土和保肥能力，未来15年使1/3的中低产田约4亿亩耕地的基础地力提高一个等级，可新增粮食生产能力800亿斤左右。③加强植物保护。据测算，我国每年病虫害造成粮食损失高达500亿斤左右。通过加大保护措施，如果损失率降低2个百分点，能减少粮食损失200亿斤。④提高粮食生产机械化水平。水稻机播机收面积各提高一个百分点，就能增产和挽回损失3亿斤。按今后水稻播种面积不少于4.2亿亩、单产不低于800斤，到2020年水稻机播机收面积均达到70%的比例测算，还可增产和减损水稻150亿斤。

2. 粮食生产制约因素　粮食生产制约因素主要有：①耕地面积下降。②基础设施薄弱。农田有效灌溉面积仅占总耕地的40%左右，仍有40%的耕地处于不断退化的状态。③粮食科技进步缓慢。④比较效益低。

3. 我国粮食发展的重点支持领域

（1）粮食基础产出能力建设。加大优质粮食产业工程、大型商品粮基地、农业综合开发、大中型灌区田间灌排配套等重点项目的实施力度。按照优势主产区、潜力提升区、稳固发展区和战略储备区的不同功能定位与发展方向，以现有工程为基础，拓展新的建设领域，逐步形成分工合理、责任明确的国家粮食安全重大工程体系。积极发展旱作节水农业。抓紧实施沃土工程。

（2）粮食生产科技创新和转化能力建设。重点加强农业科技创新基础设施、科学家团队、创新制度与文化建设，整合完善粮食作物品种改良、薯类脱毒中心、区域技术创新中心和重点实验室，加强种质资源的保护和开发利用，改扩建一批高水平的种质资源库。支持粮食安全重大技术创新，增强粮食生产的科技储备。深入实施科技入户工程。

（3）粮食生产支撑保障能力建设。继续组织实施好种子工程。加大实施植保工程。增强粮食安全动态监测预警能力。

（4）发展粮食生产机械化。以发展大中型农业机械为重点，着力增加水稻栽插收获、玉米收获、秸秆还田、免耕施肥精量播种、土壤深松和烘干等机械装备，提升农机化装备水平，增强粮食生产的技术集成与标准化生产能力。

（5）发展粮食替代产业。积极推广生态、健康水产养殖技术，推动稻田养殖、庭院生态养殖、盐碱地开发等养殖资源综合利用、环境改善型水产养殖业发展，稳步推进深水抗风浪网箱养殖，将海水养殖向外推进，全面实施中国水生生物资源养护行动纲要，加强珍稀濒危

水生野生动植物保护。

（三）大力推进种业发展

改革开放特别是进入新世纪以来，我国农作物品种选育水平显著提升，培育了一批“育繁推一体化”种子企业，市场集中度逐步提高。但目前我国农作物种业发展仍处于初级阶段，种业问题很多，制约了农业可持续发展。2011 年国务院《关于加快推进现代农作物种业发展的意见》，提出了我国种业研制、推广管理的主要工作任务。

1. 强化农作物种业基础性公益性研究 国家级和省部级科研院所和高等院校要重点开展种质资源搜集、保护、鉴定、育种材料的改良和创制，重点开展育种理论方法和技术、分子生物技术、品种检测技术、种子生产加工和检验技术等基础性、前沿性和应用技术性研究以及常规作物育种和无性繁殖材料选育等公益性研究。

2. 加强农作物种业人才培养 加强高等院校农作物种业相关学科、重点实验室、工程研究中心以及实习基地建设，建立教学、科研与实践相结合的有效机制，提升农作物种业人才培养质量。

3. 建立商业化育种体系 鼓励“育繁推一体化”种子企业整合现有育种力量和资源，充分利用公益性研究成果，按照市场化、产业化育种模式开展品种研发，逐步建立以企业为主体的商业化育种新机制。

4. 推动种子企业兼并重组 支持大型企业通过并购、参股等方式进入农作物种业；鼓励种子企业间的兼并重组，尤其是鼓励大型优势种子企业整合农作物种业资源，优化资源配置，培育具有核心竞争力和较强国际竞争力的“育繁推一体化”种子企业。

5. 加强种子生产基地建设 科学规划种子生产优势区域布局，建立优势种子生产保护区，实行严格保护。

6. 完善种子储备调控制度 在现有国家救灾备荒种子储备基础上，建立国家和省两级种子储备体系。

7. 严格品种审定和保护 进一步规范品种区域试验、生产试验、品种保护测试、转基因农作物安全评价和品种跨区引种行为，统一鉴定标准，提高品种审定条件，统筹国家级和省级品种审定，加快不适宜种植品种退出。

8. 强化市场监督管理 严格种子生产、经营行政许可管理，依法纠正和查处骗取审批、违法审批等行为。

9. 加强农作物种业国际合作交流 支持国内优势种子企业开拓国外市场。鼓励外资企业引进国际先进育种技术和优势种质资源，规范外资在我国从事种质资源搜集、品种研发、种子生产、经营和贸易等行为，做好外资并购境内种子企业安全审查工作。

10. 加大对企业育种投入 择优支持一批规模大、实力强、成长性好的“育繁推一体化”种子企业开展商业化育种。

11. 实施新一轮种子工程 加大农作物种业基础设施投入，加强育种创新、品种测试和试验、种子检验检测等基础设施建设。

12. 创新成果评价和转化机制 改进现有农作物种业科研成果评价方式，修改和完善商业化育种成果奖励机制，形成有利于加强基础性、公益性研究和解决生产实际问题的评价体系。

13. 鼓励科技资源向企业流动　支持从事商业化育种的科研单位或人员进入种子企业开展育种研发，发挥市场机制作用，鼓励科技资源合理流动。

14. 实施种子企业税收优惠政策　对符合条件的“育繁推一体化”种子企业的种子生产经营所得，免征企业所得税。对企业兼并重组涉及的资产评估增值、债务重组收益、土地房屋权属转移等给予税收优惠，具体按照国家有关规定执行。

15. 完善种子生产收储政策　建立政府支持、种子企业参与、商业化运作的种子生产风险分散机制，对符合条件的农作物种子生产开展保险试点。

（四）大力推进农业标准化

农业标准化是促进农业结构调整和产业化发展的重要技术基础，是规范农业生产、保障消费安全、促进农业经济发展的有效措施，是现代化农业的重要标志。为做好农业标准化工作，促进实现农业现代化，2003 年，国务院办公厅发出《关于进一步做好农业标准化工作的通知》，提出了实行和推广农业标准化的主要工作。

1. 农业标准化工作的主要任务

（1）加快制订和清理农业标准。尽快解决农业标准水平低、标龄过长，国家标准、行业标准重复交叉，以及农产品质量安全标准与国际标准差距大等突出问题。

（2）强化重点领域标准的实施与监督。围绕治理农产品污染，确保消费者健康和安全，建立产地农产品质量监测体系，抓好产地环境质量标准、生产操作规范的实施；强化对农药、兽药残留限量等农产品质量安全标准的实施。加大优势农产品、优质专用农产品等相关标准的实施。

（3）全面推行标准化管理。充分发挥多元化、多层次组织的作用，积极探索标准化为农业产业化生产、经营服务的途径，把农业生产的全过程纳入标准化管理的轨道，以标准化促进产业化。

（4）积极采用国际标准和国外先进标准。要结合我国实际，按照“借鉴、结合、创新、发展”的原则，运用风险评估理论，加快农产品安全卫生限量指标、检验方法及动植物防疫措施等标准的采标。

（5）加强农产品流通领域的标准化工作。实行收购、储存、加工、运输、销售等全过程质量安全控制，大力推进农产品质量安全、质量等级、计量、包装标识等标准的实施。

（6）有效防范外来有害生物入侵。加强对我国境内有害生物的检疫、监测、防治和封控工作，最大限度地减少外来有害生物入侵，有效控制有害生物的扩散蔓延，保障我国农业生产和生态安全。

2. 实施农业标准化的措施

（1）加强对农业标准化工作的领导。

（2）加强统一管理和综合协调工作。

（3）增加农业标准化经费投入。

（4）加强农业标准化技术推广队伍建设。

（5）夯实农业标准化工作的基础。

（6）广泛开展农业标准化宣传与培训。

（7）加强农业标准化示范工作。农业技术推广部门要把实施标准化列入技术推广工作计划，发动基层技术人员积极参与标准化推广实施工作，拓宽示范领域，建立形式多样、富有实效的农业标准化示范推广体系。

四、农业推广规范政策

农业推广规范政策主要以政策的形式，规范农业推广行为。我国目前主要有1984年农牧渔业部颁发的《农业技术重点推广项目管理试行办法》和1994年农业部、财政部颁发的《全国农牧渔业丰收计划实施管理办法》，规范了我国农业项目推广行为。

（一）农业技术重点推广项目管理

1. 重点推广项目的选定

（1）推广项目的来源：①经过国家和各省、市、自治区有关部门审定的农业科技成果；②经过生产实践证明行之有效而尚未推开的增产技术；③从国内外引进并经过当地试验、示范，经济效果显著的农业新技术。

（2）选定为各级重点推广的项目应是：当地生产急需的农业技术；投资少、见效快、效益高的技术；适应范围广、增产潜力大、能较快地大面积推广应用的技术。

2. 重点推广项目的管理

（1）凡是列入各级重点推广的项目，各级农业技术推广部门或分管推广工作的单位，应负责统一管理，组织落实。

（2）各级农业技术推广部门，制定所管地区的年度农业技术推广计划和长远规划。

（3）属国家一级的重点推广项目，各省、市、自治区农业技术推广部门，向农牧渔业部农业技术推广部门提出申请。

（4）农牧渔业部农业技术推广部门负责管理全国跨省的重点推广项目。各省、市、自治区和地（市）、县农业技术推广部门分别负责管理跨地（市）和跨县、跨乡的重点推广项目。

（5）各级农业技术推广部门要建立重点推广项目的档案。

3. 重点推广项目的落实

（1）全国和各省（市、自治区）、各地（市）、各县（市）的重点推广项目，由统管项目的农业技术推广部门与承担项目的单位通过签订农业技术推广项目合同进行落实。

（2）统管项目的单位，应对推广的重点项目提出具体要求，承担项目的单位应根据项目的要求，制订推广方案，报送统管项目的单位审核。推广方案的内容包括：本地区基本情况、生产水平，该项目的技术要点，分年度推广的面积、范围、指标，推广的组织措施，项目负责人和参加人员，推广经费预算、预期经济效益等。

4. 制定推广措施

（1）成立重点推广项目的技术指导小组，解决推广中存在的问题。

（2）根据推广项目的要求和范围，全国及省的项目应选定若干个示范县，地、县的项目应选定若干个示范乡，树立示范样板。

（3）在示范县、乡范围内，要挑选若干个热爱农业科学技术、有一定生产实践经验和文化水平的农户作为科技示范户。

（4）示范县、乡要为大面积推广技术服务。

（5）搞好技术培训。

（6）各级农业技术推广部门，应根据自愿互利的原则，积极对农民开展多种形式的技术承包和技术服务，加速农业技术的推广。

5. 项目的验收与奖励

（1）承担推广项目的单位，每年要写出年度项目执行情况的报告；项目终结时，要进行全面总结，写出项目执行结果及技术经验总结，报项目统管部门。

（2）根据项目终结的总结报告，由统管单位会同有关部门或请当地农业部门，根据推广合同组织检查验收。

（3）对承担推广项目作出显著成绩的单位或个人，可申报推广成果奖或先进单位、先进个人奖，并作为干部考核晋升的依据之一。

（二）农业丰收计划项目管理

全国农牧渔业丰收计划（以下简称“丰收计划”）是农业部、财政部共同组织实施的综合性农业科技推广计划，是实施科技兴农战略和实现我国农业发展目标所采取的一项重要措施。丰收计划旨在加速科技成果转化，推动农业科技与生产密切结合，促进高产、优质、高效农业的发展。

1. 丰收计划项目主要内容

（1）高产、优质农作物良种及先进、适用、高效的综合栽培技术；

（2）畜禽渔良种及优化配合饲料、科学饲养及疫病综合防治技术；

（3）名特优新品种种植、养殖，新饲料源、饲料蛋白源及模式化养殖先进适用技术；

（4）农牧渔业先进适用机械化技术。

2. 丰收计划立项原则　丰收计划项目分为两类：①具有一定推广面积和规模，经济效益、社会效益和生态效益比较显著，以农业科技成果转化为主的项目；②直接经济效益显著、对提高农牧渔业整体效益、带动整个行业的发展具有重大影响的科技推广项目。

（1）符合国家产业政策和农业生产力发展要求，优先选择关系国计民生的粮棉油及主要农牧渔产品高产、优质、高效的项目，积极发展农牧渔业多种经营项目。

（2）选用的科技成果先进适用，投资少，见效快，效益好，作用大，适用范围广。

（3）项目一般执行2～3年，以整县或一个县若干整乡为单位集中连片实施，适当控制年度计划实施规模，年度项目实施规模一般控制在本省、自治区、直辖市（以下简称省区市）适宜推广范围的10%以内，并对周围县（乡）以至本省或跨省市适宜推广区域起辐射和推动作用，加速科技成果大面积、大范围推广应用。

3. 丰收计划项目的组织实施管理

（1）丰收计划由农业部、财政部共同组织实施，并由农、财两部组成全国农牧渔业丰收计划指导小组，全面负责丰收计划的部署和组织领导工作。农业部有关司负责归口管理项目的推荐、签合同、检查、验收、总结等工作。

（2）各有关省（区、市）及计划单列市农业、畜牧、水产、农垦、农机化等厅（局）分别负责本省本行业丰收计划项目的组织实施和管理，包括申报项目、组织签订合同、检查、交流、验收、总结、经费使用的监督管理等工作。

（3）丰收计划项目实行合同管理。农业部有关归口司为委托单位（甲方）、各有关省

（区、市）及计划单列市农、牧、渔、垦、机等主管部门或科技、教育单位为承担单位（乙方）签订一级合同，省、区、市等与县实施单位签订二级合同。

（4）丰收计划项目在执行过程中，项目承担单位必须按时按项目呈报落实情况，项目年度执行情况和工作总结。项目结束前，由各省、区、市及计划单列市项目承担单位根据本办法及项目验收方法，按计划、合同、组织项目验收和总结。项目实施结果以本县（乡）统计部门统计或按丰收计划项目验收方法测产为验收依据。

4. 奖励 在促进科技成果转化和先进适用技术推广中，对完成或超额完成丰收计划指标、效益显著、成绩突出的项目，可根据丰收奖奖励办法，申报丰收奖。全国农牧渔业丰收奖属于部级科技成果奖，与农业部科技进步奖享受同等待遇。

第三节　农业推广法规

农业推广法规是国家有关权力机关和行政部门制定或颁布的各种有关农业推广条例、法律等。条例一般由国务院和地方人大制定发布，法律由全国人大制定发布。在区域上，农业推广法规有全国性和地方性法规；在内容上，农业推广法规有一般性和特殊性法规；在功能上，有保障性法规、要求性法规和禁止性法规，它们一起构成了农业推广法规体系。在这些法规体系中，农业法、农业技术推广法、种子法、农产品质量安全法、植物新品种保护条例、农药管理条例，对农业推广工作影响很大，这里摘要这些法规的相关条款，以便在农业推广中遵守执行。

一、农业推广保障性法规

（一）《农业法》

2012 年 12 月 28 日修订的《农业法》第四十九条第一款　国家保护植物新品种、农产品地理标志等知识产权，鼓励和引导农业科研、教育单位加强农业科学技术的基础研究和应用研究，传播和普及农业科学技术知识，加速科技成果转化与产业化，促进农业科学技术进步。

第五十条　国家扶持农业技术推广事业，建立政府扶持和市场引导，有偿与无偿，国家农业技术推广机构和社会力量相结合的农业技术推广体系，促使先进的农业技术尽快应用于农业生产。

第五十一条第二款　县级以上人民政府应当根据农业生产发展需要，稳定和加强农业技术推广队伍，保障农业推广机构的工作经费。

第三款　各级人民政府应当采取措施，按照国家规定保障和改善从事农业技术推广工作的专业技术人员的工作条件、工资待遇和生活条件，鼓励他们为农业服务。

（二）《农业技术推广法》

1993 年 7 月 2 日第八届全国人民代表大会常务委员会第二次会议通过我国第一部《农业技术推广法》，2012 年 8 月 31 日第十一届全国人民代表大会常务委员会第二十八次会议进行了修正。

第二十八条　国家逐步提高对农业技术推广的投入。各级人民政府在财政预算内应当保障用于农业技术推广的资金，并按规定使该资金逐年增长。

各级人民政府通过财政拨款以及从农业发展基金中提取一定比例的资金的渠道，筹集农业技术推广专项资金，用于实施农业技术推广项目。中央财政对重大农业技术推广给予补助。

县、乡镇国家农业技术推广机构的工作经费根据当地服务规模和绩效确定，由各级财政共同承担。

任何单位或者个人不得截留或者挪用用于农业技术推广的资金。

第二十九条　各级人民政府应当采取措施，保障和改善县、乡镇国家农业技术推广机构的专业技术人员的工作条件、生活条件和待遇，并按照国家规定给予补贴，保持国家农业技术推广队伍的稳定。

对在县、乡镇、村从事农业技术推广工作的专业技术人员的职称评定，应当以考核其推广工作的业务技术水平和实绩为主。

第三十条　各级人民政府应当采取措施，保障国家农业技术推广机构获得必需的试验示范场所、办公场所、推广和培训设施设备等工作条件。

地方各级人民政府应当保障国家农业技术推广机构的试验示范场所、生产资料和其他财产不受侵害。

第三十一条　农业技术推广部门和县级以上国家农业技术推广机构，应当有计划地对农业技术推广人员进行技术培训，组织专业进修，使其不断更新知识、提高业务水平。

第三十二条　县级以上农业技术推广部门、乡镇人民政府应当对其管理的国家农业技术推广机构履行公益性职责的情况进行监督、考评。

各级农业技术推广部门和国家农业技术推广机构，应当建立国家农业技术推广机构的专业技术人员工作责任制度和考评制度。

县级人民政府农业技术推广部门管理为主的乡镇国家农业技术推广机构的人员，其业务考核、岗位聘用以及晋升，应当充分听取所服务区域的乡镇人民政府和服务对象的意见。

乡镇人民政府管理为主、县级人民政府农业技术推广部门业务指导的乡镇国家农业技术推广机构的人员，其业务考核、岗位聘用以及晋升，应当充分听取所在地的县级人民政府农业技术推广部门和服务对象的意见。

第三十三条　从事农业技术推广服务的，可以享受国家规定的税收、信贷等方面的优惠。

二、农业推广要求性法规

(一)《农业法》

新修订的《农业法》第四十八条　国务院和省级人民政府应当制定农业科技、农业教育发展规划，发展农业科技、教育事业。

县级以上人民政府应当按照国家有关规定逐步增加农业科技经费和农业教育经费。

国家鼓励、吸引企业等社会力量增加农业科技投入，鼓励农民、农业生产经营组织、企业事业单位等依法举办农业科技、教育事业。

第五十一条第一款　国家设立的农业技术推广机构应当以农业技术试验示范基地为依托，承担公共所需的关键性技术的推广和示范等公益性职责，为农民和农业生产经营组织提供无偿农业技术服务。

第五十二条第一款　农业科研单位、有关学校、农民专业合作社、涉农企业、群众性科技组织及有关科技人员，根据农民和农业生产经营组织的需要，可以提供无偿服务，也可以通过技术转让、技术服务、技术承包、技术咨询和技术入股等形式，提供有偿服务，取得合法收益。农业科研单位、有关学校、农民专业合作社、涉农企业、群众性科技组织及有关科技人员应当提高服务水平，保证服务质量。

第三款　国家鼓励和支持农民、供销合作社、其他企业事业单位等参与农业技术推广工作。

第五十六条　国家采取措施鼓励农民采用先进的农业技术，支持农民举办各种科技组织，开展农业实用技术培训、农民绿色证书培训和其他就业培训，提高农民的文化技术素质。

（二）农业技术推广法

第四条　农业技术推广应当遵循下列原则：①有利于农业、农村经济可持续发展和增加农民收入；②尊重农业劳动者和农业生产经营组织的意愿；③因地制宜，经过试验、示范；④公益性推广与经营性推广分类管理；⑤兼顾经济效益、社会效益，注重生态效益。

第十二条第一款　根据科学合理、集中力量的原则以及县域农业特色、森林资源、水系和水利设施分布等情况，因地制宜设置县、乡镇或者区域国家农业技术推广机构。

第十三条　国家农业技术推广机构的人员编制应当根据所服务区域的种养规模、服务范围和工作任务等合理确定，保证公益性职责的履行。

国家农业技术推广机构的岗位设置应当以专业技术岗位为主。乡镇国家农业技术推广机构的岗位应当全部为专业技术岗位，县级国家农业技术推广机构的专业技术岗位不得低于机构岗位总量的百分之八十，其他国家农业技术推广机构的专业技术岗位不得低于机构岗位总量的百分之七十。

第十四条　国家农业技术推广机构的专业技术人员应当具有相应的专业技术水平，符合岗位职责要求。

国家农业技术推广机构聘用的新进专业技术人员，应当具有大专以上有关专业学历，并通过县级以上人民政府有关部门组织的专业技术水平考核。自治县、民族乡和国家确定的连片特困地区，经省、自治区、直辖市人民政府有关部门批准，可以聘用具有中专有关专业学历的人员或者其他具有相应专业技术水平的人员。

国家鼓励和支持高等学校毕业生和科技人员到基层从事农业技术推广工作。各级人民政府应当采取措施，吸引人才，充实和加强基层农业技术推广队伍。

第十六条　农业科研单位和有关学校应当适应农村经济建设发展的需要，开展农业技术开发和推广工作，加快先进技术在农业生产中的普及应用。

农业科研单位和有关学校应当将其科技人员从事农业技术推广工作的实绩作为工作考核和职称评定的重要内容。

第十九条　重大农业技术的推广应当列入国家和地方相关发展规划、计划，由农业技术推广部门会同科学技术等相关部门按照各自的职责，相互配合，组织实施。

第二十条　农业科研单位和有关学校应当把农业生产中需要解决的技术问题列为研究课题，其科研成果可以通过有关农业技术推广单位进行推广或者直接向农业劳动者和农业生产经营组织推广。

国家引导农业科研单位和有关学校开展公益性农业技术推广服务。

第二十一条　向农业劳动者和农业生产经营组织推广的农业技术，必须在推广地区经过试验证明具有先进性、适用性和安全性。

第二十二条　国家鼓励和支持农业劳动者和农业生产经营组织参与农业技术推广。

农业劳动者和农业生产经营组织在生产中应用先进的农业技术，有关部门和单位应当在技术培训、资金、物资和销售等方面给予扶持。

农业劳动者和农业生产经营组织根据自愿的原则应用农业技术，任何单位或者个人不得强迫。

推广农业技术，应当选择有条件的农户、区域或者工程项目，进行应用示范。

第二十三条　县、乡镇国家农业技术推广机构应当组织农业劳动者学习农业科学技术知识，提高其应用农业技术的能力。

教育、人力资源和社会保障、农业、林业、水利、科学技术等部门应当支持农业科研单位、有关学校开展有关农业技术推广的职业技术教育和技术培训，提高农业技术推广人员和农业劳动者的技术素质。

国家鼓励社会力量开展农业技术培训。

第三十五条　国家农业技术推广机构及其工作人员未依照本法规定履行职责的，由主管机关责令限期改正，通报批评；对直接负责的主管人员和其他直接责任人员依法给予处分。

第三十六条　违反本法规定，向农业劳动者、农业生产经营组织推广未经试验证明具有先进性、适用性或者安全性的农业技术，造成损失的，应当承担赔偿责任。

第三十七条　违反本法规定，强迫农业劳动者、农业生产经营组织应用农业技术，造成损失的，依法承担赔偿责任。

第三十八条　违反本法规定，截留或者挪用用于农业技术推广的资金的，对直接负责的主管人员和其他直接责任人员依法给予处分；构成犯罪的，依法追究刑事责任。

三、农业推广禁止性法规

（一）《种子法》

2004年修订的《种子法》第十七条　应当审定的农作物品种未经审定通过的，不得发布广告，不得经营、推广。

应当审定的林木品种未经审定通过的，不得作为良种经营、推广，但生产确需使用的，应当经林木品种审定委员会认定。

第二十二条　种子生产许可证应当注明生产种子的品种、地点和有效期限等项目。禁止伪造、变造、买卖、租借种子生产许可证；禁止任何单位和个人无证或者未按照许可证的规定生产种子。

第三十一条　种子经营许可证应当注明种子经营范围、经营方式及有效期限、有效区域等项目。

禁止伪造、变造、买卖、租借种子经营许可证；禁止任何单位和个人无证或者未按照许可证的规定经营种子。

第三十九条　种子使用者有权按照自己的意愿购买种子，任何单位和个人不得非法干预。

第四十六条　禁止生产、经营假、劣种子。

下列种子为假种子：

（1）以非种子冒充种子或者以此种品种种子冒充他种品种种子的；

（2）种子种类、品种、产地与标签标注的内容不符的。

下列种子为劣种子：

（1）质量低于国家规定的种用标准的；

（2）质量低于标签标注指标的；

（3）因变质不能作种子使用的；

（4）杂草种子的比率超过规定的；

（5）带有国家规定检疫对象的有害生物的。

第四十八条　从事品种选育和种子生产、经营以及管理的单位和个人应当遵守有关植物检疫法律、行政法规的规定，防止植物危险性病、虫、杂草及其他有害生物的传播和蔓延。

禁止任何单位和个人在种子生产基地从事病虫害接种试验。

第五十三条　禁止进出口假、劣种子以及属于国家规定不得进出口的种子。

第五十六条　农业、林业行政主管部门及其工作人员不得参与和从事种子生产、经营活动；种子生产经营机构不得参与和从事种子行政管理工作。种子的行政主管部门与生产经营机构在人员和财务上必须分开。

（二）其他禁止性法规

1. 植物新品种保护条例　1997年颁布的《植物新品种保护条例》第三十九条第一款未经品种权人许可，以商业目的生产或者销售授权品种的繁殖材料的，品种权人或者利害关系人可以请求省级以上人民政府农业、林业行政部门依据各自的职权进行处理，也可以直接向人民法院提起诉讼。

第四十条　假冒授权品种的，由县级以上人民政府农业、林业行政部门依据各自的职权责令停止假冒行为，没收违法所得和植物品种繁殖材料，并处违法所得1倍以上5倍以下的罚款；情节严重，构成犯罪的，依法追究刑事责任。

第四十二条　销售授权品种未使用其注册登记的名称的，由县级以上人民政府农业、林业行政部门依据各自的职权责令限期改正，可以处1 000元以下的罚款。

2. 农产品质量安全法　2006年颁布的《中华人民共和国农产品质量安全法》第十七条禁止在有毒有害物质超过规定标准的区域生产、捕捞、采集食用农产品和建立农产品生产基地。

第十八条　禁止违反法律、法规的规定向农产品产地排放或者倾倒废水、废气、固体废物或者其他有毒有害物质。

农业生产用水和用作肥料的固体废物，应当符合国家规定的标准。

第二十四条　农产品生产企业和农民专业合作经济组织应当建立农产品生产记录，如实记载下列事项：

（1）使用农业投入品的名称、来源、用法、用量和使用、停用的日期；

（2）动物疫病、植物病虫草害的发生和防治情况；

（3）收获、屠宰或者捕捞的日期。

农产品生产记录应当保存二年。禁止伪造农产品生产记录。

国家鼓励其他农产品生产者建立农产品生产记录。

第二十五条　农产品生产者应当按照法律、行政法规和国务院农业行政主管部门的规定，合理使用农业投入品，严格执行农业投入品使用安全间隔期或者休药期的规定，防止危及农产品质量安全。

禁止在农产品生产过程中使用国家明令禁止使用的农业投入品。

第二十六条　农产品生产企业和农民专业合作经济组织，应当自行或者委托检测机构对农产品质量安全状况进行检测；经检测不符合农产品质量安全标准的农产品，不得销售。

第三十二条　销售的农产品必须符合农产品质量安全标准，生产者可以申请使用无公害农产品标识。农产品质量符合国家规定的有关优质农产品标准的，生产者可以申请使用相应的农产品质量标识。

禁止冒用前款规定的农产品质量标识。

第三十三条　有下列情形之一的农产品，不得销售：

（1）含有国家禁止使用的农药、兽药或者其他化学物质的；

（2）农药、兽药等化学物质残留或者含有的重金属等有毒有害物质不符合农产品质量安全标准的；

（3）含有的致病性寄生虫、微生物或者生物毒素不符合农产品质量安全标准的；

（4）使用的保鲜剂、防腐剂、添加剂等材料不符合国家有关强制性的技术规范的；

（5）其他不符合农产品质量安全标准的。

3. 农药管理条例　2001 年修订的《中华人民共和国农药管理条例》第七条规定：田间试验阶段的农药不得销售。

第十九条　农药经营单位应当具备下列条件和有关法律、行政法规规定的条件，并依法向工商行政管理机关申请领取营业执照后，方可经营农药：

（1）有与其经营的农药相适应的技术人员；

（2）有与其经营的农药相适应的营业场所、设备、仓储设施、安全防护措施和环境污染防治设施、措施；

（3）有与其经营的农药相适应的规章制度；

（4）有与其经营的农药相适应的质量管理制度和管理手段。

第二十六条　使用农药应当遵守农药防毒规程，正确配药、施药，做好废弃物处理和安全防护工作，防止农药污染环境和农药中毒事故。

第二十七条　使用农药应当遵守国家有关农药安全、合理使用的规定，按照规定的用药量、用药次数、用药方法和安全间隔期施药，防止污染农副产品。

剧毒、高毒农药不得用于防治卫生害虫，不得用于蔬菜、瓜果、茶叶和中草药材。

第三十条　任何单位和个人不得生产未取得农药生产许可证或者农药生产批准文件的农药。

任何单位和个人不得生产、经营、进口或者使用未取得农药登记证或者农药临时登记证的农药。

进口农药应当遵守国家有关规定，货主或者其代理人应当向海关出示其取得的中国农药登记证或者农药临时登记证。

第三十一条　禁止生产、经营和使用假农药。

下列农药为假农药：

(1) 以非农药冒充农药或者以此种农药冒充他种农药的；

(2) 所含有效成分的种类、名称与产品标签或者说明书上注明的农药有效成分的种类、名称不符的。

第三十二条　禁止生产、经营和使用劣质农药。

下列农药为劣质农药：

(1) 不符合农药产品质量标准的；

(2) 失去使用效能的；

(3) 混有导致药害等有害成分的。

第三十三条　禁止经营产品包装上未附标签或者标签残缺不清的农药。

第三十五条　经登记的农药，在登记有效期内发现对农业、林业、人畜安全、生态环境有严重危害的，经农药登记评审委员会审议，由国务院农业行政主管部门宣布限制使用或者撤销登记。

第三十七条　县级以上各级人民政府有关部门应当做好农副产品中农药残留量的检测工作，并公布检测结果。

■ 本章小结

国家为了发展农业，必须从政策、法规等层面直接和间接地支持、鼓励和保障农业推广。政府是农业推广的间接主体，通过政策、法规影响农业教育、农业科研、推广机构和农业生产者来间接影响农业推广。农业推广政策是根据一定原则，在特定时期内、特定区域内为实现农业推广的发展目标而制定的具有激励和约束作用的行动准则。主要有保障政策、导向政策和规范政策，对农业推广起着保障、导向和规范作用。农业推广法规是国家有关权力机关和行政部门制定或颁布的各种有关农业推广条例、法律等。主要有保障性法规、要求性法规和禁止性法规，从法律层面保证农业推广工作的有序进行。

■ 补充材料与学习参考

1. 补充材料

农业部制定和发布了《全国种植业发展第十二个五年规划（2011—2015 年）》，提出了我国“十二五”种植业发展的主要任务，现摘要如下。

(1) 稳定发展粮食生产，确保国家粮食安全坚持把保障国家粮食安全作为发展现代农业的首要目标，努力把粮食综合生产能力稳定在5.4亿吨以上。

稳定播种面积。粮食面积稳定在16亿亩以上。稳定面积的关键是落实好最严格的耕地保护制度，坚决守住18亿亩耕地红线，划定落实基本农田保护区。

推进结构优化。保障粮食有效供给，不仅要努力增加总量，还要优化品种结构和区域结构。从品种结构看，主要是确保水稻、小麦、玉米完全自给。从区域结构看，抓住主产区的核心区和优势区的重点区。

提高单产水平。加快新品种选育，提高良种供应能力。大规模开展高产创建。

提升生产能力。在加强水利设施建设的同时，大规模建设旱涝保收高标准农田，增强抗灾能力和综合生产能力。力争到2015年新建高标准农田4亿亩，更新提质建设高产田1亿亩。

（2）稳定发展工业原料和园艺作物生产，保障农产品有效供给

加快新品种新技术的推广，提高单产，改善品质，提升农产品质量安全水平和市场竞争力。

恢复发展棉花生产。全国棉花面积稳定在8 000万亩左右，其中新疆棉花面积达到2 400万亩以上。推广关键技术，大力开展高产创建，集成推广先进适用技术，促进大面积均衡增产。

大力发展油料生产。扩大油菜生产，加强长江流域油菜优势区建设。发展花生生产，重点发展东北农牧交错区春花生。稳定大豆生产，稳定大豆种植面积，提高单产水平。积极发展西北、东北盐碱地油葵等油料作物生产。

稳定发展糖料生产。稳定甘蔗面积。甘蔗产区应积极发展蔗田套种大豆、瓜类等栽培模式，提高种植效益。北方甜菜产区重点加快发展订单生产，稳定种植面积。

巩固发展蔬菜等园艺作物生产。促进蔬菜生产发展方式由规模扩张向提高单产、提升质量效益转变，促进蔬菜生产稳定发展。

（3）加快构建现代种业体系，确保供种数量和质量安全

强化种业科技创新体系。加大对种业基础性公益性研究投入，完善国家种质资源保存与利用体系，鼓励科研院所和高等院校开展基础性公益性研究，鼓励种子企业大力开展商业化育种。培育一批具有重大应用前景和自主知识产权的突破性优良品种。

强化供种保障能力建设。科学规划种子生产优势区域布局，建立并严格保护优势种子生产区。

强化种子管理体系建设。强化各级农业部门的种子管理职能，健全种子管理机构，保障种子管理工作经费，加强种子管理队伍建设，建立一支廉洁公正、作风优良、业务精通、素质过硬和装备精良的种子管理队伍。

（4）切实转变发展方式，提高资源利用率和土地产出率

着力推进耕作制度改革。根据资源承载能力和配置效率，合理确定生产力布局，优化区域布局、作物结构和品种结构，力求在最适宜的地区生产最适宜的农产品。

着力推进科技创新和集成推广。加快选育高产、优质、抗旱、耐低温、抗病虫等新品种，强化重大有害生物防控、防灾减灾、节本增效等技术研究，稳定提高科技支撑水平。加强基层农技推广体系建设，加快新品种、新技术推广步伐，推进技术集成创新，实行良种良

法配套，充分挖掘单产潜力。力争到 2015 年农业科技进步贡献率达到 55%，农作物耕种收综合机械化水平达到 60%。

着力推进测土配方施肥。高产创建示范片和园艺作物标准园要率先普及，高标准应用测土配方施肥技术，发挥示范带动作用，特别是要在水果、蔬菜等园艺作物推广应用上有新突破。

着力推进节水农业发展。结合区域特点，优化种植布局，配套田间节水设施，重点推广全膜覆盖集雨保墒、膜下滴灌、水肥一体化、集雨节灌、抗旱坐水种等农田节水技术模式，配套建设集雨场、集雨窖（池、塘）等抗旱小水源设施，努力提高水资源利用率。力争到 2015 年农业灌溉用水有效利用系数提高到 0.53 以上。

着力推进专业化统防统治。力争到“十二五”末全国主要粮食作物重大病虫害统防统治率达到 30%以上，实现主要作物、关键区域全覆盖。

（5）强化风险防范和应急管理能力建设

加强气象灾害的防范。坚持一手抓高产稳产，一手抓抗灾减损，努力实现重灾少减产、轻灾不减产、无灾多增产。

加强生物灾害监控。实现监测预警的规范化、网络化、数字化和可视化。强化病虫应急处置能力建设，建立健全暴发性、突发性病虫害应急防控机制，完善应急防治配套设施建设，扶持发展一批专业化服务组织和应急防治队伍，推进病虫草鼠害联防联控与统防统治。

加强农药市场监管。进一步完善农药登记制度，严格农药登记评审，建立农药风险评估和风险监测制度，健全农药再登记和品种退出机制，逐步淘汰和禁用高毒、高风险农药，促进低毒和生物农药推广使用，完善小宗作物和小范围用药登记政策。

加强农情信息体系建设。力争到 2015 年建成卫星遥感与地面调查相结合、定点监测与抽样调查相衔接、县级以上农情信息员为主体、乡村农技人员为基础的现代农情信息体系。

2. 参考文献

国务院 . 2006-09-06. 国务院关于深化改革加强基层农业技术推广体系建设的意见 . 中华人民共和国农业网站/政策法规 . http：//www.gov.cn/zwgk/2006-09/05/content _ 378438.htm.

国务院 . 2011-04-18. 国务院关于加快推进现代农作物种业发展的意见 . 中华人民共和国农业网站/政策法规 . http：//www.gov.cn/zwgk/2011-04/18/content _ 1846364.htm.

唐永金 . 2003. 论农业推广中的主体行为 . 河北农业大学学报，农林教育版，5（2）：60-61，69.

唐永金 . 2010. 农业创新传播、扩散与推广 . 农业现代化研究，31（1）：77-80.

中共中央，国务院 . 2007-01-30. 关于积极发展现代农业扎实推进社会主义新农村建设的若干意见 . 中华人民共和国农业网站/政策法规 . http：//www.gov.cn/gongbao/content/2007/content _ 548921.htm.

中共中央，国务院 . 2012-02-02. 加快推进农业科技创新持续增强农产品供给保障能力的若干意见 . 中华人民共和国农业网站/政策法规 . http：//www.gov.cn/jrzg/2012-02/01/content _ 2056357.htm.

中华人民共和国发展改革委员会 . 2008-11-14. 国家粮食安全中长期规划纲要（2008-2020 年）. 中华人民共和国农业网站/政策法规 . http：//www.gov.cn/jrzg/2008-11/13/content _ 1148414.htm.

中华人民共和国农业部种植业司 . 2011-09-20. 全国种植业发展第十二个五年规划（2011-2015 年）. 中华人民共和国农业网站/农业部规章 . http：//www.gov.cn/gzdt/2011-09/21/content _ 1952693.htm.

思考与练习

1. 我国政府为什么要进行农业推广？

2. 政府在农业推广中有哪些工作要做？
3. 农业推广政策有何作用？影响农业推广的政策有哪些类型？
4. 农业推广法规从哪些方面影响农业推广工作？
5. 农业推广政策和法规有何异同？
6. 农业技术推广应遵循哪些原则？

后　记

因工作需要，我从 1985 年开始断断续续从事小麦新品种推广、水稻制种技术和种子推广、土特产品市场推广和山区杂交玉米推广工作，奠定了一些农业推广的经验基础。1990 年我开始讲授农业推广学，1996 年为中央农广校编写《农业推广概论》教材。在讲课和编写教材中，我发现不少理论和案例均是国外的，多不符合中国实际，深感我国农业推广学理论和方法的欠缺，当时就产生了要研究和编写适合我国实际情况的农业推广学教材的念头。1997—1998 年，在学校科研立项资助下，我逐户调查了四川平原、丘陵和山区 840 个农户，研究了不同生态区农民采用创新的类型、影响因素、信息来源和直接原因等，在《农业技术经济》《中国农技推广》《农业科研管理》等刊物和论文集发表了多篇论文，为农业推广学提供了现实的中国案例。2002—2010 年，研究撰写《农业推广学的概念及其理论体系》《认知、态度理论及其在农业推广中的应用》《农业推广中的主体行为分析》《农业创新扩散机理》《农业创新传播理论及其应用》《农业创新传播、扩散与推广》等论文在《第三届中国农业推广研究优秀论文集》《河北农业大学学报》《西北农林科技大学学报》《农业现代化研究》等刊物的发表，为本书奠定了理论基础；《作物种子市场推广的主体和客体分析》《绵阳市种子市场水稻品种及其经营状况剖析》《绵阳市玉米种子市场及其经营状况剖析》《作物种子市场推广影响因素分析》等文章在《中国种业》《种子》杂志的发表，为本书农业创新的经营传播内容奠定了理论和实践基础。在 2001—2011 年，多次参加王慧军教授领衔编写的全国本科、推广专业硕士和基层农技员培训教材，促使我对编写内容深入研究，也向其他老师学到了不少新知识，为本书提供了相关内容。

尽管本书主要是在自己研究的基础上完成的，但文中引用了大量国内外近年的研究成果，虽然文中多有说明，但有些地方恐未提及。在此，对这些成果的持有人表示感谢。特别要感谢西南科技大学陈见超教授和原河北农业大学副校长、现河北省农林科学院院长王慧军教授。陈见超教授是我国农业推广学前辈，是他的引见使我接触到我国从事农业推广学教育的同行，是他的支持使我对农业推广学进行了相关研究。王慧军教授是我辈农业推广学教育的领军人物，他鼓励和支持学术上的百花齐放，多次邀请我参加全国农业推广学教材的编写，在百忙中欣然为本书作序。同时，山东农业大学田奇卓教授、河北农业大学陶佩君教授、山西农业大学郝建平教授等，对我的学术思想有不少启发和帮助，在此表示感谢。最后，西南科技大学副校长罗学刚教授对本书的出版给予大力支持，对此深表谢意。

唐永金

2012年12月

图书在版编目（CIP）数据

农业推广学新编/唐永金编著．—北京：中国农业出版社，2013.6

全国高等农林院校“十二五”规划教材

ISBN 978-7-109-17711-6

Ⅰ.①农… Ⅱ.①唐… Ⅲ.①农业科技推广－高等学校－教材 Ⅳ.①S3-33

中国版本图书馆 CIP 数据核字（2013）第 047074 号

中国农业出版社出版

（北京市朝阳区农展馆北路 2 号）

（邮政编码 100125）

策划编辑　夏之翠

文字编辑　杨芳云

北京通州皇家印刷厂印刷　　新华书店北京发行所发行

2013 年 6 月第 1 版　　2013 年 6 月北京第 1 次印刷

开本：787mm×1092mm 1/16　　印张：15

字数：355 千字

定价：27.00 元